检验检疫系列丛书

煤化学与煤分析

全小盾　孙传庆　杨　忠　主编

中国质检出版社
北　京

图书在版编目（CIP）数据

煤化学与煤分析／全小盾，孙传庆，杨忠主编．—北京：中国质检出版社，2012
（检验检疫系列丛书/库来西主编）
ISBN 978－7－5026－3556－5

Ⅰ．①煤…　Ⅱ．①全…②孙…③杨…　Ⅲ．①煤－应用化学②煤质－分析　Ⅳ．①TQ53

中国版本图书馆 CIP 数据核字（2012）第 008075 号

内 容 提 要

本书分为煤化学、煤分析两部分，共十一章。内容包括：煤和煤资源、煤的结构、煤的性质、煤的结构模型研究法、煤转化技术、煤炭检验、煤炭洗选检测、焦炭检验、焦化产品检验、煤气检验、焦化废水的检测等内容。

本书适合于能源工业、检验检疫技术人员使用及高校相关专业师生参考。

中国质检出版社出版发行
北京市朝阳区和平里西街甲 2 号（100013）
北京市西城区三里河北街 16 号（100045）
网址：www. spc. net. cn
总编室：(010)64275323　发行中心：(010)51780235
读者服务部：(010)68523946
中国标准出版社秦皇岛印刷厂印刷
各地新华书店经销
*
开本 787×1092　1/16　印张 17　字数 407 千字
2012 年 4 月第一版　2012 年 4 月第一次印刷
*
定价 **56.00** 元

丛书编委会

本书编委会

序

检测工作是检验检疫的基础，是一项涉及职责和产品质量安全的工作。检测技术水平直接体现了检验检疫的工作质量，没有科学准确的检测，检验检疫工作就是无源之水，无本之木。

随着国外贸易保护主义日益严重，利用技术性贸易措施限制进口的领域和范围不断扩大，特别是发达国家技术性贸易措施向实验室标准看齐的态势下，谁拥有技术检测优势，谁就能掌握贸易主动权。突破国际技术壁垒、提升检测能力成为检验检疫工作的重中之重。

新疆作为国家向西开放的陆上能源资源战略安全大通道的地位日益显现，进一步加快准东、伊犁、吐－哈、库－拜等煤炭和煤电煤化工产业基地建设。新疆正积极推进棉花、粮食、特色林果业、畜产品四大基地建设，突出抓好独山子、克拉玛依、乌鲁木齐、吐－哈、南疆五大石化基地建设，新疆出入境检验检疫局现有煤化工检测重点实验室、石油化工矿产检测重点实验室、番茄检测重点实验室、棉花制品检测重点实验室、新疆果品有害生物检疫鉴定重点实验室和中亚地区动物疫病检测重点实验室6个国家级重点实验室，拥有一批长期从事检验检疫工作的专业技术人员，在煤炭、石油化工矿产、番茄制品、棉花、动植物检疫等检测领域处于国内领先水平。

我们组织编写了这套《检验检疫系列丛书》，该丛书是我局广大科技人员多年检验检疫技术工作的经验和技术创新的结晶，既有经典的检测方法，又有最新的检测技术。希望该书的出版能为相关检验检疫部门和生产企业在检测技术与产品质量控制中发挥积极的促进作用。

新疆出入境检验检疫局局长

2011年10月

前　　言

随着国家能源工业的发展，煤化学与煤分析成为很多高校与科研院所学习和研究的重要内容。国内已经有一些相关的教材和参考读物出版，各有特色。由于煤化学化工实践的快速发展，相关内容的更新也必将成为常态。根据多年的实践经验和学科发展的需求，本书对煤化学与煤分析方面的内容进行了整合和重新编排，尽可能做到通俗易懂、叙述简明扼要，既注意理论的逻辑性，又突出实践的技术性，对最新科研成果也做了简略的介绍。

本书分为煤化学、煤分析两部分，共十一章。其中，第一至五章由孙传庆、全小盾、刘俊、王成、王婷、王冰洁编写，第六至九章由孙传庆、杨忠、全小盾、王小平、白桦、朱侠编写，第十至第十一章由张旭龙、刘俊、孙传庆、李雪莲、邹琴、张晓萍、张新海、罗晓涓、哈小桃、热孜婉、秦婷编写。最后由新疆出入境检验检疫局检验检疫技术中心统稿和定稿。全书首先对煤及煤矿藏的基本知识做了简要的介绍，对煤的性质及结构做了初步分析，然后对原煤及其气化、液化、焦化等生产过程中涉及到的部分重要的分析检测技术进行了较为详细的介绍。

本书的编写得到新疆师范大学化学化工学院的大力支持，在此表示谢意。并向所引用资料的编著者表示感谢

由于编者水平有限，书中不妥之处，恳请读者批评指正，不胜感激。

编　者

2011 年 10 月

目　　录

第一部分　煤　　化　　学

第二部分　煤　　分　　析

第一部分

煤 化 学

第一章　煤和煤资源

我国是世界上最早采煤和用煤的国家。早在两千多年前，煤与焦炭在我国已作为商品交易；西汉（公元前206年—公元25年）炼铁遗址中，已用煤及煤饼炼铁；明朝（1386—1663）已对煤外形、性质、分类、产地、用途和用法等做了精辟的分析与论述。然而，在世界范围内，煤化学作为一门学科的兴起是在18世纪产业革命之后。

煤化学是煤科学的一个分支，是研究煤生成、组成、结构、性质、分类、转化过程和合理利用的一门学科。煤化学学科大体经历了开创、鼎盛、衰落和复兴三个阶段。

（1）开创阶段（1831—1913）。19世纪30年代，人们逐渐接受煤是由植物转变而来的概念，解决了煤的起源问题。进入19世纪40年代，人们把煤列为科学研究对象之一。英国和德国差不多同时开展了用显微镜对煤进行系统研究，并开始研究煤的热解、溶剂分离和氧化。由于焦炭生产的需要，已注意到煤的可塑性。1873年，法国对煤开展了较系统的化学研究，根据大量元素分析结果提出了煤的分类等。至此，人们开创了新的煤化学学科。

（2）鼎盛阶段（1913—1963）。在这个时期，煤在热源和能源中处于垄断地位，煤炭广泛用于机车、航行、炼焦、气化和发电等领域。煤的研究工作蓬勃开展，美、德、英、法、前苏联等国相继建立了高水平的煤炭研究机构，并在大学中设置了相应的学科。在煤岩学、煤化学和煤的转化等领域做出了显著的成果，涌现了许多著名的煤化学家和煤岩学家。

此期间在煤岩学方面，发展了透射光下观察的薄片技术，反射光下观察的光片技术以及薄光片技术；完善了煤岩定量方法和镜质组反射率测定的显微镜光度计法，使煤岩学的研究与实际应用都达到了较高的水平。

20世纪20～30年代，德国开发了煤加氢直接液化技术以及F－T合成法的煤间接液化技术，这两种煤转化技术至今仍具有重大的意义，他们开发了从固体煤转化为液体燃料和宝贵化学产品的有效途径。

在这一时期，各国创立了很多测定煤塑性的方法，加深了对煤成焦机理的研究，并应用物理－化学方法研究煤的性质及其物理与化学结构，在煤的基础研究方面取得了重要进展；人们对煤的基本性质及其随煤化度的变化规律取得了大量的经验和研究数据，对煤的物理和化学结构有了比较全面的了解，并出版了大量重要著作，对这一时期的研究成果进行了科学的总结。

（3）衰落和复兴阶段（1963年以后）。20世纪60年代中期，由于廉价石油和天然气的大量开发与应用，煤炭工业逐渐衰落，煤的研究几乎停滞不前。到20世纪70年代中期，由于几次石油危机的发生，石油价格的猛涨使煤在能源结构中的地位得以恢复。在煤的气化、液化和制取洁净燃料方面，开发了一批新的加工工艺。特别是1993年在美国匹兹堡召开的国际煤炭会议，标志了人们对煤利用观念的转变，更多注意了煤作为原材料的深层次开发和合理利用，由煤制取高附加值的化学、化工原料和高碳材料，并通过对煤液的分离利用、将形成煤化学学科的一个新分支。随着科技的发展，应用先进的仪器设备和计算机技术对煤炭的研究，提供了煤结构和性质方面更详细与准确的信息，使人们对煤炭的认识更为深化，无疑对煤化学学科的发展和煤炭资源的合理有效利用带来历史性的转折、希望与机遇。

煤化学是煤炭综合利用技术的理论基础，而煤炭综合利用又是煤化学的服务对象。随着煤炭综合利用的开发、发展，煤炭综合利用的新工艺、新产品的开发充实了煤化学学科的内容，存在的问题与不足又促进了煤化学的深入研究与发展。

煤炭作为一次能源的直接燃烧供热和发电是煤炭利用的传统方式，世界范围内仍有一半以上的煤炭用在这个方面。然而，燃煤在给人类带来光明和温暖的同时，也给人类带来严重的污染与危害。因此，大力发展洁净煤技术，将煤炭转化为洁净的二次能源（一次能源通过某种转换而得到的能源叫做二次能源，例如电能、氢能、石油制品、煤制品和余热等）一直是煤炭综合利用的一个主攻方向。煤炭通过气化和液化工艺可得到煤气和人造液体燃料，这些液体燃料不但在运输与使用上非常方便，而且可大大减少污染。煤炭经洗选除去大部分灰分和硫分，并进一步加工为型煤或水煤浆、精细水煤浆、油煤浆等都是减少大气污染的洁净煤应用技术。煤炭综合利用并制取高附加值化工产品的方法是多种多样的，其中包括煤的干馏（焦化）、加氢、液化、气化、氧化、磺化、卤化、水解、溶剂抽提等。煤炭还可以直接用作还原剂、过滤材料、吸附材料、塑料和炭素材料等。煤炭的综合利用与能源、化工、冶金、炭素材料和农业等关系极为密切，在国民经济中具有举足轻重的重要位置。

为了体现规模效益，提高产品的附加值，做到扭亏为盈、并综合提高企业的经济效益和社会效益，现代化的煤化学综合利用工业，其组织形式往往是各种各样煤炭利用部门的联合。其中包括：采煤－电力－建材－化工；采煤－电力－城市煤气－化工；钢铁－炼焦－化工－煤气－建材；炼焦－煤气－化工等联合体。

我国在煤炭综合利用方面做了大量的工作，取得了很大的成绩，但在今后相当长的时间内，煤的综合利用还有待于向纵深发展。我国煤炭综合利用的选择标准应该是清洁（尽量减少环境污染）、高效（煤炭的高效率利用和无效运输的降低）、高附加值和高效益（含经济与社会效益）。为此，应尽早开发更多适合国情的煤炭利用新技术，以便使我国的煤炭利用技术在21世纪逐步完成向新技术的转变，并达到当时的国际先进水平，为我国与人类做出更大的贡献。

第一节　煤的种类

煤是由远古植物残骸没入水中经过生物化学作用，然后被地层覆盖并经过物理化学与化学作用而形成的有机生物岩。煤生成过程中的成煤植物来源与成煤条件的差异造成了煤种类的多样性与煤基本性质的复杂性，并直接影响煤的开采、洗选和综合利用。

根据成煤植物种类的不同，煤主要可分为两大类，即腐殖煤和腐泥煤。由于储量、用途和习惯上的原因，除非特别指明，人们通常讲的煤，就是指主要由木质素、纤维素等形成的腐殖煤。它与腐泥煤主要特征的比较如表1－1所示。

表 1-1　腐殖煤与腐泥煤的主要特征

特　征	腐 殖 煤	腐 泥 煤
颜色	褐色和黑色，多数为黑色	多数为褐色
光泽	光亮者居多	暗
用火柴点火	不燃烧	燃烧，有沥青气味
氢含量/%	一般 <6	一般 >6
低温干馏焦油产率/%	一般 <20	一般 >25

一、腐殖煤

由高等植物形成的煤称为腐殖煤。腐殖煤是因为植物的部分木质纤维组织在成煤过程中曾变成腐殖酸这一中间产物而得名。它在自然界分布最广，储量最大。绝大多数腐殖煤都是由植物中的木质素和纤维素等主要组分形成的。亦有少量腐殖煤是由高等植物中经微生物分解后残留的脂类化合物形成的，称为残殖煤。单独成矿的残殖煤很少，多以薄层或透镜状夹在腐殖煤中。腐殖煤是近代煤炭综合利用的主要物质基础，也是煤化学的重点研究对象。根据煤化度的不同，它可分为泥炭、褐煤、烟煤和无烟煤四大类。各类煤有不同的外表特征和特性，其典型的品种，一般肉眼就能区分。

1. 泥炭

泥炭是植物向煤转变的过渡产物，外观呈不均匀的棕褐色或黑褐色。它含有大量未分解的植物组织，如根、茎、叶等残留物，有时肉眼就能看出。泥炭含水量很高，一般可达85% ~95%。开采出的泥炭经自然风干后，水分可降至25% ~35%。干泥炭为棕黑色或黑褐色土状碎块。

泥炭的有机质主要包括：

（1）腐殖酸。它是泥炭最主要的有机成分，是由高分子羟基羧酸组成的复杂混合物，可溶于碱溶液而呈棕红至棕黑色，当调节溶液的 pH 至酸性时，则有棕色絮状沉淀析出。

（2）沥青质。它指可用苯、甲醇等有机溶剂抽提出的有机物，部分由树脂和树蜡转化而成，部分由植物组分的还原产物通过合成反应生成。

（3）未分解或未完全分解的植物族组成，包括纤维素、半纤维素、木质素和果胶质等。

（4）变化不大的植物稳定组分，如角质、树脂、孢粉和木栓质等。

泥炭是在沼泽中形成的，根据沼泽的地况、环境、发育阶段的养料供应方式的不同，可将泥炭分为低位沼泽泥炭、中位沼泽泥炭和高位沼泽泥炭三种类型。前两种属土壤营养泥炭，后一种属大气营养泥炭。芬兰学者 E·基维年主张以植物残体对泥炭进行分类，将泥炭分为苔藓泥炭、草本泥炭和木本泥炭。也有人以沼泽的地理位置，将泥炭分为近海沼泽泥炭和内陆沼泽泥炭。

世界上泥炭储量丰富的国家有俄罗斯、芬兰、爱尔兰、瑞典、加拿大和美国等国。我国泥炭储量约 270 亿吨，80% 属裸露型，20% 属埋藏型。主要分布在大小兴安岭、三江平原、长白山、青藏高原东部以及燕山、太行山等山前洼地和长江冲积平原等地。

泥炭有广泛的用途。泥炭经气化可制成气体燃料或工业原料气；经液化可制成人造液体洁净燃料；泥炭焦化所得泥炭焦是制造优质活性炭的原料；用泥炭可以制造甲醇等多种化工原料及制造泥炭纤维板等建材和木材替代品的原料。泥炭还可以直接用作土壤改良剂和高质量的腐殖酸肥料。泥炭的开发和利用已引起国内外的广泛重视，近些年来发展十分迅速。

2. 褐煤

褐煤是泥炭沉积后经脱水、压实转变为有机生物岩的初期产物，因外表呈褐色或暗褐色而得名。与泥炭相比，褐煤中腐殖酸的芳香核缩合程度有所增加，含氧官能团有所减少，侧链较短，侧链的数量也较少。由于腐殖酸的相互作用，腐殖酸开始转变为中性腐殖质。褐煤大多数无光泽，真密度（1.10～1.40）g/cm^3。褐煤含水较多，达30%～60%，空气干燥后仍有10%～30%的水分，易风化破裂。在外观上，褐煤与泥炭的最大区别在于褐煤不含未分解的植物组织残骸，且呈成层分布状态。根据外表特征，可将褐煤分为土状褐煤、暗褐煤和亮褐煤三种。其中土状褐煤和暗褐煤属于低煤化度褐煤，亮褐煤属于高煤化度褐煤。此外还有一种特殊形态的褐煤称为木褐煤。从低煤化度褐煤转变为高煤化度褐煤时，由于其组成与结构的改变，腐殖酸逐渐减少，水分显著降低，颜色变深，光泽从无到有，密度和硬度不断提高。

（1）土状褐煤。它是泥炭变成褐煤的最初产物，其断面与一般黏土相似，结构较疏松，易碎成粉末，玷污手指。

（2）暗褐煤。它是典型的褐煤，表面呈暗褐色，有一定的硬度，如将其破碎则碎成块状而不形成粉末。

（3）亮褐煤。从外表看它与低煤化度烟煤无明显区别，因而有些国家称其为次烟煤。但亮褐煤仍含有腐殖酸，外观呈深褐色或黑色，有的带有丝绢状光泽，有的则如烟煤一样含有暗亮相间的条带。

（4）木褐煤，亦称柴煤。有很明显的木质结构，用显微镜观察可清楚地看到完整的植物细胞组织。它除含有腐殖酸、腐殖质和沥青质外，还含有木质素和纤维素等。显然，木褐煤是由尚未受到充分腐败作用的泥炭所形成的一种特殊形态的褐煤。

德国、澳大利亚等国有丰富的褐煤资源。我国褐煤也较丰富，储量约893亿吨，分布在东北、西北、西南和华北等地，主要集中于内蒙古、云南、吉林和黑龙江等省区。

褐煤适宜成型作气化原料；其低温干馏煤气可用作燃料气或制氢的原料气，低温干馏的煤焦油经加氢处理可制取液体燃料和化工原料；用褐煤半焦或瓷球作热载体对褐煤进行快速热分解，是一种低、中温新法干馏工艺，可生产热值为（18.84～20.93）MJ/Nm^3 的优质城市煤气，焦油产率达6.0%～8.5%；将褐煤制成（蒽）油煤浆后催化加氢，褐煤有机质的80%可以转化成气态和液态产品，油收率约占35%；褐煤经溶剂抽提所得褐煤蜡（又名蒙旦蜡），具有熔点高、化学稳定性好、防水性强、导电性低、耐酸、强度高和表面光亮等特性。可用作表面活性剂、表面光亮剂、疏水剂、色素溶剂和吸油介质等。但褐煤易风化破碎，故一般不宜长途运输。而我国的主要褐煤产地又多远离城市和大工业用户。因此，褐煤的开发利用是一个迫切需要解决的问题，应予以高度重视。

3. 烟煤

烟煤的煤化度低于无烟煤而高于褐煤，因燃烧时烟多而得名。烟煤中已不含有游离腐殖酸，腐殖酸已全部转变为更复杂的中性腐殖质了。因此，烟煤不能使酸、碱溶液染色。一般烟煤具有不同程度的光泽，绝大多数呈明暗交替条带状。所有的烟煤都是比较致密的，真密度较高（1.20～1.45g/cm³），硬度亦较大。

烟煤是自然界最重要，分布最广，储量最大，品种最多的煤种。根据煤化度的不同，我国将其划分为长焰煤、不粘煤、弱粘煤、气煤、肥煤、焦煤、瘦煤和贫煤等。

在烟煤中，气煤、肥煤、焦煤和瘦煤都具有不同程度的粘结性。它们被粉碎后高温干馏时，能不同程度地“软化”和“熔融”成为塑性体，然后再固化为块状的焦炭。传统观念认为这四种煤是炼焦的主要原料煤，故称为炼焦煤；除此以外的其他煤没有或基本没有粘结性，只能用于低温干馏、造气或动力燃料等，故称为非炼焦用煤。随着煤准备与炼焦工艺的发展，扩大了炼焦用煤的资源。新的炼焦技术已能使用所有的烟煤，甚至无烟煤作为原料成分，不再仅仅局限于“气、肥、焦、瘦”这四种煤。

4. 无烟煤

无烟煤是煤化度最高的一种腐殖煤，因燃烧时无烟而得名，外观呈灰黑色，带有金属光泽，无明显条带。在各种煤中，它的挥发分最低，真密度最大（1.35～1.90g/cm³），硬度最高，燃点高达（360～410）℃以上。无烟煤主要用作民用、发电燃料；制造合成氨的原料；制造炭电极、电极糊和活性炭等炭素材料的原料；煤气发生炉造气的燃料；低灰低硫、可磨性好的无烟煤还适于作新法炼焦的原料、高炉喷吹和烧结铁矿的燃料；以及生产脱氧剂、增碳剂等。

上述四类腐殖煤的主要特征与区分标志如表1－2所示。

表1－2　四类腐殖煤的主要特征与区分标志

特征与标志	泥　炭	褐　煤	烟　煤	无烟煤
颜 色	棕褐色	褐色、黑褐色	黑色	灰黑色
光 泽	无	大多无光泽	有一定光泽	金属光泽
外 观	有原始植物残体，土状	无原始植物残体，无明显条带	呈条带状	无明显条带
在沸腾 KOH 中	棕红—棕黑	褐色	无色	无色
在稀 HNO_3 中	棕红	红色	无色	无色
自然水分	多	较多	较少	少
密度/g·cm^{-3}		1.10～1.40	1.20～1.45	1.35～1.90
硬 度	很低	低	较高	高
燃烧现象	有烟	有烟	多烟	无烟

二、腐泥煤

由低等植物和少量浮游生物形成的煤称为腐泥煤。腐泥煤包括藻煤和胶泥煤等。藻煤主要由藻类生成；胶泥煤是无结构的腐泥煤，植物成分分解彻底，几乎完全由基质组成。

此外，还有腐殖煤和腐泥煤的混合体，有时单独分类成与腐殖煤和腐泥煤并列的第三类煤，称为腐殖腐泥煤。主要有烛煤和煤精，前者与藻煤很相似，宏观上几乎难以区分，易燃，用火柴即可点燃，燃烧时火焰明亮，好像蜡烛一样；煤精盛产于我国抚顺，结构细腻，质轻而有韧性，因能雕琢工艺美术品而驰名。

第二节　煤和煤矿藏的形成与分布

煤的生成是一个极其漫长与极其复杂的过程。煤的成因因素，即成煤植物的种类，植物遗体的堆积环境和堆积方式，泥炭化阶段经受的生物化学作用等影响泥炭形成并保存的诸因素，决定了煤在显微结构上具有多种形态各异的显微成分。煤的变质因素，即泥炭成岩后煤变质作用的类型、温度、压力、时间及其相互作用决定了煤的化学成熟程度，亦即煤化程度，又称煤化度。煤的显微成分组成和煤化度是表征煤的性质，尤其是炼焦用煤工艺性质的二维坐标。了解煤的生成过程，可以帮助我们从本质上更深刻地认识煤。

一、成煤原始物料

（一）地质年代与主要成煤植物

随着科技的发展，人们在生产实践中常常发现在煤层中有保存完好的古植物化石和由树干变成的煤，有的甚至保留着原来断裂树干的形状；煤层底板多富含植物根化石或痕木化石，证明它曾经是植物生长的土壤；在显微镜下观察煤制成的薄片可以直接看到原始植物的木质细胞结构和其他残骸，如孢子、花粉、树脂、角质层和木栓体等；在实验室用树木进行人工煤化试验，可以得到外观和性质与煤类似的人造煤。因此，煤是由植物而且主要是由高等植物转变而来的观点已成为人们的共识。

国际通用的地层系统与地质年代的关系如表 1－3 所示。该表参照 1989 年国际地质联合会（ICS）的地球地层表，列出了相应的成煤植物及主要煤种开始生成的地质年代。

由表 1－3 可见，植物的演化对煤的形成有十分重要的影响，只有当植物广泛分布、繁茂生长时才可能有成煤作用发生，而新门类的植物群的出现是出现新的成煤期的前提。

表 1－3　地层系统、地质年代、成煤植物与主要煤种

<table>
<tr><th colspan="2" rowspan="2">代（界）</th><th rowspan="2">纪（系）</th><th rowspan="2">距今年代（百万年）</th><th rowspan="2">中国主要成煤期▲</th><th colspan="2">生物演化</th><th rowspan="2">煤　种</th></tr>
<tr><th>植　物</th><th>动　物</th></tr>
<tr><td colspan="2" rowspan="3">新生代（界）</td><td>第四纪（系）</td><td>1.6</td><td></td><td rowspan="3">被子植物</td><td>出现古人类</td><td>泥炭</td></tr>
<tr><td>晚第三纪（系）</td><td>23</td><td rowspan="2">▲</td><td rowspan="2">哺乳动物</td><td rowspan="2">褐煤为主，少量烟煤</td></tr>
<tr><td>早第三纪（系）</td><td>65</td></tr>
<tr><td colspan="2" rowspan="3">中生代（界）</td><td>白垩纪（系）</td><td>135</td><td></td><td rowspan="3">裸子植物</td><td rowspan="3">爬行动物</td><td rowspan="3">褐煤（烟煤，少量无烟煤</td></tr>
<tr><td>侏罗纪（系）</td><td>205</td><td>▲</td></tr>
<tr><td>三叠纪（系）</td><td>250</td><td></td></tr>
<tr><td rowspan="6">古生代（界）</td><td rowspan="3">晚古生代</td><td>二叠纪（系）</td><td>290</td><td rowspan="2">▲</td><td rowspan="2">蕨类植物</td><td rowspan="3">两栖动物</td><td rowspan="3">烟煤
无烟煤</td></tr>
<tr><td>石炭纪（系）</td><td>355</td></tr>
<tr><td>泥盆纪（系）</td><td>410</td><td></td><td>裸蕨植物</td></tr>
<tr><td rowspan="3">早古生代</td><td>志留纪（系）</td><td>438</td><td></td><td rowspan="3">菌藻植物</td><td>鱼类</td><td rowspan="3">石煤</td></tr>
<tr><td>奥陶纪（系）</td><td>510</td><td></td><td rowspan="2">无脊椎动物</td></tr>
<tr><td>寒武纪（系）</td><td>570</td><td></td></tr>
</table>

续表

代（界）		纪（系）	距今年代（百万年）	中国主要成煤期▲	生物演化		煤　种
					植　物	动　物	
元古代（界）	新元古代	震旦（系）	1000				
	中元古代		1600				
	古元古代		2500				
太古代（界）			4000				

（二）成煤植物的有机族组成及成煤性质

1. 植物的有机族组成

从化学的观点看，植物的有机族组成可以分为四类，即糖类及其衍生物、木质素、蛋白质和脂类化合物。

（1）糖类及其衍生物

糖类及其衍生物包括纤维素、半纤维素和果胶质等。

纤维素是一种高分子的碳水化合物，属于多糖，其链式结构可用通式（$C_6H_{10}O_5$）$_n$ 表示。

纤维素在生长着的植物体内很稳定，但植物死亡后，需氧细菌通过纤维素水解酶的催化作用可将纤维素水解为单糖，后者进一步氧化则分解为 CO_2 和 H_2O，即

$$(C_6H_{10}O_5)_n + nH_2O \xrightarrow{\text{细菌水解}} nC_6H_{12}O_6$$

$$6H_{12}O_6 + 6O_2 \longrightarrow 6CO_2 + 6H_2O$$

当环境缺氧时，厌氧细菌使纤维素发酵生成 CH_4、CO_2、C_3H_7COOH 和 CH_3COOH 等。无论是水解产物还是发酵产物，它们都可与植物的其他分解产物缩合形成更复杂的物质参与成煤，或成为微生物的营养来源。

半纤维素也是多糖，其结构多种多样，例如多维戊糖（$C_5H_8O_4$）$_n$ 就是其中的一种。它们也能在微生物作用下分解成单糖：

$$(C_5H_8O_4)_n + nH_2O \longrightarrow nC_5H_{10}O_5$$

果胶质是糖的衍生物，呈果冻状存在于植物的果实和木质部中。果胶质分子中有半乳糖醛酸 $HOC\sim(CHOH)_4-COOH$，故呈酸性。

果胶质是不稳定的，在泥炭形成的开始阶段，即可因生物化学作用水解成一系列的单糖和糖醛酸。

（2）木质素

木质素存在于高等植物细胞壁，包围着纤维素并填满其间隙，以增加茎部坚固性。

木质素的组成因植物的种类而异，目前已查明有三种类型的单体如表 1－4 所示。

表 1－4　木质素的三种不同类型的单体

植　物	针叶树	阔叶树	禾 本
单　体	松柏醇	芥子醇	卜香豆醇

木质素的单体以不同的链连接成三度空间的大分子，因而比纤维素稳定，不易水解。但

在多氧的情况下，经微生物的作用易氧化成芳香酸和脂肪酸。

（3）蛋白质

构成植物细胞原生质，也是有机体生命起源最重要的物质基础。

（4）脂类化合物

通常指不溶于水，而溶于苯、醚和氯仿等有机溶剂的一类有机化合物，包括脂肪、树脂、蜡质、角质、木栓质和孢粉质等。

除上述四类有机化合物外，植物中还有少量鞣质、色素等成分。鞣质又称丹宁，是由不同组成的芳香族化合物如丹宁酸、五倍手酸、鞣花酸等混合而成，具有酚的特性。鞣质浸透了老年植物木质部细胞壁、种子外壳。许多植物的树皮中鞣质高度富集，如红树树皮中鞣质含量高达21% ~58%。铁杉、漆树、云杉、栎、柳、桦等许多现代和第三纪沼泽植物的重要种属都含有鞣质。鞣质抗腐性很强，通常难以分解。

色素是植物体内贮存和传递能量的重要因子，含有与金属原子结合的吡咯化合物结构。

2. 成煤植物的性质及其对成煤的影响

不同种类的植物，同种植物的不同部分，有机族组分的百分含量均不同。例如，木本植物各部分的有机族组成差别甚大，如表 1 –5 所示。

表 1 –5　不同植物的有机族组成　　%

植　物		碳水化合物	木 质 素	蛋 白 质	脂类化合物
细 菌		12 ~ 28	0	50 ~ 80	5 ~ 20
绿 藻		30 ~ 40	0	40 ~ 50	10 ~ 20
苔 藓		30 ~ 50	10	15 ~ 20	8 ~ 10
蕨 类		50 ~ 60	20 ~ 30	10 ~ 15	3 ~ 5
草 类		50 ~ 70	20 ~ 30	5 ~ 10	5 ~ 10
针叶和阔叶树		60 ~ 70	20 ~ 30	1 ~ 7	1 ~ 3
木本植物的不同部位	木质部	60 ~ 75	20 ~ 30	1	2 ~ 3
	叶	65	20	8	5 ~ 8
	木 栓	60	10	2	25 ~ 30
	孢 粉	5	0	5	90
	原生质	20	0	70	10

不同植物及其有机族组成的元素组成如表 1 –6 所示。

各种有机族组分的结构与化学性质，决定了它们抵抗微生物分解的能力。主要的有机族组分按分解的难易程度由易到难的排序依次为：①原生质；②叶绿素；③脂肪；④淀粉、半纤维素、纤维素；⑤木质素；⑥木栓质；⑦角质；⑧孢子与花粉；⑨蜡质；⑩鞣质；⑪树脂。

从理论上讲，各种植物、植物的各个部分与其分解产物及参与分解的微生物都参加了成煤。但是，由于成煤植物及植物的不同部分在有机族组成上的差异，也由于不同有机族组分在性质上的差异，使得不同植物和植物残骸的不同部分的分解、保存和转化存在相当大的差别。因此，对煤的种类、显微组成、化学性质及用途产生了重大影响。例如，如果成煤植物残骸以植物的茎、根等木质纤维组织为主，煤的氢含量就较低；如果成煤植物残骸中角质、木栓质、树脂、孢粉等脂类化合物较多，煤的氢含量就较高。

表 1－6　不同植物及其有机族组成的元素组成　　%

植物或植物成分	C	H	O	N
浮游植物	45.0	7.0	45.0	3.0
陆生植物	54.0	6.0	37.0	2.75
纤维素	44.4	6.2	49.4	
木质素	62.0	6.1	31.9	
蛋白质	53.0	7.0	23.0	16.0
脂 肪	77.5	12.0	10.5	
蜡 质	81.0	13.5	5.5	
角 质	81.5	9.1	9.4	
树 脂	80.0	10.5	9.0	
孢粉质	59.3	8.2	32.5	

当然，植物残骸的堆积环境、微生物的种类及其活跃程度以及某些偶然因素，对成煤植物残骸的分解、保存与转化也有很大影响。但与前者相比，这种影响是第二位的。

（三）植物遗体的堆积

植物遗体是成煤的物质来源，但并不是在任何条件下植物遗体都能顺利地堆积并转变为泥炭，而是需要一定的条件。它首先需要大量植物持续繁殖，其次需要保存植物遗体的环境，使植物遗体能够原地堆积并且不至于完全被氧化分解。同时具备这两个条件的场所就是沼泽。

沼泽地势平坦低洼，排水不畅，植物繁茂。未被完全分解的植物残骸在其中逐年积累并开始泥炭化，天长日久便形成泡软的泥炭。

从地史上形成的煤层来看，绝大多数都属于植物遗体原地堆积成煤。植物遗体因水流搬运异地堆积后如能在沼泽中保存下来，也可以成煤，但较难形成有工业开采价值的煤层。

二、腐殖煤的生成过程

腐殖煤的生成过程通常称为成煤过程。它是指高等植物在泥炭沼泽中持续地生长和死亡，其残骸不断堆积，经过长期复杂的生物化学、地球化学、物理化学作用和地质化学作用，逐渐演化成泥炭、褐煤、烟煤和无烟煤的过程。煤的这一转化的全过程也称为成煤作用。成煤过程大致可分为泥炭化阶段和煤化阶段：

（一）泥炭化阶段

泥炭化阶段是指高等植物残骸在泥炭沼泽中，经过生物化学和地球化学作用演变成泥炭的过程。在这个过程中，植物所有的有机组分和泥炭沼泽中的微生物都参与了成煤作用。

1. 泥炭化阶段的生物化学变化

在泥炭化阶段，植物遗体的变化是十分复杂的。根据微生物的类型和作用，其生物化学作用可分为两个阶段。

第一阶段：植物遗体暴露在空气中或在沼泽浅部、多氧的条件下，由于需氧细菌和真菌等微生物对植物进行氧化分解和水解作用，植物遗体中的一部分被彻底破坏，变成气体和水；另一部分分解为较简单的有机化合物，它们在一定条件下可合成为腐殖酸；而未分解的稳定部分则保留下来。

该阶段保留下来的分解产物，经过厌氧细菌的作用，一部分成为微生物的养料，另一部分合成为腐殖酸和沥青质等较稳定的新物质。

第二阶段：在沼泽水的覆盖下，出现缺氧条件，微生物被厌氧细菌所替代。厌氧细菌与需氧细菌完全不同，它们的生命活动不需依靠空气中的氧，而能利用植物有机质中的氧，故发生了还原反应，结果留下了富氢的残留物。

该阶段对于泥炭化是至关重要的。这是因为，如果植物遗体一直处在有氧或供氧充是的环境中，将被强烈地氧化分解，发生全败或半败作用，不再有泥炭生成。如表 1－7 所示。

表 1－7 植物遗体的分解过程

原始物质	过程名称	氧的供应状况	水的状况	过程实质	产 物
陆生及沼泽植物（高等植物）	全 败	充 足	有一定水分	完全氧化	仅留下矿物质
	半 败	少 量	有一定水分	腐殖化	腐殖土
	泥炭化	开始少量，后来无氧	开始有一定水分，后来浸没于水中	开始腐殖化，后来还原作用	泥 炭
水中有机物（低等植物）	腐泥化	无氧气	在死水中	还原作用	腐 泥

通常，在沼泽环境下，植物遗体的氧化分解往往是不充分的，经过第一阶段的不完全氧化分解之后，一般都会进入第二阶段。其原因主要在于：

（1）泥炭沼泽水的覆盖和植物遗体堆积厚度的增加，使正在分解的植物遗体逐渐与空气隔绝，进入弱氧化或还原环境。一般距泥炭沼泽表面 0.5m 以下，需氧细菌和真菌等微生物急剧减少，而厌氧细菌则逐步增加。

（2）植物遗体转变过程中分解出的气体、液体和微生物新陈代谢的产物促使沼泽中介质的酸度增加，抑制了需氧细菌、真菌的生存和活动。如分解产物中的硫化氢和有机酸的积累就能产生这种作用。

（3）植物本身存在的防腐和杀菌成分(如酚类)的逐步积累，不利于微生物的生存和活动。另外植物的分解产物也有一定的毒性。

2. 泥炭化阶段的凝胶化作用和丝炭化作用

在泥炭化过程中，植物的木质纤维组织等除经受生物化学作用外，还发生了显著的物理化学变化。由于经受第一阶段生物化学的氧化分解的程度不同，从第一阶段转入第二阶段还原反应时机上的差别，再加上生物化学作用的第一阶段和第二阶段可能出现的交叉反复以及其他因素，植物残骸经泥炭化后将得到一系列成分和性质都不同的产物。综合生物化学作用与物理化学作用的总趋势，在泥炭化阶段主要发生两种作用：在弱氧化以至还原的条件下发生凝胶化作用，形成以腐殖酸和沥青质为主要成分的凝胶化物质；在强氧化条件下发生丝炭化作用，产生富碳贫氢的丝炭化物质。凝胶化作用和丝炭化作用是泥炭化过程中两种不同的典型的转变作用，它们不仅发生在泥炭化阶段，成岩过程中还要继续进行相当长的时间。经成岩与变质作用后，它们分别转变为煤中的两种典型有机显微煤岩组分：镜质组和丝质组。

（1）凝胶化作用

凝胶化作用是指植物的主要组分在泥炭化阶段经过生物化学变化和物理化学变化，形成以腐殖酸和沥青质为主体的胶体物质（凝胶和溶胶）的过程。这一过程在成岩阶段的延续又称为镜煤化作用。

凝胶化作用通常发生在沼泽中停滞、不太深的覆水条件下，弱氧化至还原环境中。在厌氧细菌的参与下，植物的木质纤维组织一方面发生生物化学变化，形成腐殖酸和沥青质等，另一方面植物的木质纤维组织在沼泽水的浸泡下，吸水膨胀，发生了胶体化学的变化。

凝胶化作用进行的强烈程度不同，产生了形态和结构各异的凝胶化物质。作为两个极端的例子：当凝胶化作用微弱时，植物的细胞壁基本不膨胀或仅微弱膨胀，则植物的细胞组织乃能保持原始规则的排列，细胞腔明显；当凝胶化作用极强烈时，植物的细胞结构完全消失，形成均匀的凝胶体。经过成岩阶段的镜煤化作用转变成煤后，前者形成木煤体或结构镜质体，后者形成基质镜质体或无结构镜质体。在这两种极端的显微成分之间，当然还存在若干凝胶化（镜煤化）程度不等的过渡和变形成分，如木质镜煤体、碎屑镜质体等。这些凝胶化过程中形成的不同产物不仅在形态上存在差别，成煤后在理化性质上也有所差异，但因为它们的工艺性质比较接近，故归并为镜质组。

（2）丝炭化作用

植物的木质纤维组织在泥炭沼泽的氧化环境中，受到需氧细菌的氧化作用，产生贫氢富碳的腐殖物质，或遭受“森林火灾”而炭化成木炭的过程称为丝炭化作用。其产物统称为丝炭，依成因分为氧化丝质体与火焚丝质体。两者在形态、反射率和工艺性质等方面有一定的差异。但总体来说，氧化丝质体的存在是普遍的现象，而火焚丝质体的出现是偶然的情况。

氧化成因的丝炭化作用通常是在沼泽表面变得比较干燥，氧的供应较为充分的情况下发生的。在氧化过程中，有机物在微生物参与下失去被氧化的原子团而脱水、脱氢，碳含量相对增加。但若氧化作用无限制继续并不能形成丝炭，这是因为氧化作用的持续发生将导致植物遗体全部分解。只有当氧化到一定阶段后，植物残骸迅速转入覆水较深的弱氧化以至还原条件下，或被泥砂覆盖而与空气隔绝，中断了氧化作用，随后经煤化作用才能转变为丝炭。由于堆积环境、堆积方式等因素的影响，成煤后的丝炭有的细胞孔壁完整干净，有的孔壁中填充有粘土等矿物质，还有的细胞孔壁破裂为碎屑。它们的粉碎性能差异很大，但热工艺性质却相近，故均归属于丝质组（惰质组）。

凝胶化作用和丝炭化作用是泥炭化阶段两种不同的转变过程。但对同一植物遗体来说，这两种作用是可以交叉进行的。凝胶化物质可以因重新转入氧化环境而脱氢脱水，相对地增碳而向丝炭化物质转化。氧化较轻的丝炭化物质亦可以因进入还原环境而发生凝胶化作用。其互相转变的程度主要取决于沼泽覆水变化的程度。但是，彻底丝炭化的物质，即使在能够进行凝胶化作用的条件下，也不可能向凝胶化物质转化了。

（3）泥炭聚积环境对煤质的影响

研究表明，泥炭的堆积环境对煤的岩相组成、硫含量和煤的还原程度有显著的影响。

① 聚积环境与煤的岩相组成

物理条件，主要是水的深度和流动性，影响着泥炭沼泽的化学条件；化学条件、尤其是氢离子浓度（pH）和氧化/还原电势，又影响着微生物的活动。这些相互联系的物理、化学以及微生物条件与成煤植物物料相互作用，形成了泥炭的特定类型，并由此形成特定的煤类型。

② 聚积环境与煤的硫含量

近海煤田的许多煤层，煤中的硫分都相当高，有的甚至高达8%～12%，而远海型煤田的煤一般硫分都比较低。这种情况反映了泥炭堆积环境的影响。原因主要有三个：一是海滨盐碱土上生长的植物本身硫含量就较高，如广东滨海现代红树林泥炭的硫分可高达4.69%～6.62%。这部分硫随着泥炭的煤化作用将成煤中的有机硫。二是随着沼泽中水流的输运作用，某些元素会被泥炭沼泽中生长的植物选择地浓缩，并与成为泥炭沉积物的有机物发生反应，一部分有机硫就是这样被浓缩的元素之一。三是海水硫含量高，平均含量为0.0888%，主要以硫酸根离子的形式存在。海水具有弱碱性，常被海水淹没的某些泥炭沼泽pH达7.0～8.5。在此条件下，脱硫弧菌等硫酸盐还原菌很活跃，它利用有机质作为给氢体将硫酸盐还原成硫化氢。硫化氢与介质中的铁离子化合生成水陨硫铁（$FeS \cdot nH_2O$），再进一步与元素硫反应生成胶黄铁矿（$FeS_2 \cdot nH_2O$），经脱水即转变为黄铁矿FeS_2，成为煤中的无机硫。

③ 聚积环境与煤的还原程度

煤的还原程度是指煤中的有机质在成煤过程中受到还原的程度。近海煤田某些煤层的煤，与变质程度相同、煤岩组成相近的其他煤比较，挥发分和硫、氢、氮的含量都较高，黏结性较强，发热量和焦油产率也较高，因此称为强还原煤。

强还原煤的生成与滨海泥炭沼泽的介质化学特性有关。它是在碱性介质，停滞和厌氧的还原环境下生成的。人工煤化作用的实验也证实了在碱性介质中，形成的煤黏结性较强。

近期的研究证明煤的还原程度与煤的分子结构特征有关。一般强还原煤的酚羟基和羰基含量都较低，氢键结构多属于NH—O和NH—N类型；而弱还原煤的酚羟基和羰基含量较高，氢键结构多属于OH—O和OH—N类型。国外已制定了用电化学法测定煤还原程度的标准。

（二）煤化阶段

以泥炭被无机沉积物覆盖为标志，泥炭化阶段结束，生物化学作用逐渐减弱以至停止。在物理化学和化学作用下，泥炭开始向褐煤、烟煤和无烟煤转变的过程称为煤化阶段。由于作用因素和结果的不同，煤化阶段可以划分为成岩阶段和变质阶段。

1. 成岩阶段

成岩阶段是指无定形的泥炭，因受上覆无机沉积物的巨大压力逐渐发生压紧、失水、胶体老化硬结等物理和物理化学变化，转变为具有生物岩特征的褐煤的过程。

这一过程发生在深度不大的地下，泥炭上面的覆盖层厚度大致为（200～400）m，温度不高，估计不到60℃。因此，压力及其作用时间对泥炭的成岩起主导作用。例如，在绝对年代较小的第三纪地层中，煤层一般为低煤化度的褐煤，而在较古老的石炭纪和二叠纪地层中，才能看到典型的和高煤化度的褐煤。

在成岩过程中，除了发生压实和失水等物理变化外，也在一定程度上进行了分解和缩聚反应。泥炭中残留的植物成分，如少量纤维素、半纤维素和木质素等逐渐消失，腐殖酸含量先增加，后减少。从元素组成看，氢、氧减少，碳增加。如表 1－8 所示。

表 1－8　成煤过程的化学组成变化

物料		C/%	O/%	腐殖酸/%（d_{af}）	挥发分/%（d_{af}）	水分/%（ad）
植物	草本植物	48	39	—	—	—
	木本植物	50	42			
泥炭	草本泥炭	56	34	43	70	>40
	木本泥炭	66	26	53	70	>40
褐煤	低煤化度褐煤	67	25	68	58	
	典型褐煤	71	23	22	50	10～30
	高煤化度褐煤	73	17	3	45	
烟煤	长焰煤	77	13	0	43	10
	气 煤	82	10	0	41	3
	肥 煤	85	5	0	33	1. 5
	焦 煤	88	4	0	25	0. 9
	瘦 煤	90	3. 8	0	16	0. 9
	贫 煤	91	2. 8	0	15	1. 3
无烟煤		9. 3	2. 7	0	<10	2. 3

当地层继续下沉和顶板加厚时，由于温度明显升高，压力继续加大，而使煤质的变化进入变质阶段。

2. 变质阶段

变质阶段是指褐煤沉降到地壳的深处，在长时间地热和高压作用下发生化学反应，其组成、结构和性质发生变化，转变为烟煤、无烟煤的过程。

在这一转变过程中，煤层所受到的压力一般可达几十到几百 MPa，温度一般在 200℃以下。如受到火山岩浆等更高温度作用，则烟煤可能变成天然焦，无烟煤则可能变成石墨。后者是一种高级变质作用，已不属于煤的变质阶段。

（1）变质作用的原因：引起煤变质的主要因素是温度、时间和压力。

① 温度。这是煤变质的主要困素，这一点已为国内外大量的研究和实验所证实。

地球是一个庞大的热库，巨大的地热使地温自地表常温层以下随深度加大而逐渐升高。深度每增加 100m 温度升高的数值叫地温（热）梯度。

地温梯度一般恒为正值，即地温朝地下深处逐渐升高，尽管地热场的分布总是不均一的。现代地壳平均地温梯度为 3℃/100m，但其变化范围可由 0. 5℃/100m 到 25℃/100m。由此可以推测成煤期的古代地温分布也是不均一的，但应有相同的变化趋势。

由于地温分布的这种规律性，在穿过含煤岩系的深孔中发现煤的变质程度向深部依层递增，这一事实无疑是温度对煤变质发生强烈影响的有力例证。另外，温度因素的重要性也已被一系列的人工煤化实验所证明。人工煤化实验发现，泥炭在 100MPa 的压力下加热到

200℃时，试样在相当长的时间内并无变化，而当温度超过200℃时，试样转变为褐煤；当压力升高到180MPa，温度低于320℃时，褐煤一直无明显变化；而当温度升至320℃后，它就转变为接近于长焰煤的产物，但仍能使KOH溶液染色；当继续升温到345℃后，得到了具有典型烟煤性质的产物；继续升温至500℃，产物具有无烟煤性质。由此可见，温度不仅是煤变质的主要因素，而且似乎存在一个煤变质的临界温度。

当然，天然的变质过程不需要这么高的温度，而且除个别情况外，一般也不可能达到这么高的温度。应用地质－地球物理方法研究地热场的变化，用围岩矿化推测古地温及用热动力模拟计算煤化温度，得出了天然煤化作用所需的温度比人工煤化实验推断温度要低得多的结论。大量资料表明，转变为不同煤化阶段所需的温度大致为：褐煤（40～50）℃，长焰煤<100℃，典型烟煤一般<20℃，无烟煤一般不超过350℃。

② 时间。这也是煤变质的一个重要因素。这里所说的时间，严格地讲不是指距今地质年代的长短，而是指某种温度和压力等条件作用于煤的过程的长短。温度和压力对煤变质的影响随着它的持续时间而变化。时间因素的重要影响表现在以下两方面。

第一，受热温度相同时，变质程度取决于受热时间的长短。受热时间短的煤变质程度低，受热时间长的煤变质程度较高。例如美国第三纪地层中的煤包裹体与德国石炭纪的煤层，沉降深度分别为5440m和5100m，地质历史分析表明至今没有变动。受热温度前者约141℃，后者约147℃。可见温度与压力条件是近似的，但因时间差别很大，前者为(1300～1900)万年，后者为2亿7千万年，造成煤的变质程度出现明显差异。前者 $y_{daf}=35\%\sim40\%$，变质程度较低，属于气煤；后者 $y_{dal}=14\%\sim16\%$，变质程度较高，大致属于焦煤或瘦煤。

第二，煤受短时间较高温度的作用或受长时间较低温度（超过变质临界温度）作用，可以达到相同的变质程度。一些煤田的地质观测结果表明，如果受热持续时间为500万年，大约在340℃的温度下可形成无烟煤；而当持续受热时间为2千万至1亿年时，仅150～200℃的温度就能形成高变质烟煤和无烟煤。

③ 压力。这也是煤变质阶段不可缺少的条件。压力不仅可以使成煤物质在形态上发生变化，使煤压实，孔隙率降低，水分减少，而且还可以使煤的岩相组分沿垂直压力的方向作定向排列。静压力还促使煤的芳香族稠环平行层面作有规则的排列。动压力使煤层产生破裂、滑动。强烈的动压力甚至可以使低变质程度煤的芳香族稠环层面的堆砌高度增大。

尽管一定的压力有促进煤物理结构变化的作用，但只有化学变化才对煤的化学结构有决定性的影响。此外，人工煤化实验表明，当静压力过大时，由于化学平衡移动的原因，压力反而会抑制煤结构单元中侧链或基团的分解析出，从而阻碍煤的变质。因此，人们一般认为压力是煤变质的次要因素。

除了温度、时间和压力之外，有些研究者还认为放射性因素也能影响煤的变质。例如放射性蜕变热与放射性的 β 粒子辐射可以使低变质煤局部转变为较高变质程度的煤。但有的研究者认为放射性因素仅有非常局部的影响，例如在煤层中围绕放射性矿物出现反射率较高的小“接触晕圈”。看来这一问题还有待于进一步的研究。

（2）变质作用的类型：根据变质条件和变质特征的不同，煤的变质作用可以分为深成变质作用、岩浆变质作用和动力变质作用三种类型。

① 深成变质作用。深成变质作用是指煤在地下较深处，受到地热和上覆岩层静压力的

影响而引起的变质作用。这种变质作用与大规模的地壳升降活动直接相关，具有广泛的区域性，因此过去常称为区域变质。有的文献也称作正常变质和地热变质等。深成变质是主要的煤变质作用，具有普遍意义。

深成变质作用主要具有以下两个特点：

第一，煤的变质程度具有垂直分布规律。即在同一煤田大致相同的构造条件下，随着埋藏深度的增加，煤的挥发分逐渐减少，变质程度逐渐增高。大致上深度每增加100m，煤的挥发分 V_{daf}减少2.3%左右。这个规律称为希尔特（Hilt，1873年）定律。希尔特定律几乎在世界各地都已得到证实。但不同煤田由于地热梯度不同，挥发分梯度鸪略有差异。例如我国阳泉、大同等煤田的挥发分梯度为1.4%～3.3%，豫西煤田为2%～3%，红阳煤田为3.15%，章邱煤田为4%等。

除构造异常与岩浆侵入煤系的情况外，由于煤岩组成、还原程度等差异可能会出现不符合希尔特定律的情况。因此，应综合采用挥发分、碳含量和镜质组反射率等多项煤变质指标，评价煤的变厌程度。这样可以更准确地反映煤的变质程度的垂直分布规律。

第二，煤的变质程度具有水平分带规律。由于地质构造因素的影响，在同一煤田中，同一煤层或煤层组原始沉积时沉降幅度可能不同，成煤后下降的深度也可能不一样。按照希尔特定律，这一煤层或煤层组在不同的深度上、变质程度也就不同，反映到平面上即为变质程度的水平分带规律。例如我国华北某煤田，煤的变质程度在平面上呈环状分布，形态类似原始沉积盆地的等高线轮廓。在煤田盆地的边缘，含煤岩层厚度小，煤的变质程度较低，越往盆地中央，含煤岩系厚度越大（后期上覆沉积物厚度增大），煤的变质程度越高。显然，变质程度的水平分带规律，只不过是希尔特定律在平面上的表现形式。希尔特定律对于煤矿的勘探、开采和预测矿区煤质变化均具有重要的意义。

② 岩浆变质作用。岩浆变质是指煤层受到岩浆带来的高温、挥发性气体和压力的影响使煤发生异常变质的作用。岩浆变质作用的影响范围和强度与岩浆是否直接侵入煤层、岩浆活动的强弱、规模的大小以及持续时间的长短有关，细分起来可分为两种类型。一是主要由浅层侵入岩的岩浆直接侵入、穿过或接近煤体而使煤变质程度增高的接触变质作用；二是煤层下部巨大的深成岩浸入岩浆引起煤变质程度增高的区域热（力）变质作用。

发生接触变质时，在岩浆侵入体与煤层接触带附近，煤层的受热温度高，持续时间较短，受热均匀性差。发生的过程有些类似于快速加热炼焦，因此与岩浆侵入体接触的煤常常转变为天然焦。如我国山东淄博和阜新煤田就有这样形成的天然焦。接触变质产生的煤变质带一般不规则，通常为局部现象。

区域热（力）变质又称远成岩浆变质、均匀热力变质或热力变质。产生区域热（力）变质的原因是含煤岩系下部有隐伏的深成岩浆侵入体，它们靠近了含煤岩系但并未与煤层直接接触。由于岩浆热的影响，岩浆侵入体上部的煤层变质程度异常增高，它叠加在深成变质作用之上，影响程度取决于岩浆侵入体距离煤层的远近。区域热（力）变质的煤质分布较有规律，煤的挥发分、镜质组反射率等值线与地热梯度等值线相吻合。通常是产生高变质无烟煤、亦可能产生天然焦。由于总的地热梯度比较高，因此变质梯度也比较大，变质带在立剖面上的厚度和平面上的宽度都比较小。

③ 动力变质作用。这是指由于地壳构造变化所产生的动压力和热量使煤发生的变质作用。引起动力变质的地壳构造变化主要是含煤岩系形成之后地壳的褶皱与断裂。煤田地质研

究表明，地壳构造活动引起煤异常变质的范围一般不大，因此动力变质也是局部现象。

动力变质煤的主要特点是密度增大，挥发分和发热量降低，煤层层理受到破坏等。

三、煤资源（煤田、煤成气）的形成

（一）影响成煤期的主要因素

自从地球上出现植物，便有了成煤的物质基础，但世界范围内最主要的成煤期都仅属于某些地质年代。这是因为聚煤作用的发生是古代气候、植物、地理及构造诸因素综合作用的结果。

1. 古气候因素

地史上最适于聚煤作用发生的气候条件是温暖潮湿的气候。根据现代聚煤作用发生的气候条件来看，无论在热带、温带和寒带，只要有足够的湿度，都可形成泥炭层。但在同样长的时间里，以温暖潮湿气候下形成的泥炭层最厚。因此，湿度与温度相比，湿度对聚煤作用的影响更大。

2. 古植物因素

只有当植物演化发展到一定阶段，即有高大的木本植物大量繁殖堆积，才能广泛形成有工业意义的煤层。高等植物中如石松纲、苛达纲、银杏纲等，树木粗壮高大，树高可达三四十米。因此它们繁盛发育的石炭纪、二叠纪、白垩纪和第三纪等时期都是重要的成煤期。

3. 古地理因素

一般最适于形成泥炭沼泽的古地理环境是广阔的滨海平原、泻湖海湾、河流的冲积平原、山间或内陆盆地等。在这些地区，聚煤作用可以在几万至几十万平方公里范围内广泛而连续地发生。

4. 古构造因素

古地壳构造运动是影响成煤期的主导因素。它不仅影响古气候和古地理条件，而且直接影响聚煤作用，主要表现在以下三个方面：

（1）泥炭层的堆积要求地壳发生缓慢的下降。下降的速度最好与植物残骸堆积的速度大致平衡，这种平衡持续的时间越长，形成的煤层也越厚。

（2）当地壳的陷落速度大于植物残骸的堆积速度，但泥炭沼泽上面的水层厚度仍小于2m时，水层下的植物残骸可作为养料，滋养新一代植物的生长，泥炭层可继续堆积增厚。同时，水流和风带来的泥砂会分散掺混于泥炭中。

（3）当泥炭沼泽的覆水厚度大于2m时，光线难以透过水层，植物因光合作用受阻不能生长，泥炭层的堆积过程亦随之停止。此时，从相邻陆地被水冲下来的泥砂在陷落地区成层基积，将泥炭层覆盖起来，使成煤过程转入成岩作用阶段。成煤后，与煤层相间的泥砂形成碳质页岩的夹层（夹矸），而位于煤层上方者则形成矿物岩层（煤层顶板）。

此外，如果地壳在总的下降趋势中发生多次小幅度升降，则同一地区可能形成较多煤层。

总之，在地史上，只要某地区同时具备聚煤所要求的气候、植物、地理和构造运动条件，并且持续的时间也较长。就能形成煤层多、储量大的重要煤田。反之则煤层少而薄，甚至根本没有煤。

（二）主要聚煤期和主要煤田

1. 主要聚煤期

地史上有5个世界性的聚煤期：中、晚石炭世，早二叠世，早、中侏罗世，晚侏罗世—早白垩世和晚白垩世—早第三纪。

我国的聚煤期分布有一定的特殊性。晚二叠世、晚第三纪仍有重要煤田，晚白垩世却无重要聚煤作用。我国的聚煤规模以早、中侏罗世居首，但从煤质和地理分布来看，石炭纪与二叠纪更为重要。我国聚煤期连续性较好，地史上基本不聚煤的只有两段：早三叠世—中三叠世，早白垩世晚期—晚白垩世。

2. 主要煤田

世界煤炭储量较多的国家有中国、俄罗斯、美国、澳大利亚、印度、德国、南非、加拿大和波兰等，多集中在欧亚大陆、北美洲和大洋洲，南美洲和非洲储量很少。

（三）煤成气

1. 煤成气的分类

煤系地层中以腐殖质为主的有机质，包括高度集中的煤层和分散于暗色沉积物中的有机质都可以生成煤成气。世界上一些著名的特大气田都与煤系地层有关，如荷兰的格罗宁根大气田、俄罗斯的乌连戈伊大气田等。

集中式和分散式的腐殖型有机物在成煤过程中形成的可燃气体称为广义煤成气，单纯由煤层生成的可燃气体则称为狭义煤成气。

根据煤成气储集体的岩石性质、运移特征、聚散性和工业意义，煤成气可分为：

（1）煤层气。它指留存在生气源岩（煤层、炭质页岩、泥岩等）中的那部分煤成气。当其在极少数情况下聚集成“瓦斯包”时，就成为采煤过程中发生瓦斯突出的根源。为了保证采煤的安全生产，煤矿通常采用抽吸法排放瓦斯。这一部分通过抽吸排出的瓦斯与空气的混合物则称为矿井气。矿井气是利用煤层气的主要形式。如我国辽宁抚顺矿务局每年抽放瓦斯约为$1.6\times10^8 m^3$，除$6.3\times10^6 m^3$用于工业外，还可供7万户居民生活用。我国典型矿井气的性质如表1－9所示。

表1－9 我国典型矿井气的性质

成分/%				ρ/(kg·m^{-3})	低热值/(MJ·m^{-3})	华白指数/(MJ·m^{-3})	产 地
CH_4	O_2	N_2	CO_2				
36.8	10.4	49.25	3.55	1.0986	13.21	15.90	抚顺
42.3	10.1	46.85	0.75	1.0048	15.18	18.71	阳泉
(41.0)	(10.0)	(47.00)	(2.00)	(1.0643)	(14.71)	(17.99)	

注：括弧中的数字为基准值。

（2）煤出气。它指从生气源岩运移出来的那部分煤成气。其中小部分可以聚集起来成为有工业价值的气藏，称为聚煤气。大部分煤出气则呈分散状态逸散在空气中，溶解在地下水里或分散在生气源岩之外的围岩中，称为散煤气。在目前技术条件下，散煤气基本没有工业利用价值。

2. 煤感气的生成及与煤化跃变的关系

煤成气的生成与成煤过程密切相关。煤层中的聚集有机质和煤系地层岩石中的分散有机质在煤化过程中，由于温度、压力及其持续时间的共同作用，不断发生分解与缩聚。缩聚的转化方向是生成更高变质程度的煤，而分解的主要结果就是生成煤成气。

20 世纪 70 年代以来的研究表明，在成煤过程中煤化作用不是线性发展的，而是存在四次煤化作用跃变。依次为：

第一次跃变　出现在 $C_{d_{af}}=80\%$ ，$V_{d_{af}}=43\%$ ，$R_m^0=0.6\%$ 阶段；

第二次跃变　出现在 $C_{d_{af}}=87\%$ ，$V_{d_{af}}=29\%$ ；$R_m^0=1.3\%$ 阶段；

第三次跃变　出现在 $C_{d_{af}}=91\%$ ，$V_{d_{af}}=8\%$ ，$R_m^0=2.5\%$ 阶段；

第四次跃变　出现在 $C_{d_{af}}=93.5\%$ ，$V_{d_{af}}=4\%$ ，$R_m^0=3.7\%$ 阶段。

这些跃变的存在说明在煤化过程中，煤的结构、性质和析出的气体都发生了跳跃性的变化。因此，煤化跃变也不可避免地影响到煤成气的生成。

褐煤煤化作用模拟实验关于煤成气的结果，如表 1－10 所示。

表 1－10　各温阶的煤成气发生率（d_{af}）　　$m^3 \cdot t^{-1}$

温阶/℃	煤 阶	CH_4	总烃	H_2	可燃气	CO_2	N_2	总发生率
240	长焰煤	5	7	3	10	46	1.2	58
330	气 煤	20	32	9	41	87	2.0	132
390	肥 煤	59	80	35	113	105	3.5	224
440	焦 煤	86	113	52	167	119	4.5	291
470	瘦 煤	113	148	87	234	129	5.4	371
500	贫 煤	133	175	117	292	138	5.8	437
540	无烟煤	170	220	172	391	153	6.2	551

由此可知，随着煤化度的提高，煤层气的总发生率不断增加，气体组成也逐渐变化。但这种数量和组成上的变化存在与煤化跃变一致的跳跃性，尤其是第一次和第二次煤化作用跃变的影响更明显。在 $R^0=0.6\%$ 以前（硬褐煤以前），煤层气的成分基本上全部是 CO_2；发生第一次煤化跃变时（$R^0=0.6\%$ ，相当于硬褐煤—长焰煤阶段），开始出现可燃气体。主要是 CH_4、H_2；发生第二次煤化跃变时（$R^0=1.3\%$ ，相当于肥煤阶段），CH_4、H_2 和总烃由缓慢增加变为线性急剧增加，总烃含量与 CO_2 接近，成为煤成气的主要成分。

（四）中国煤炭资源与煤质特点

中国煤炭资源丰富，煤种齐全，是世界上最大的煤炭生产国和消费国。据统计，我国煤炭的预测储量为 2 万多亿吨。这里简单介绍我国煤炭资源的特点以及炼焦煤资源及其可选性。

1. 中国的煤炭资源及其分布特点

中国煤炭资源虽然丰富，但在地区分布和煤种分布两个方面存在明显的不平衡。中国的成煤地带可分为东部、中部、西部和南部四个地带。由于成煤地质年代和成煤条件不同，这四个地带的煤炭资源分布和煤质差异较大。其中，东部地带包括辽宁、吉林、黑龙江、北京、天津、河北、山东、安徽、江苏和上海等，煤炭储量不多；中部地带包括山西、内蒙、河南和宁夏等，为煤炭资源集中分布区，储量大、煤种齐全，煤质优良；西部地带包括甘肃、青海、云南、贵州、四川和西藏等，其中，云南、贵州和新疆的煤炭资源丰富；南部地区包括浙江、江西、福建、湖南、湖北、广东和广西等，煤炭资源贫乏，且煤层地质构造复杂。中国煤炭资源按成煤地带和按行政区的分布和比例见表1－11和表1－12。

表1－11　中国煤炭资源按成煤地带的分布和比例

地　带	煤炭资源		炼焦煤资源	
	保有储量/Gt	所占比例/%	保有储量/Gt	所占比例/%
全　国	901.457	100.00	258.479	100.00
东部地带	89.979	9.98	61.882	23 86
中部地带	660.589	73.28	165.442	64.01
西部地带	141.664	15.71	29.324	11.34
南部地带	9.225	1.02	2.031	0.79

由表1－11可见，我国煤炭资源主要集中在中部地带，所占比例约为73%；南部地带煤炭资源十分贫乏，仅占约1%；东部地带的煤炭储量只占全国的10%左右，但其中约69%为炼焦煤。

由表1－12可见，我国煤炭资源的分布按行政区划分也很不平衡，主要集中在华北地区，约占52%；其次是西北地区，约占28%；东北地区及中南地区煤炭资源很少，均不到3%。

表1－12　中国煤炭资源按行政区的分布和比例

地　区	煤炭资源		炼焦煤资源	
	保有储量/Gt	所占比例/%	保有储量/Gt	所占比例/%
全　国	901.457	100.00	258.479	100.00
东北地区	26.909	2.99	12.234	4.73
华北地区	70.599	52.20	160.887	62.24
华东地区	46.943	5.21	40.141	15.53
中南地区	26.799	2.97	7.421	2.87
西南地区	81.137	9.00	16.568	6.41
西北地区	249.066	27.63	21.228	8.21

2. 中国的炼焦煤资源及其可选性

我国炼焦煤品种齐全，但分布很不平衡。由表1－12可见，炼焦煤主要集中在华北地区（约占62%），其次是华东地区（约占15.5%），西北、西南和东北地区均只占8%～5%，中南地区的炼焦煤资源最贫乏，不足3%。南方各省、自治区，如浙江、福建、广东、广西、湖北等，炼焦煤资源都相当贫乏。

中国炼焦煤资源中各煤种的分布和比例如表1－13所示。由表1－13可见，全国范围内气煤储量占一半以上，肥煤、焦煤和瘦煤的储量有限，其比例与炼焦配煤的要求不匹配。特别是华东和东北地区，气煤的比例高达68.8%和58.5%。

表 1 – 13　中国炼焦终资源中各种煤的分布和比例　%

地　带	气煤	肥煤	焦煤	瘦煤	未分牌号煤
全　国	51. 49	12. 57	18. 79	14. 93	2. 22
东北地区	59. 00	4. 16	29. 90	5. 07	1. 87
华北地区	53. 20	13. 37	16. 35	16. 95	0. 13
华东地区	67. 81	13. 53	7. 40	2. 08	9. 18
中南地区	6. 87	21. 08	40. 13	31. 92	—
西南地区	11. 73	12. 98	42. 99	25. 50	6. 80
西北地区	50. 03	6. 21	25. 98	15. 40	2. 38

注：数据截止 1989 年。

山西省煤炭资源丰富，其中炼焦煤约占全国炼焦煤储量的 56% 。为了满足我国钢铁工业对强粘结性煤的需求，应加大山西省肥煤和焦煤的开发。例如对山西的古交、西山、郑城底、马羊、屯兰等焦、肥煤的开发。同时应克服我国煤炭产储不平均、产需不相适应的现象。煤炭产储不平衡表现在炼焦煤的开发强度大而动力煤相应开发不足。1995 年全国生产 12 亿吨煤，其中炼焦煤占 40% 。煤炭产储不平衡还表现在东南沿海各省的煤炭开发强度过大，而这些省的煤炭储量仅占全国的 18% 。因此，除加大山西省优质军拿履雷翕崔加大动力煤的开发，例如内蒙华能精煤公司对神府煤田的开发以及华东济宁煤田的开发等。

我国炼焦煤的可选性差。从表 1 – 14 可见，难洗与极难洗煤约占 62% 。我国目前主要矿区生产的洗精煤其灰分以气煤为最低，焦煤的灰分为最高。全国沸精煤的平均灰分约为 10. 5% （国外精煤灰分平均为 6% ~8% ）。我国入洗原煤的灰分一般为 20% ~30% ，少数达 30% ~40% 。

我国含硫高的炼焦煤约占炼焦煤总量 20% 。在炼焦煤的储量中，肥、焦、瘦煤的硫比较高，其中高硫煤（$S_{t,\mathrm{d}} \geqslant 2\%$）分别占本煤种的 48. 0% 、29. 6% 和 56. 4% 。即储量中有一半的肥煤和瘦煤是高硫煤，约有 1/3 的焦煤是高硫煤，而高硫气煤的储量不足 4% 。

表 1 – 14　中国炼焦煤的可选性

煤　种	占入洗量比例/%	不同可选性煤占入洗量比例/%	
		难、极难洗煤	易洗、中等易洗煤
合计	100	62	38
气煤	43	40	60
肥煤	18	61	39
焦煤	30	84	16
瘦煤	9	92	8

第三节　煤的质量评价

煤质评价是煤炭和各工业部门非常重要的问题，是指通过有关煤质试验后，正确地评定煤炭的质量及其在工业上利用的价值。通过煤质评价，可以了解煤的成分与性质，为矿井建设、煤炭开采和加工利用提供科学依据。

煤质评价也是许多工业部门和研究机构经常性的研究工作。

一、煤质评价的阶段与任务

煤田地质部门从煤田普查、勘探开采到煤炭的加工利用进程出发，根据每一阶段的不同任务将煤质评价分为：煤质初步评价，详细评价和最终评价三个阶段。

1. 煤质初步评价阶段

此阶段相当于煤田普查时期对煤质的研究和初步评价。主要研究煤的成因类型，煤岩组成和煤的各项物理、化学性质。如测定煤的工业分析、元素组成、发热量、灰成分与灰融点、各项粘结性、结焦性指标及煤的抗碎强度和密度等物理性质。通过测得各指标的综合分析与研究，了解可采煤层的煤质特性，初步决定煤的种类及其加工利用方向。

2. 煤质详细评价阶段

此阶段相当于煤田勘探时期对煤质的研究与评价。在上阶段煤质分析的基础上进一步测定煤的各种工艺性质，例如：可选性及沉矸质量、热稳定性、反应性、可磨性、低温干馏试验和试验焦炉测定煤的结焦性等。以便全面了解勘探区内可采煤层的煤质特性、变化规律、煤的变质因素和煤类分布规律，对可采煤层作出加工利用评价和确定沉矸与煤灰渣的综合利用方向。

3. 煤质最终评价阶段

此阶段相当于煤田开采和加工利用阶段对煤质的研究和评价。由于加工利用方向与加工利用流程已经确定，因此煤质研究工作内容集中于根据开采和加工利用的需要，定期或随机取样进行某些煤质指标的测定、检查并控制煤的质量。

二、煤质评价的内容

煤质评价的内容可归纳为地质、工艺技术和经济与环保三个方面。

1. 地质方面的评价

煤田地质工作者在煤田普查和勘探时期，通过对煤层煤样的分析研究阐明煤质的变化规律，并了解成煤原始物质、聚积环境、煤化作用、风化及氧化等地质因素对煤田的影响及其变化规律。

2. 工艺技术方面的评价

评价内容包括两个方面：首先根据测试所得的煤的工艺性质，结合各种工业部门对煤质的要求，确定煤的加工利用方向；已知煤质及加工利用方式后，进一步研究采用何种工艺措施以改善煤的性质，达到最好的利用效果，并提高煤炭的使用价值。这些工艺措施可考虑诸如：煤的洗选、配合、干燥、预热和成型等，或改变加工的炉型、方式或操作条件等。

3. 经济与环保方面的评价

从经济观点研究如何最合理利用煤炭资源，最大限度地提高产品的附加值、以获得最好的经济效益。这方面包括煤炭开采、产销、运输，也包括综合加工利用、如煤中稀有元素的提取、灰渣的利用等。环保方面着重研究如何确保在煤炭开采与加工利用过程中符合国家对环保方面的要求，尽最大可能减少环境污染。如因开采导致地面下沉，应采用限量开采、防止下沉等措施，如劣质煤燃烧引起大气污染，必须采用相应严格的防治措施。

三、煤质评价的方法

煤炭是非常复杂的，除煤化度、煤岩组成、还原程度等对煤质影响显著外，地质、生成条件、矿物质的数量与性质（硫、磷以及稀有元素的赋存等对煤质及其加工利用也有很大关系。因此，煤质的检验方法很多：如各种化学方法，各种物理和物理化学方法，煤岩方法和各种工艺性质方法等。全面深入地评价煤质，需要进行大量的分析化验工作，掌握煤质各方面的数据，结合地质情况及煤质变化规律，并要了解各种工业利用部门对煤质的不同要求，最终才能做出正确的煤质评价。不过，全面检测煤样需要花费很大的人力与物力，实际上和经济上也是难以做到的。所以评价煤质应从实际出发，因地制宜。

通常先从简单的工业分析、全硫含量的测定开始，再加上粘结指数 G_{RI} 等少粘结性指标的测定，大体上确定其煤种大类。如果是无烟煤，且灰、硫含量不甚高，则可作气化原料或燃料考虑，进一步测定其机械强度、热稳定性、反应性、结渣性、灰熔点、灰粘灰成分和发热量等气化工艺性质指标。对灰、硫较高的原煤还要测定其可选性、精煤回收率及洗选脱硫率等。如果是低灰优质无烟煤，可考虑作为活性炭、电极糊等炭素材料使用，再作相应的分析工作，以最终做出正确的煤质评价。对烟煤的煤质评价可考虑是否能用作炼焦煤。若相应牌号为气煤至瘦煤范围，再进一测定煤的可选性，确定精煤灰分与收率，测定单种煤的结焦性及与其他煤的相容性等项标。若为灰、硫及煤化度较高的瘦、贫煤,可考虑作为动力用煤－再测定相应的热值等指标。如果是低变质程度的烟煤可测定其焦油产率等相应指标，以确定是否适用于低温干馏、液化或汽化原料。如果考虑作为水煤浆原料，则应测定其表面性质、煤岩显微成分、最高内在水分和 O/C 原子比等指标，以进一步确定其制浆性的好坏，最终给予被评价烟煤一个最合适的工业用途。

对于褐煤的煤质评价可测定其低温干馏焦油产率、腐殖酸含量、苯抽出物及煤中稀有元素的含量等指标。如褐煤的苯（或苯－醇）抽出物或腐殖酸含量高，可考虑用作提取褐煤蜡（蒙旦蜡）或制取腐殖酸的原料。当褐煤中稀有元素含量达到具有工业提取价值时，可考虑灰中提取相应的稀有金属。此外，褐煤还可考虑作为低温干馏、液化、气化和型焦等原料此可分别检测相应的指标，最终对煤质及用途加以正确的评价。

对于正常生产的各工业部门，对煤质的评价一般则较为简单与针对性强。例如：对焦化厂而言，为了进行矿山调查或开辟新的用煤基地，主要了解及测定煤的灰、硫、可选性的粘结性、结焦性，单种煤的焦炭质量及其相容性等。但是，如果遇到煤质指标较好而实际粘结性、结焦性相距甚远的“异常煤”，还应从煤岩成分或煤的还原程度等方面进行煤质分析，找出其“异常”的真正原因，从而对该煤种作出恰如其分的正确评价。

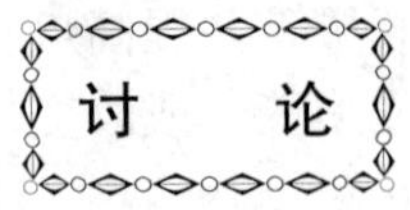

1. 简述煤的生成和煤资源形成的方式及基本规律。
2. 简述煤化学研究的内容和历史发展过程。
3. 简介煤的种类及一般特点。
4. 简介煤质量评价的概念及意义。
5. 简述中国煤资源的总体特点和分布状况。

第二章　煤的结构

第一节　煤的岩相学组成

煤是一种有机生物岩，煤岩学是用研究岩石的方法来研究煤的学科。它是与煤地质学、古生物学、煤化学和煤工艺学等学科相关的一门边缘科学。它以显微镜为主要工具，兼用肉眼和其他技术手段，研究自然状态下煤的岩相组成、成因、结构、性质、煤化度及其加工利用持性。是研究和应用炼焦用煤的理论基础。

煤岩学研究始于1830年，英国的赫顿（Hutton）为煤岩学奠定了基础。他发展了在显微镜下观察煤的薄片技术，发现煤中存在某些植物结构，提出了煤是由植物生成的这一论断。1919年，英国斯托普斯（M. Stopes）提出了将宏观煤岩成分划分为四种类型：镜煤，亮煤，暗煤和丝炭。促使煤岩学获得了系统的发展。1925年起，德国施塔赫（E. Stach）成功地用抛光煤片和油浸物镜研究煤，1928年他又发明了粉煤光片，从而促进了应用煤岩学的发展。反射率测定方法和装置的逐渐完善，对煤岩学的发展起了重大作用，尤其是光电倍增管及各种型号的反射率自动测定装置的研制成功，加上电子计算机的应用，使20世纪70年代以来煤岩学得到更加迅速的发展和广泛的应用。

一、宏观煤岩组成

1. 宏观煤岩成分

根据颜色、光泽、断口、裂隙、硬度等性质的不同，用肉眼可将煤层中的煤分为镜煤、亮煤、暗煤和丝炭四种宏观煤岩成分。其中镜煤和丝炭是简单的宏观煤岩成分，亮煤和暗煤是复杂的宏观煤岩成分。它们是煤中宏观可见的基本单位。

（1）镜煤（vitrain）。光亮、均一、常具有内生裂隙的宏观煤岩成分。在成煤过程中，镜煤是由成煤植物的木质纤维组织经过凝胶化作用形成的。镜煤呈黑色，光泽强，结构均匀，性脆，具有贝壳状断口。镜煤的内生裂隙发育，裂隙面早眼球状，裂隙间有时充填方解石和黄铁矿等薄膜。随煤化度加深，镜煤的颜色由深变浅，光泽变强，内生裂隙增多。在中等变质阶段，镜煤具有强粘结性和膨胀性。在煤层中镜煤呈透镜状或条带状，厚度一般不超过20mm，有时呈线理状夹杂在亮煤或暗煤中，但有明显的分界线。在煤层中，镜煤的裂隙常垂直于层理。

（2）亮煤（clarain）。光泽次于镜煤、具有微细层理的宏观煤岩成分。亮煤呈黑色，其光泽、脆性、密度、结构均匀性和内生裂隙发育程度等均逊于镜煤。断口有时呈贝壳状，表面隐约可见微细纹理。显微镜下观察，亮煤是一种复杂的、非均一的宏观煤岩成分。在中等变质阶段，亮煤具有较强粘结性和膨胀性。在煤层中亮煤常组成较厚的分层，甚至整个煤层。

（3）暗煤（durain）。光泽暗淡、坚硬、表面粗糙的宏观煤岩成分。暗煤呈灰黑色、内生裂隙不发育、密度大、坚硬且具有韧性。它的层理不清晰，呈粒状结构，断口粗糙。在显微镜下可以观察到暗煤是一种复杂的、非均一的宏观煤岩成分。暗煤由于组成不同，其性质差异很大。如富含惰质组的暗煤，略带丝绢光泽，挥发分低，粘结性弱；富含树皮的暗煤，略带油脂光泽，挥发分和氢含量较高，粘结性较好；含大量粘土矿物的暗煤密度大，灰分高。在煤层中暗煤可以单独成层，或以它为主形成较厚的分层。

（4）丝炭（fusain）。有丝绢光泽、纤维状结构、性脆的、单一的宏观煤岩成分。在成煤过程中，丝炭是由成煤植物的木质纤维组织经丝炭化作用而形成的。丝炭外观像木炭，灰黑色，质疏铃多孔，性脆、易碎，故在煤粉中含量较多。有些丝炭的孔腔被矿物质填充，成为矿化丝炭。矿化丝炭质地坚硬、致密、密度大。在显微镜下观察，丝炭保留明显的细胞结构，有时还能看到年轮结构。丝炭含氢量低，含碳量高，没有粘结性。由于丝炭孔隙率高，易于吸氧而发生氧化和自燃。在煤层中丝炭呈扁平透镜体或不连续小夹层，沿煤的层面分布，厚度约为几毫米。

2. 宏观煤岩类型（macrocopic type）

上述四种宏观煤岩成分是煤的宏观岩相分类的基本单位，其中镜煤和丝炭一般仅以细小的透镜体或不连续的薄层出现；亮煤和暗煤虽然分层较厚，但常常互相交叉，分界线不太明显。所以，在了解煤层的岩相组成和性质时，如以上述四种成分为单位，则不便进行定量分析，也不易了解煤层的全貌。通常，按照宏观煤岩成分在煤层中的总体相对强度划分为四种宏观煤岩类型，这在一定程度上反映宏观煤岩成分的组合情况。烟煤和无烟煤的宏观煤岩类型有光亮煤、半亮煤、半暗煤和暗淡煤四种。所以，宏观煤岩成分在煤层中的自然共生组食称为宏观煤岩类型。

（1）光亮煤。煤层中总体相对光泽最强的类型，它含有大于75%的镜煤和亮煤，只含有少量的暗煤和丝炭。光亮煤成分较均一，通常条带状结构不明显，具有贝壳状断口，内生裂隙发育，较脆，易破碎。

（2）半亮煤。煤层中总体相对光泽较强的类型，其中镜煤和亮煤的含量大于50%～75%，其余为暗煤，也可能夹有丝炭。半亮煤的条带状结构明显，内生裂隙较发育，常具有棱角状或阶梯状断口。半亮煤是最常见的宏观煤岩类型。

（3）半暗煤。煤层中总体相对光泽较弱的类型，其中镜煤和亮煤含量仅为25%～50%，其余的为暗煤，也夹有丝炭。半暗煤的硬度、韧度和密度较大。

（4）暗淡煤。煤层中总体相对光泽最弱的类型，其中镜煤和亮煤含量在25%以下，其余的多为暗煤，也夹有少量丝炭。也有个别煤田存在以丝炭为主的暗淡煤。暗淡煤通常呈块状构造，层理不明显，煤质坚硬，韧性大，密度大，内生裂隙不发育。在煤层中，各种宏观煤岩类型的分层，往往多次交替出现。逐层进行观察、描述和记录，并分层取样，是研究煤层的基础工作。

二、煤的显微组分（maceral）

煤的显微组分，是指煤在显微镜下能够区分和辨识的基本组成成分。按其区域和性质又可分为有机显微组分和无机显微组分。有机显微组分是指在显微镜下能观察到的煤中由植物有机质转变而成的组分；无机显微组分是指在显微镜下能观察到的煤中矿物质。

（一）煤的有机显微组分

腐殖煤的显微组分大体可分四类，即凝胶化组分（镜质组）、丝炭化组分（惰质组或丝质组）、壳定组（壳质组），以及凝胶化组分与丝炭化组分之间的过渡组分（半镜质组、半丝质组等）。各类显微组分按其镜下特征，可以进一步分为若干组分或亚组分。下面介绍常见较典型的显微组分特征，其显微组分的名称系我国煤显微组分分类中的亚组分名称。

1. 凝胶化组分

凝胶化组分是煤中最主要的显微组分，我国多数煤田的镜质组含量约40% ~80%，其基本成分来源于植物的茎、叶等木质纤维组织，它们在泥炭化阶段经凝胶化作用后，形成了各种凝胶体，因此称为凝胶化组分。在分类方案中则称为镜质组。在透射光下呈橙红色至棕红色，随变质程度增高颜色逐渐加深；在反光油浸镜下，呈深灰色至浅灰色。随变质程度增高颜色逐渐变浅，无突起。到接近无烟煤变质阶段时，透光镜下已变得不透明。反光镜下则变球亮白色。随变质程度增高非均质性逐渐增强。按其凝胶化作用程度不同，镜下可分为以下几种显微亚组分。

（1）结构镜质体 1

镜下特征：细胞结构保存完好，有时可见细胞壁保持原厚度或仅有微弱膨胀。细胞腔显示清楚，一般排列较规则，有时可见年轮；有的细胞壁虽已膨胀或膨胀较厉害。但细胞结构仍很清楚，细胞腔大多为圆形或椭圆形，排列不规则或由于挤压而变形。细胞腔有些是空的，但多数为有机质充填，如胶质镜质体、树脂体或微粒体等；也有的为矿物质所充填。因此细胞壁与细胞腔的颜色呈现差异。在反光油浸镜下细胞壁为深浅略有差异的深灰至灰色；细胞腔颜色随填充物不同变化很大。在透射光下呈橙色至橙红色。正交偏光镜下可见清晰的条带状消光。在煤中常呈透镜体、少数呈碎片状出现。

（2）结构镜质体 2

镜下特征：细胞壁强烈膨胀，细胞腔几乎全部消失，往往只见细胞结构妁残迹或呈暗色的短或长（依切面不同丽异）细条状结构；有的仅显示团块状结构，往往有镶边角质体伴随。正交偏光镜下呈现有微弱的条带状消光或网状消光现象。反光油浸镜下为深灰色，色调不均一。透射光下为橙红至红色，往往仍可见细胞结构，在煤中常呈条带状或透襄状出现。

（3）均质镜质体

镜下特征：在普通显微镜下，不显示植物细胞结构，为完全均一的物质。常见有垂直于层理的裂纹。有时可见有镶边角质体。大部分均质镜质体用氧化剂腐蚀后，在 50 × 物镜下观察，可见清晰的木质细胞结构或树皮结构。反光油浸镜下为深灰色；透射光下为均一结构，呈橙红色；正交偏光镜下呈微粒状及均匀消光现象。在低变质煤中有时还可见到不清晰的假结构。在煤中呈宽窄不等的条带和透镜体出现。

（4）胶质镜质体

镜下特征：基本上是一种没有结构、均一致密的真正胶状的凝胶体，有时可见流动的痕迹。没有一定形状，其边界被伴生的显微组分所包围，如渗入细胞腔中或充填于裂隙中，还可充填于菌类体和孢子体的空腔中。其镜下特征与均质镜质体相似。此组分在煤中较少见。

(5) 基质镜质体

镜下特征：呈现为均一或不均一的致密状态，没有固定形态。一般均作为其他显微组分、碎屑及共生矿物的胶结物或充填物。其中均一基质体显示出均一结构、颜色均匀，胶结着各种显微组分及矿物杂质。透光镜下及正交偏光镜下呈现出与均质镜质体相似的光性特征。不均一的基质体则为大小不一、形状各异、颜色略有深浅变化的团块状或斑点状的集合体。有的在油浸镜下为深灰色，具有不甚清晰的不均匀的木质结构，其中胶结有少量的孢子体或其他组分和矿物质。此种基质多见于长焰煤中。

(6) 团块镜质体

镜下特征：为均一团块状。大多呈圆形、椭圆形、纺锤形或多少带有棱角状的轮廓清晰的均质块体。可单独出现或充填于细胞腔中（此时其大小与植物细胞腔一致，为 50μm ~ 100μm），也可成为较大的圆形或椭圆形的单个体，最大的可超过 300μm。反光油浸镜下为深灰或浅灰色，透射光下为淡红色至红褐色，正交偏光镜下呈均匀消光现象。

(7) 碎屑镜质体

镜下特征：呈带有棱角和无定形轮廓，直径一般小于 10μm 的小碎片，常由结构镜质体、均质镜质体和少量镜质体的碎屑组成。碎屑镜质体常被基质镜质体胶颜色、突起和反射率皆与上述镜质体相近，但颗粒小于 10μm 时，在反光油浸镜下不易与基质镜质体区分，往往被视为基质镜质体，在煤中为少见组分。

2. 丝炭化组分

丝炭化组分是煤中常见的一种显微组分，但在煤中的含量比镜质我国多数煤田的丝质组含量约为 10% ~20% 。它也是由植物的木质纤维组织转化而来。在泥炭化阶段，植物残体经过丝炭化作用后便形成了此种显微组分；丝炭化作用也可以作用于已经受到不同程度凝胶化作用的显微组分，形成与凝胶化产物相应的不同显微结构系列。通常在煤岩分类中称为丝质组或惰质组。在透射光下呈黑色不透明，反射光下呈亮白至黄白色，并有较高突起。细胞结构有些保存完好，有些细胞壁已膨胀或只显示出细胞腔的残迹，有些甚至完全不显示细胞结构。随变质程度增高，丝质组变化不甚明显。根据细胞结构保存的完好程度和形态特征，可分为以下几种显微组分。

(1) 丝质体

镜下特征：保存着明显的细胞结构，胞腔大而胞壁薄，胞腔形状有长方形、圆形或扁圆形。薄壁丝质体有时破碎成星状、弧状结构或呈褶曲状。其细胞腔常被粘土或黄铁矿等充填。反射油浸镜下呈亮白色或亮黄白色，高突起；透射光下呈黑色。在煤中常状或碎块状出现，有时可成一薄层而形成单组分。

(2) 菌类体

镜下特征：具有细胞结构的菌类和分泌物形成的惰质体。菌核体呈不圆形或椭圆形网孔结构、大小不等的形态。反光油浸镜下呈亮白色或亮黄白色，突起高；投射光下不透明，呈黑色。在煤中常与丝质组其他组分及半丝质组共生。

(3) 粗粒体

镜下特征：一般不呈现细胞结构，有时隐约可见残余的细胞结构，形但基本上为无定形，也有的呈浑圆形及多角形等。此种显微组分可作为基质呈单个体出现，个体大小不一，一般由 10μm ~ 100μm，有的更大些。从外表看可像一片丝炭化的植物组织，或像一团丝炭化的凝胶。反光油浸镜下呈白色或淡黄白色，突起较高；透射光下呈黑明。在煤中该组分多出现在丝质组组分较多的显微煤岩类型中。

（4）微粒体

镜下特征：呈很细小的圆形颗粒，一般在1μm左右，常充填于结构镘细胞腔中，反射率也明显高于镜质体。反光油浸镜下呈白色或黄白色，无突起或微突起；常与粘土、矿物混杂在一起。

3. 稳定组分

稳定组分来源于植物的皮壳组织和分泌物，以及与这些物质相关物质，即孢子、角质、树皮、树脂及渗出沥青等。此类组分在分类中称壳质组或稳定鲑组分均具有可辨认的特定形态特征。在反光油浸镜下呈灰黑色至黑灰色，具有中、高突起，在同变质煤中，其反射率最低。在透光镜下呈柠檬黄、橘黄或橘红色，轮廓清楚，形态特殊，具有明显的荧光效应。在蓝光激发下的反光荧光色为浅绿黄色、亮黄色、橘黄色、橙灰褐色，其荧光强度随变质程度的差异和组分不同而强弱不一。

稳定组镜下颜色特征随变质程度增加变化很大。在低变质阶段，反光油浸镜下为灰黑色；到中变质阶段，当挥发分为28%左右时，呈暗灰色，挥发分为22%左右时，呈白灰色而不易与镜质组区分，突起也逐渐与镜质组分趋于一致。透射光下，在低变质阶段呈金黄色至金褐色，随变质程度增加变成淡红色，到中变质阶段则呈与镜质组相似的红色。荧光性也随变质程度增加而消失。在煤中按其组分来源及形态特征可分为下列组分。

（1）孢粉体，包括大孢子体、小孢子体及花粉。在煤中见到的大多为孢粉体的外壳部分。

镜下特征：小孢子体（包括花粉体）一般小于0.2mm。在垂直层理的煤片中，多呈小扁环或蠕虫状，以及细短的线条或似三角状；外缘平整光滑，有时可见表面具有刺状、棒状等纹饰，通常呈个体出现，但也有呈小孢子堆形式出现。大孢子体一般大于0.2mm，多数为（0.4～3.0）mm，更大者可达5mm。在垂直层理的煤片中常呈封闭的扁环状，末端的折曲处呈钝圆形，并常有大的褶皱。胞腔多为空的，孢子体内缘平滑，外缘一般也平整光滑，但有时可见到瘤状纹饰。在低变质煤中，在蓝光激发中，孢粉体的荧光性较强，但其色调不一，为亮黄、橙黄色等。

（2）角质体

镜下特征：在反光油浸镜下为薄厚不等的、深灰黑色的细长条带，外缘平滑，而内缘呈形态各异的锯齿状，末端折曲处呈尖角状。一般顺层理分布，有时密集，可因受挤压而成叠层状。常见其以镶边形式与镜质体伴生。根据其薄厚不同又可分为厚角质体和薄角质体两个变种。在同一煤中角质体的荧光色强弱不一，为亮绿黄色、亮黄色、橙黄色及黄褐色。通常其荧光比孢子体强些或相近。

（3）树支体

指植物的茎、枝等外部栓质化的组织，有的仅细胞壁栓质化，而我国的树皮体呈现出细胞壁与细胞腔皆为栓质化物质，前者称树皮体1，后者称树皮体2。

镜下持征：多由扁平的长方形或砖形木栓细胞组成，排列规则。纵切面为叠瓦状结构。弦切面为不规则的鳞片状结构，色调不均一。细胞腔内除木栓质化物质外，有时充填团块状镜质体。反光油浸镜下为灰黑至深灰色，低突起或微突起；透射光下呈柠檬黄色、金黄色、橙红至红色。反射荧光色为亮绿黄色、亮黄色至黄褐色。在煤中常以轮廓清晰的条形或碎块状与镜质组组分夹层或出现在其他基质中。

（4）树脂体，来源于植物的分泌物树脂、蜡质等。

镜下特征：有多种形状，常以圆形、椭圆形、棒形及棱角状的单个树脂体或旱小透镜状及聚集体出现，一般无结构，轮廓清晰。有时可见带环结构，而聚集体则呈不均匀的块状体。树脂体还常以充填细胞腔或呈不规则形式出现。在反光油浸镜下呈灰黑色至深灰色，有时可见带红色的内反射现象，无突起或微突起。透射光下为柠檬黄色、橙黄色或橙红色。在蓝光激发下，荧光色有明显的强弱之分，有的呈绿黄色、橙黄色，有的呈黄褐色等带环状的树脂体，外环荧光较弱。

（5）沥青质体。一般认为，沥青质体是由藻类、浮游生物、细菌类脂物和相似的物质，经强烈分解后形成的。最早只在褐煤中发现，后来经荧光研究，在低变质烟煤中也发现有较多的沥青质。

镜下特征：没有一定的形态和结构，分布在其他显微组分之间，也有的充填于细小的裂隙中。反光油浸镜下为棕黑色或灰黑色，微突起或无突起。反射率低。往往可见彩色的内反轲色调，在低变质烟煤中比孢子体的反射率要高。在荧光镜下具有相对较弱的淡褐色蒸光或完全没有。在紫外光激发下，随照射时间增加，荧光强度大大增加或者减弱。在煤中多见于富含稳定组的煤中，常呈细粒分散或细条及无定形状出现。

4. 过渡组分

过渡组分系指介于凝胶化组分与丝炭化组分之间的组分，在分类方案中心为半镜质组、半丝质组等。它们均来源于植物体的木质纤维组织，只是在泥炭化作用过程中，经历了凝胶化和丝炭化两种作用过程，而丝炭化作用程度比丝质组浅。其中只受到轻度丝炭化作用组分，通常称半镜质组（也有的称假镜质组），其镜下特征与性质接近于镜质组；受到丝炭化作用程度较深的称半丝质组，其镜下特征与性质更接近丝质组。

半镜质组的镜下特征：其结构形态与镜质组显微组分大体相同，不同点是颜色。在投射光下半镜质组的透光色比镜质组略深，呈棕红至红棕色，反光油浸镜下颜色比镜质组略呈灰色至浅灰色，微具突起；反光油浸正交偏光镜下，常呈现出不均匀的团块状及网状结有类似镜质组的消光现象，并为不均匀消光。

半丝质组的镜下特征：其结构形态与丝质组显微组分大体相同，不同点也是颜色。在透射光下颜色比丝质组略浅（但深于半镜质组），呈棕色至棕黑色；反光油浸镜下颜色比丝屈略深（但浅于半镜质组），呈浅灰色或灰白色。有细胞结构的组分其细胞的完好程度不如丝质组。半丝质组随变质程度增加镜下特征变化不显著。

前面对过渡组分半镜质组、半丝质组的镜下特征做了一般性描述，这类组别也可以划分成若干组分，而划分组分数的多少则取决于各国煤质具体情况及分类的使席目的。例如我国的分类方案中，半镜质组又分为若干显微组分，半丝质组仅为一个组分——半丝质体。在国际分类中则无半镜质组这类显微组分。此类显微组分与镜下特征除颜色外，基本与镜质组或丝质组类似。

（二）煤的无机显微组分

无机显微组分系指煤中的矿物质。它的来源包括：成煤植物体内的无机成分（矿物质），成煤过程中混入的矿物质，后者是煤中矿物质的主要来源。常见的矿物主要有粘土矿物化物、氧化物及碳酸盐类等四类。

1. 粘土类矿物

包括高岭土、水云母等矿物，是矿物质的主要成分。

镜下特征：在干物镜下呈灰色、棕黑色、暗灰色或灰黄色，轮廓清晰，表面不光滑，呈夥状及团块状结构。中突起或微突起。反光油浸镜下呈带灰的深绿色，轮廓及结构往往不清：难于辨认；具有微弱的荧光，呈暗灰绿色，不太清晰。在煤中常呈薄层状、透镜状、团块状染状及不规则形态出现。常见其充填于结构镜质体、结构半丝质体及结构丝质体细胞腔叶分散在无结构的镜质体中。

2. 硫化物类矿物

包括黄铁矿、白铁矿等矿物。

镜下特征：反光油浸镜下为强亮黄白色或亮黄白色，突起很高，轮廓清楚，表面不平整，常呈结核状、浸染状及霉球菌状集合体，或充填于裂隙及孔洞中。有时充填于有机显微组分细胞腔中或镶嵌其中。透射光下不透明。白铁矿在反光正交偏光镜下出现偏光色。

3. 碳酸盐类矿物

包括方解石及菱铁矿等矿物。

镜下特征：方解石在反光干物镜下为灰色，中突起或低突起。表面平整光滑，常有内反现象。正交偏光镜下表现出很强的非均质性，常有双晶纹或解理纹。并多见充填于有机组分的细胞腔或小裂隙中。菱铁矿常呈结核状、球粒状集合体。正交偏光镜下非均质性强，结核呈现明显的十字消光现象。反光油浸镜下特征与干物镜相似。

4. 氧化物类矿物

包括石英、玉髓、蛋白石等矿物。

镜下特征：常见的为石英，多呈单个颗粒或呈较大的块体出现，反光干物镜下为深灰或灰色，有时呈浅紫灰色。轮廓清晰，一般表面比较光滑，突起很高而且往往出现黑色边缘。反光油浸镜下为深棕黑色，边缘不甚清楚，难与粘土矿物区分，有时可见充填于裂隙的石脉。

反射光下煤中常见矿物的鉴定标志如表 2－1 所示。

表 2－1　反射光下煤中常见矿物的鉴定标志

矿　物	普通反射光下			油浸反射光颜色	其他标志	主要状态
	颜 色	突 起	表面特征			
粘土矿物	暗灰色	不显突起	微粒状	黑　色		微粒、透镜体、团状、薄层或充填于细胞腔
石　英	深灰色	突起很高	平　整	黑　色		以棱角状为主，自生石英外形不规则，个别呈自晶形
黄铁矿	浅黄白色	突起很高	平整，有时为蜂窝状	亮黄白色		球粒，或具晶形，有时充填胞腔
方解石	乳灰色	微突起	光滑，平整	灰棕色	非均质性明显，常见解理	呈脉状充填裂隙中
菱铁矿	深灰色	突 起	平 整	灰棕色	非均质性明显	圆形

（三）煤岩显微组分的分类与命名

煤岩显微组分的分类，国内外曾提出许多分类方案，名词术语也不尽一致。归纳起来，可分为两种类型，一类侧重于成因研究，组分划分得较细，常用透光显微镜观察；另一类侧重于工艺性质及其应用的研究，组分划分得较为简明，常用反光显微镜观察。

考虑到研究和应用两个方面，介绍三种分类方案。

（1）中国烟煤显微组分的分类与命名。“中国烟煤有机显微组分分类”标准是1986年由煤炭科学研究院地勘分院提出，经讨论修改后定为国家标准。该分类方案考虑了研究和使用两个方面，按组、组分及亚组分进行分类（如表2－2所示）。此方案将烟煤有机显微组分划分为镜质组、半镜质组、惰质组及壳质组。各组又进一步划分成若干组分及亚组分。

表2－2　中国烟煤有机显微组分分类

<table>
<tr><th>组　别</th><th>代号</th><th>组　分</th><th>代　号</th><th>亚组分</th><th>代号</th></tr>
<tr><td rowspan="7">镜质组</td><td rowspan="7">V</td><td rowspan="2">结构镜质体</td><td rowspan="2">T</td><td>结构镜质体1</td><td>T1</td></tr>
<tr><td>结构镜质体2</td><td>T2</td></tr>
<tr><td rowspan="4">无结构镜质体</td><td rowspan="4">C</td><td>均质镜质体</td><td>C1</td></tr>
<tr><td>基质镜质体</td><td>C2</td></tr>
<tr><td>团块镜质体</td><td>C3</td></tr>
<tr><td>胶质镜质体</td><td>C4</td></tr>
<tr><td>碎屑镜质体</td><td>VD</td><td></td><td></td></tr>
<tr><td rowspan="5">半镜质组</td><td rowspan="5">SV</td><td>结构半镜质体</td><td></td><td></td><td></td></tr>
<tr><td rowspan="3">无结构半镜质体</td><td rowspan="3">SC</td><td>均质半镜质体</td><td>SC1</td></tr>
<tr><td>基质半镜质体</td><td>SC2</td></tr>
<tr><td>团块半镜质体</td><td>SC3</td></tr>
<tr><td>碎屑半镜质体</td><td>SVD</td><td></td><td></td></tr>
<tr><td rowspan="8">惰质组</td><td rowspan="8">I</td><td>半丝质体</td><td>SF</td><td></td><td></td></tr>
<tr><td>丝质体</td><td>F</td><td></td><td></td></tr>
<tr><td>微粒体</td><td>Mi</td><td></td><td></td></tr>
<tr><td rowspan="2">粗粒体</td><td rowspan="2">Ma</td><td>粗粒体1</td><td></td></tr>
<tr><td>粗粒体2</td><td></td></tr>
<tr><td rowspan="2">菌类体</td><td rowspan="2">Scl</td><td>菌类体1</td><td>Scl1</td></tr>
<tr><td>菌类体2</td><td>Scl2</td></tr>
<tr><td>碎屑多质体</td><td>ID</td><td></td><td></td></tr>
</table>

续表

组 别	代号	组 分	代 号	亚组分	代 号
壳质组	E	孢粉体	Sp	大孢子体	Sp1
				小孢子体	Sp2
		角质体	Cu		
		树脂体	Re		
		树皮体	Ba	树皮体 1	Ba1
				树皮体 2	Ba2
		沥青质体	Bt		
		渗出沥青体	Ex		
		荧光体	Fl		
		藻类体	Alg	结构藻类体 1	Alg1
				结构藻类体 2	Alg2
		碎屑壳质体	ED		

在制定上述分类方案时，考虑了以下几个问题：①显微组分的划分及名词术语的选用尽量与国际分类一致，以便国际交流；②考虑到煤炭使用部门便于应用，因此显微组分不宜分得过细；③结合我国煤岩显微组成的具体情况进行分类。例如，国际分类方案中并无半镜质组这类显微组分，而我国某些煤田中半镜质组含量较多，因此将其单列为一组。

（2）国际硬煤显微组分的分类与命名。国际硬煤（烟煤）显微组分的分类方案是由国际煤岩学委员会提出的，该方案是侧重化学工艺性质的分类方案（如表 2－3 所示）。在该分类方案中煤的有机显微组分仅分为三组，即镜质组、壳质组及惰性组。以下分组分、亚组分及显微组分几种，其中组分及亚组分的划分也比较简单，而显微组分的种则是根据成煤植物所属的门类及所属器官而定名的。

表 2－3 国际硬煤的显微组分分类方案

巳敛组分组 (Group maceral)	显微组分 (Maceral)	显微亚组分 (Submaceral)	显微组分的种[①] (Maceral variety)
镜质组 (Vitrinite)	结构镜质体 (TelinIte)	结构镜质体－1 (Telinite 1) 结构镜质体－2 (Telinite 2)	科达树结构镜质体 (Cordaitotelinite) 真菌质结构镜质体 (Fungotelinite) 木质结构镜质体 (Xylotelinite) 鳞木结构镜质体 (Lepidophytotelinite) 封印木结构镜质体 (sigillariotelinite)
	无结构镜质体 (Collinite)	均质镜质体 (Telecollinite) 胶质镜质体 (Ge1 ocollinite) 基质镜质体 (Desmocollinite) 团块镜质体 (Coprocollinite)	
	碎屑镜质体 (Vitrodetrinite)		

续表

巳敛组分组 (Group maceral)	显微组分 (Maceral)	显微亚组分 (Submaceral)	显微组分的种① (Maceral variety)
壳质组 (Exinite)	孢子体 (Sporinite)		薄壁孢子体 (Tenuisporinite) 厚壁孢子体 (Crassisporinite) 小孢子体 (Micrsosporinite) 大孢子体 (Macrospoinite)
	解质体 (Cutinite)		
	树脂体 (Resinite)		
	藻类体 (Alginite)		皮拉藻类体 (Pi1a – Alginite) 轮奇藻类体 (Reinschia – Alginite)
	碎屑稳定体 (Liptodetrinite)		
惰性组 (Inertinite)	微粒体 (Micrinite)		
	粗粒体 (Maccrinite)		
	半丝质体 (semifusinite)		
	丝质体 (Fusinite)	火焚丝质体 (Pyrofusinite) 氧化丝质体 (Degradofusinite)	
	菌类体 (selerotinite)	真菌菌类体 (Fungosclerotinite)	薄壁菌类体 (Plectenchyminite) 团块菌类体 (Corposcletotinite) 假团块菌类体 (Pseudoeorposclerotinite)
	碎屑惰性体 (Inertodetrinite)		

注：① 这两套术语还不够完善，需要时可加以补充。

（3）我国冶金系统炼焦煤显微组分的分类与命名。我国冶金系统煤岩工作者从煤应用角度出发（主要是指用于炼焦生产），提出了“炼焦煤显微组分的分类与命名”方案（如表2－4所示）。该方案以成因分类为基础，着重考虑了各煤岩显微组分的加热特性，即各显微组分在炼焦过程中的差异和相似性进行分类。

表 2－4　冶金系统的炼焦煤显微组分的分类与命名

组	组　分	工艺性质（烟煤阶段）
镜质组	无结构镜质体 结构镜质体 其他凝胶化物质（包括反射率相当于同生镜质组的凝胶化物质）	活性
半镜质组	无结构半镜质体 结构半镜质体 混合微粒体（指微粒体与镜煤基质均匀混合，难以分开测定的）	按 1/3 活性、 2/3 惰性计算
稳定组	孢子体（花粉） 角质体 木栓体 树脂体 藻 类 其他（反射率相当于同生稳定组的碎片和基质）	活性
丝质组	丝质体 菌类（巩膜） 微粒体 粗粒体 半丝质体 其他（包括反射率与丝质组相当的丝炭化物质）	惰性
矿物		惰性

第二节　煤的化学结构

煤的化学结构是指在煤的有机分子中原子相互联结的次序和方式，又称煤的分子结构，简称煤结构。煤的化学结构是煤化学的核心内容之一。人们应用各种方法对此进行了研究，这些方法可分为三类：（1）物理研究方法，如 X 射线衍射、红外光谱、核磁共振波谱以及利用物理常数进行统计结构解析等；（2）物理化学研究方法，如溶剂抽提和吸附性能等；（3）化学研究方法，如氧化、加氢、卤化、解聚、热解、烷基化和官能团分析等。

煤不同于一般的高分子有机化合物或聚合物，它具有特别的复杂性、多样性和不均一性。即使在同一小块煤中，也不存在一个统一的化学结构。因此，迄今为止尚无法分离出或鉴定出构成煤的全部化合物。对煤化学结构的研究，还只限于定性地认识其整体的统计平均结构，定量地确定一系列“结构参数”，如煤的芳香度，以此来表征其平均结构特征。为了形象地描述煤的化学结构，许多学者提出了各种煤的分子模型，但揭示煤的真实有机化学结构还有相当大的距离。

关于煤的化学结构曾有过多种假说，如低分子结构说、胶体化学结构说和高分子结构说等。而近代观点则认为煤具有高分子聚合物特征。煤的化学结构是高度交联的非晶质大分子空间网络。每个大分子由许多结构相似雨又不完全相同的基本结构单元聚合而成。

一、煤的化学结构特征

对煤结构的研究表明，煤的化学结构具有相似性和高分子聚合物特性。

1. 煤化学结构的相似性

煤化学结构的相似性是指相同煤化度煤的同一显微组分并不是一个纯物质，而是由许多结构相似的煤分子组成的混合物，每一个煤分子的基本结构单元彼此也不完全相同，但同一个煤分子中各个基本结构单元的结构也是相似的。

煤化学结构的相似性可从以下几点得到证明。

（1）溶剂抽提的原料煤、抽出物和抽提残渣在工业分析、元素分析、红外光谱和 X 射线衍射等方面的性质，并未显示出本质的差别；

（2）原料煤与其高真空热解馏出物的红外光谱，几乎具有相同的谱图；

（3）将煤的溶剂抽出物进一步色层分离，各分离产物亦具有相似的红外、紫外光谱。

正是由于煤的化学结构具有相似性，研究煤的平均结构单元才有意义。

2. 煤的高分子聚合物特性

煤的高分子聚合物特性表现如下：

（1）相对分子质量大。煤的成因研究和溶剂抽提表明，成煤物料本身就是聚合物，如木质素相对分子质量达 11000、纤维素则高达 150000。成煤过程中出现的中间产物腐殖酸也是聚合物，相对分子质量从几千到几万。煤的相对分子质量大小尚无定论，多认为煤的相对分子质量在数千范围。

（2）具有缩合结构。煤的氧化可得到苯羧酸，而苯羧酸只能由烷基苯或稠环化合物转变生成，这说明煤具有缩合芳香族结构。此外，煤的基本结构单元之间由次甲基或醚键联结为链状结构；煤的结构中存在酚羟基，也证明了煤具有缩合结构。

（3）可发生降解反应。对煤进行连续氢化，将使煤的相对分子质量变小，而且各级加氧产物具有相似的红外光谱。

（4）可发生解聚反应。原料煤及其初次热解产物、高真空热分解馏出物都具有极为相似的红外光谱，说明后两者都是煤的热解聚产物。

二、煤的基本结构单元

煤具有聚合物特性，但与一般聚合物不同，煤解聚后得到的不是具有相同相对分子质量和单一化学结构的单体，而是不同相对分子质量、不同化学结构的一系列相似化合物的混合物。因此，构成煤聚合物的基本绮构单位不称“单体”，而称“基本结构单元”。煤聚合物中大分子可大致看作由与基本结构单元有关的三个层次部分组成，即基本结构单元的核、核外围的官能团和烷基侧链以及基本结构单元之间的联结桥键。

1. 基本结构单元的核

煤的元素组成和很多性质显示，煤的基本结构单元具有芳香性。

不同煤化度煤的芳碳率、芳氢率用和其他有关结构参数列于表 2－5。

由表 2－5 可见，f_{ar}^{C}、f_{ar}^{H}随煤化度的增加而增大，但在煤中 C_{daf}达 90% 以前增大并不显著。f_{ar}^{C}波动于0.7～0.8，f_{ar}^{H}波动于0.3～0.4，说明只有无烟煤是高度芳构化的。NMR和FTIR两种方法的测定结果除个别数据偏差较大外，基本是一致的。对烟煤而言，$f_{ar}^{C}<0.8$，$f_{ar}^{H}\approx 0.33$。从H_{ar}/C_{ar}可知，约有2/3的芳碳原子处于缩合环位置，其上无氢原子。H_{al}/C_{al}平均值约为2，这是存在脂环的证据之一。其他方法测得芳碳率的结果也与此大致相似，如表2－6所示。

表2－5 不同煤化度煤的f_{ar}^{C}、f_{ar}^{H}和其他有关结构参数

煤中C/%	f_{ar}^{C}		f_{ar}^{H}		H_{ar}/C_{ar}	H_{al}/C_{al} ②	R_{min}（平均）
	NMR	FTIR①	NMR	FTIR			
75.0	0.69	0.72	0.29	0.31	0.33	1.48	2
76.6	0.75	0.75	0.34	0.33	0.36	1.78	2
77.0	0.71	0.65	0.33	0 24	0.34	1.89	2
77.9	0.38	0.49	0.16	0.14	0.42	1.32	1
79.4	0.77	0.77	0.31	0.31	0.31	1.91	3
81.0	0.70	0.69	0.31	0.34	0.34	1.45	2
81.3	0.77	0.74	0.30	0.36	0.35	2.11	3
82.0	0.78	0.73	0.36	0.32	0.34	2.14	3
82.0	0.74	0.76	0.33	0.31	0.33	1.74	3
82.7	0.79	0.73	0.32	0.29	0.31	2.34	3
82.9	0.75	0.79	0.39	0.39	0.38	1.59	3
83.4	0.78	0.69	0.33	0.29	0.32	2.31	3
83.5	0.77	0.69	0.34	0.29	0.36	2.42	3
83.8	0.54	0.56	0.18	0.16	0.31	1.69	1
85.1	0.77	0.80	0.43	0.45	0 36	1.38	3
86.5	0.76	0.78	0.33	0.42	0.36	1.75	3
90.3	0.86	0.84	0.53	0.50	0 35	1.91	6
93.0	0.95	—	0.68	—	0.23	2.06	30

注：① 傅里叶变换红外光谱。② 脂肪氢、碳原子比。

表2－6 各种不同方法测得的f_{a}

方法	煤中碳/%			
	80	85	90	95
X射线衍射	0.55～0.95			
密度/(g·cm^{-3})（德莱登）	0.75	0.74	0.78	0.99
燃烧热（同上）	0.82	0.81	0.85	1.00
密度/(g·cm^{-3})（克瑞威仑）	0.72	0.75	0.79	0.96
红外光谱	≤0.72	≤0.82	≤0.96	
核磁共振（万德哈特）	0.79（C 72.5%）	0.77（C 82.5%）		>0.98（C 92.8%）
同上（怀特赫尔斯特）	次烟煤和高挥发分烟煤0.61～0.66，无烟煤1.00			

续表

方　　法	煤中碳/%			
	80	85	90	95
$KMnO_4$ 氧化（彭恩）	0.42	≥0.39～0.46		
次氯酸钠氧化（马跃）	0.40			
氟化（休斯敦）	0.69（C 77.6%）			

用各种不同方法求得的基本结构单元的缩合环数如表 2－7 所示。

由表 2－7 可见，NMR 和 FTIR 测得的结果与磁化率法、化学方法比较一致。在 1950 年以前，一般认为烟煤的缩合环数不小于 10；20 世纪 60 年代，以 Krevelen 为代表的观点认为，从褐煤到低挥发分烟煤，其基本结构单元约包含 20 个碳原子，即 4～5 个环；70 年代以后，发现煤中 C 在 70%～83% 之间时平均环数为 2，C 在 83%～90% 时平均环数增至 3～5 个，C 为 95% 时环数激增至 40 以上。

表 2－7　煤结构单元的缩合环数

研究方法	煤中 C/%				发表年份
1. X 射线衍射（希尔施）	4～5	4～5	≥7	30	1954
2. X 射线衍射（纳尔逊）	≤4.0	≤4.0	≤4.0	—	—
3. 折射率（克瑞威伦）	6	9	16	31	1950
4. NMR 和 FTIR（盖斯坦）	2	3	6	>30	1982
5. 磁化率（本田）	2	3	5	—	—
6. 氧解（丁格利）	2	2	3～5	>40	1973
7. 水解（大内公耳）	2～3（C80%～85%）	—	4.0（C 87.4%）	—	1979
8. 氢解（坂部）	—	1～5（平均 3）	—	—	—

基本结构单元的核主要由不同缩合程度的芳香环构成，也含有少量的氢化芳香环和氮、硫杂环。低煤化度煤基本结构单元的核以苯环、萘环和菲环为主，中等煤化度烟煤基本结构单元的核则以菲环、蒽环和芘环为主，无烟煤阶段的基本结构单元核的芳香环数急剧增加，逐渐趋向石墨结构。

2. 基本结构单元的官能团和烷基侧链

煤的基本结构单元的外围部分主要是含氧（还有少量含硫、含氮）官能团和烷基侧链。它们随煤化度增加而逐渐减少。不同煤种烷基侧链的平均长度如表 2－8 所示。

表 2－8　煤中烷基侧链的平均长度

煤中 C/%	65.1	74.2	80.4	84.3	90.4
烷基侧链平均碳原子数	5.0	2.3	2.2	1.8	1.1

由表 2－8 可见，烷基侧链随煤化度增加开始很快缩短，然后渐趋稳定。低煤化度褐煤的烷基侧链长达 5 个碳原子，高煤化度褐煤和低煤化度烟煤的烷基侧链碳原子数平均为 2，

至无烟煤减少到1，即主要含甲基。此外，烷基碳占总碳的比例也随煤化度增加而减少，煤中C为70%时烷基碳占总碳的8%左右，C为80%时约占6%，C为90%时只有3.5%左右。

3. 桥键

桥键是联结基本结构单元的化学键，确定桥键的类型和数量对了解煤的化学结构和性质十分重要。由于这些键处于煤分子中的薄弱环节，易受热作用和化学作用而裂解，而且裂解过程与产物易与某些官能团或烷基侧链交织在一起，至今尚未得到可靠的定量数据。但定性的研究结果表明，桥键一般有以下四类：

（1）次甲基键。—CH_2—，—CH_2CH_2—，—$CH_2CH_2CH_2$—等；

（2）醚键和硫醚键。—O—，—S—，—S—S—等；

（3）次甲基醚键和次甲基硫醚键。—CH_2—O—，—CH_2—S—等；

（4）芳香碳—碳键。C_{ar}—C_{ar}。

这些桥键在煤中并不是平均分布的，在褐煤和低煤化度烟煤中，主要存在前三种桥键，尤以长的次甲基键和次甲基醚键为多，中等煤化度烟煤中桥键数目最少，主要键型为—CH_2—和—O—，至无烟煤阶段桥键又有所增多，键型则以C_{ar}—C_{ar}为主。

三、煤的相对分子质量及低分子化合物

1. 煤的相对分子质量

有关煤相对分子质量的数据小至几百，大至上百万，相差很大。理论上，“煤分子”目前在概念上还相当模糊，有的将煤降解产物的分子看作煤分子，有的将由交联键相连的高分子链看作煤分子；实践上，目前还没有直接测定煤相对分子质量的方法，也没有找到能使煤分子间的交联键选择性地进行定量分解的方法。此外，由于煤的分子大小本身并不均一，所以不同方法得到的所谓相对分子质量波动范围很大。因此，有关煤分子及相对分子质量问题还有待进一步研究。

煤分子间存在交联是可以肯定的，这从煤具有相当大的机械强度、耐热性和抗溶剂性可以证明。交联不但可以发生在分子之间，也可发生在分子内部。交联发生后，分子自身的空间构型和分子与分子之间的相对位置在一定程度上被固定。不同煤化度的煤，交联情况有所区别。中等煤化度烟煤分子间的交联程度最低，所以它有最好的熔融性，在重质芳香溶剂中具有最高的溶解度，并具有最小的机械强度。交联键有两类：

（1）化学键。主要是—C—C—键和—O—键，它们与前述桥键的化学本性基本相同，但其稳定性低于桥键。

（2）非化学键。包括范德华力和氢键力。对低煤化度煤来讲以氢键力为主，而高煤化度煤则以范德华力为主。

目前不少人认为烟煤分子的结构单元数目在200～400之间，相对分子质量在数千范围。例如，有研究者提出烟煤平均相对分子质量在4500左右，而有人则认为约为2500。这些说法都有一定的实验基础，但也都有待进一步核实。首先应确定煤分子的定义，查明煤的物质结构层次。将煤的基本结构单元、分子和团簇（C1uster）这三级结构层次区分开来。

2. 煤中的低分子化合物

在煤尚未发生化学反应的条件下，可得到相对分子质量在500左右或500以下的溶剂抽提物。这些化合物可溶于溶剂，加热可熔化，部分可挥发。显然，它们与煤的总体性质或煤

主体结构的性质完全不同，通常称它们为煤中的低分子化合物。

低分子化合物来源于成煤植物成分（如树脂、树蜡、萜烯和甾醇等）以及成煤过程中形成的低分子聚合物。低分子化合物主要可分为两大类：含氧化合物和烃类。含氧化合物有长链脂肪酸、醇和酮。烃类主要是正构烷烃，分布范围广至 $C_1 \sim C_3$，甚至还有发现 C_{70} 的报道，此外还有少量环烷烃及多环芳烃等。

低分子化合物大体上是均匀嵌布在煤的整体结构中的。有人认为是被[illegible]持在煤的孔隙中，也有人认为是形成固体的“溶液”。结合力有氢键力、范德华力、电子结合力等。上述几种力叠加起来比较可观，再加上孔隙结构的空间阻碍，故部分低分子化合物很难抽提，甚至在不发生化学变化的条件下根本不能完全抽提出来。

四、各种显微组分的化学结构

镜质组是煤中的代表性有机显微组分，以下对稳定组和丝质组的化学结构作一简单比较。稳定组的主要结构特征是 H/C 原子比较高、芳香度低、氧含量低。X 射线衍射时表征芳香结构的衍射峰不明显，而表征非芳香结构的位于002 带左侧的 γ 带却十分显著，表明稳定组包括更多的脂肪和脂环结构。在煤化过程中，稳定组的结构和性质逐渐向镜质组靠拢，至煤中 C 接近 90% 时，两者的差别基本消失。

丝质组包括丝质体、微粒体和粗粒体等显微煤岩成分。它们在成煤初期就发生了较深刻的变化，故在煤化过程中的变化反而不明显。如表 2－9 所示，微粒体的碳含量高、氢含量低、芳香度高。X 射线衍射表明，与同一煤样中的镜质组和稳定组相比，丝质组表征芳香层片大小和平行定向程度的衍射峰最强。所以，无论煤化度高低，丝质组在化学结构和性质上都接近或甚至超过无烟煤。

表 2－9　不同显微组分的组成和结构比较

煤中 C/%	显微组分①	元素组成/%					H/C	f_{ar}^{C}②
		C	H	O	N	S		
81.5	V	81.5	5.15	11.7	1.25	0.4	0.753	0.83
	E	82.2	7.4	8.5	1.3	0.6	1.073	0.61
	M	83.6	3.95	10.5	1.35	0.6	0.563	0.91
85.0	V	85.0	5.4	8.0	1.2	0.4	0.757	0.85
	E	85.7	6.5	5.8	1.4	0.6	0.905	0.73
	M	87.3	4.15	6.7	1.35	0.6	0.566	0.92
87.0	V	87.0	5.35	5.9	1.25	0.5	0.732	0.86
	E	87.7	5.85	4.4	1.45	0.6	0.793	0.83
	M	89.1	4.2	4.7	1.4	0.6	0.561	0.93
89.0	V	89.0	5.1	4.0	1.3	0.6	0.683	0.88
	E	89.6	5.2	3.3	1.3	0.6	0.691	0.87
	M	90.8	4.1	3.2	1.3	0.6	0.537	0.94
90.0	V	90.0	4.94	3.2	1.35	0.5	0.655	0.90
	E	90.4	4.5	2.8	1.3	0.6	0.646	0.90
	M	91.5	3.65	2.6	1.35	0.6	0 514	0.95

注：① y 镜质组、E 稳定组、M 丝质组中的微粒体；② 数据系用经典法求得，故偏高，供相互比较用。

五、煤化学结构的近代概念

归纳到目前为止的研究成果，近代较多数人所接受的煤化学结构概念可以表述为：

（1）煤结构的主体是三维空间高度交联的非晶质的高分子聚合物，煤的每个大分子由许多结构相似而又不完全相同的基本结构单元聚合而成。

（2）基本结构单元的核心部分主要是缩合芳香环，也有少量氢化芳香环、脂环和杂环。基本结构单元的外围连接有烷基侧链和各种官能团。烷基侧链主要有—CH_2—、—CH_2CH_2—等。官能团以含氧官能团为主，包括酚羟基、羧基、甲氧基和羰基等，此外还有少量含低对硫官能团和含氮官能团。基本结构单元之间通过桥键联结为煤分子。桥键的形式有不同长度的次甲基键、醚键、次甲基醚键和芳香碳—碳键等。

（3）煤分子通过交联及分子间缠绕在空间以一定方式定型，形成不同的立体结构。交联键有化学键，如同上述桥键，还有非化学键，如氢键力、范德华力和电子接受力等。煤分子到底有多大，至今尚无定论，有不少人认为基本结构单元数大致在 200～400 范围，相对分子质量在数千范围。

（4）在煤的高分子聚合物结构中还较均匀地分散嵌布着少量低分子化合物，其相对分子质量在 500 左右及 500 以下。它们的存在对煤的性质尤其对低分子化合物含量较多的低煤化度煤的性质有不可忽视的影响。

（5）镜质组是煤主体的代表性显微煤岩组分，煤的化学结构实质上主要是指镜质组的结构。稳定组脂肪和脂环结构成分较多、芳香度低、氢含量高。在煤化过程中，其结构和性质逐渐趋同于镜质组，至 C 达 90% 时，两者的差别基本消失。丝质组碳含量高、氢含量低、芳香度高。随煤化度变化的幅度很小，在各种煤化度的煤中，丝质组的化学结构和性质都接近或超过无烟煤。

（6）低煤化度煤的芳香环缩合度较小，但桥键、侧链和官能团较多，低分子化合物较多，其结构无方向性，孔隙率和比表面积较大。随煤化度加深，芳香环缩合程度逐渐增大，桥键、侧链和官能团逐渐减少。分子内部的排列逐渐有序化，分子之间平行定向程度增加，呈现各向异性。煤的许多性质在中变质烟煤（肥煤和焦煤）处呈现转折点，显示煤的结构由量变引起质变的趋势。至无烟煤阶段，分子排列逐渐趋向芳香环高度缩合的石墨结构。

1. 简述煤的岩相学结构理论的主要内容。
2. 简述煤的化学结构。
3. 指出研究煤结构的理论和实践意义。

第三章　煤的性质

煤的性质一般包括工艺性质、物理性质、化学性质，研究这些性质对煤的加工、转化有着重要意义。

第一节　煤的工艺性质

煤的工艺性质是指煤炭在一定的加工工艺条件下或某些转化过程中所呈现的特性。如煤的粘结性、结焦性、可选性、低温干馏性、反应性、机械强度、热稳定性、结渣性、灰熔点、灰粘度和煤的发热量等。

不同煤种或不同产地的煤，工艺性质差别较大，不同加工利用方法对煤的工艺性质有不同的要求。因此，必须了解煤的各种工艺性质，以便选择其最合理的利用途径并满足各种工业用煤的质量要求。

一、煤的粘结性与结焦性

粘结性和结焦性是烟煤的一个重要的工艺性质，在冶金工业中煤的粘结性是评价炼焦用煤的主要指标，炼焦用煤必须具有一定的粘结性。煤的粘结性也是评价低温干馏、气化或动力用煤的重要依据。

（一）煤的粘结性与结焦性概念

煤的粘结性是指烟煤在干馏时粘结其本身或外加惰性物的能力。煤的结焦性是指煤在工业焦炉或模拟工业焦炉的炼焦条件下，结成具有一定块度和强度焦炭的能力。

煤的粘结性反映烟煤在干馏过程中能够软化熔融形成胶质体并固化粘结的能力。测定煤粘结性的试验一般加热速度较快，到形成半焦即停止。煤的粘结性是煤形成焦炭的前提和必要条件，炼焦煤中肥煤的粘结性最好。

煤的结焦性反映烟煤在干馏过程中软化熔融粘结成半焦，以及半焦进一步热解、收缩最终形成焦炭全过程的能力。测定煤结焦性的试验一般加热速度较慢。可见，结焦性好的煤除具各足够而适宜的粘结性外，还应在半焦到焦炭阶段具有较好的结焦能力。在炼焦煤中焦煤的结焦性最好。

（二）煤的粘结性与结焦性的主要测定方法

测定煤粘结性和结焦性的实验室方法很多，常用的方法有：坩埚膨胀序数、罗加指数、粘结指数、基氏流动度、胶质层指数、奥亚膨胀度和葛金焦型等七种。这七种测定方法中大部分是在一定条件下测定煤粘结性或塑性的指标，而在硬煤国际分类中，将慢速加热条件下测定的奥亚膨胀度和葛金焦型作为煤的结焦性指标。

1. 坩埚膨胀序数

坩埚膨胀序数（CSN）又称自由膨胀序数（FSI），它是表征煤的膨胀性和粘结性的指标之一。1942 年英国将 FSI 定入标准（BS1016），1985 年中国将 CSN 定为国家标准（GB 5448）。坩埚膨胀序数的测定方法：称取 1g 粒度小于 0.2mm 的煤样放在坩埚中，利用煤气或电快速加热到（820±5）℃。将所得焦块与一套标准侧面图形比较，与焦块最为接近的一个图形的序号，便是该煤的坩埚膨胀序数。膨胀序数共分为 17 种，序数越大表示煤的膨胀性和粘结性越强。由于测定时加热速度很快、约为 400C/min，有可能将粘结性较差的煤判断为粘结性较强。这种方法还因焦型不规则而使判断带有较强的主观性，在利用该法确定膨胀序数 5 以上的煤时分辨能力较差。但此法快速简便，在英国等习用已久，在国际硬煤分类方案中被选为粘结性的分类指标。

2. 罗加指数

罗加指数（RI）由波兰的 B·罗加在 1932 年提出。中国在 1985 年也制定了相应的国家标准（GB 5449）。罗加指数是通过测定烟煤对惰性添加物（无烟煤）的粘结能力来确定煤粘结性的一种方法。测定方法是：将粒度小于 0.2mm 的 1g 煤样和 5g 粒度为（0.3～0.4）mm的标准煤（中国以宁夏汝箕沟的低灰无烟煤作为标准煤），放入罗加坩埚内充分混匀后铺平，放上钢质压块，置于负荷为 6kg 的质量下压 30s 后，将坩埚连同压块放入已加热到 850℃的马弗炉内灼烧 15min。冷却后称得的原焦块为 m，然后将 1mm 圆孔筛筛上物称重得 m_1' 后装入罗加转鼓中，以 50r/min 的转速转 5min，再用 1mm 圆孔筛筛分，筛上物称重后又重复进行转鼓试验。如此将筛上物连续进行三次转鼓试验，然后按式（3－1）计算罗加指数 RI。

$$\mathrm{RI}=\frac{\frac{1}{2}(m_1'+m_3)+m_1+m_2}{3m}\times 100 \qquad (3-1)$$

式中：m——原焦质量；

m_1'——第一次转鼓试验前筛上焦炭的质量；

m_1，m_2，m_3——第一、第二、第三次转鼓后大于 1mm 的焦块质量。

罗加指数所用设备简单，方法简便，易于推广。罗加指数对中等粘结性煤具有良好的区分能力，它与工业上的焦炭强度指数具有较好的相关性，因此是一个较好的粘结性指标。罗加指数已被选作国际硬煤分类中的粘结性指标，在炼焦配煤和国际煤炭贸易中有广泛应用。

但罗加指数对强粘煤的区分能力较差，对弱粘煤的测定则重现性较差，并且不同国家在测定罗加指数时使用的专用无烟煤不同，使各国的试验结果难于相互比较。

3. 粘结指数

粘结指数（G_{RI}）是中国煤科院北京煤化所在 1976 年提出的，1985 年制定为国家标准 GB 5447。粘结指数的测定原理与罗加指数的测定原理相似，但在测定方法上针对罗加指数存在的不足，做了下述 5 方面的改进：

（1）为了使测试时的外加惰性物标准化，采用宁夏汝箕沟西沟平峒两侧煤层下分层煤，在同一层位以相同的加工生产方式制作专用无烟煤，统一发售；

（2）专用无烟煤粒度由罗加法的（0.3～0.4）mm 改用（0.1～0.2）mm，以扩大强粘结煤的测值范围，同时因无烟煤与烟煤粒度相近易于混匀而减小了试验误差；

（3）对 $G<18$ 的弱粘结煤，将无烟煤与烟煤的配比改为 3∶3 以提高对弱粘结煤的区分能力和测定的准确度；

（4）实现了煤样的机械搅拌混合，改善了试验条件，减少了人为误差；

（5）转鼓试验次数由罗加法的三次改为两次，并改变了计算公式简化了操作与计算。通过上述改进措施，使粘结指数较罗加指数对不同粘结性煤的区分能力有所增强，简化了操作，提高了测试的精确性。但粘结指数对强粘结煤的区分能力仍不够，尚有待改进。

粘结指数具有测定快速简易、重现性好，测值稳定、在一定范围内具有可加性等优点，因而易于推广。从粘结指数建立十多年的大量研究与试验证明，它不但是煤中可熔组分的函数，而且也可作为煤还原程度的标志。粘结指数不单能较好表征煤的粘结性，而且可用作指导炼焦配煤、预测焦炭强度以及作为煤分类等的较好指标。例如：$V_{daf}-G_{RI}$法能用来预测焦炭强度或根据强度指标确定配煤比；G_{RI}也是我国煤分类的主要指标之一。

4. 基氏流动度

该法首先由德国人基士勒提出，在 1934—1943 年间逐步发展与完善，目前在美国、日本和波兰等国应用较多并作为国家标准。测定基氏流动度的仪器为基氏塑性计，有两种型式：一种是波兰型（标准为 PN－62G－0536），试验用煤量为 2g、双桨式；另一种是美国型（标准为 ASTM－D1812），试验用煤量为 5g、四桨式。我国多用波兰型，但 20 世纪 80 年代后有些研究所已研制或引进美国型自动操作的基氏塑性计。

该法的测定原理是：将煤样装入预先装有搅拌桨的钢锅中，对搅拌桨施加恒力矩。在盐浴中以 3℃/min 加热煤样，随着温度升高煤料软化、熔融产生了塑性变化，使搅拌桨的运动呈现有规律的变化。它开始由不动到转动，转动速度逐渐增至最大，而后又逐渐变慢，直至停止。根据恒力矩下搅拌桨的转动特性，测定煤在可塑状态的流动性。通过试验可测得如下 5 个特性指标和绘制出基氏流动度曲线。当刻度盘指针转动 1°时，对应的温度为软化温度 t_p；当指针转动最大时，对应温度 t_{max}为最大流动度时的温度，此时的流动度为为最大流动度 α_{max}，用每分钟转动的角度（ddpm）表示；当指针停止转动时的对应温度为固化温度 t_k；软、固化温度之差（t_k-t_p）为胶质体的温度间隔 Δt。从几种典型炼焦煤的基氏流动度曲线图可见，肥煤的曲线比较平坦而宽，说明它停留在较大流动性时的时间较长（Δt 较大）因此其适应性较广，可供配合的煤种可以较广泛。而有些气肥煤的 α_{max}虽然很大，但曲线陡而尖（Δt 较小），说明它处于较大流动性的时间较短，影响了它的相容性。

基氏流动度指标能同时反映胶质体的数量和性质，具有明显的优点。流动度是研究煤的流变性和热分解动力学的有效手段，可用于指导配煤和预测焦炭强度。但该法的规范性特强，重现性较差。搅拌器的尺寸、形状、加工精度和磨损情况，煤样制备和装煤方式等对测值的影响都较大。实现了自动操作的基氏塑性计，其测值的准确度有较大提高。提高基氏塑性计的加热速度，可测得快速加热下煤的塑性，对扩大炼焦用煤资源和研究快速加热下新的煤转化过程有重要的意义。例如可应用在热压焦合宜工艺参数的选择等。

5. 胶质层指数

此法是前苏联萨保什尼柯夫和巴西列维奇在 1932 年提出的。主要测定胶质层最大厚度 Y，最终收缩度 X 和体积曲线类型、焦块特征、焦块抗碎能力等多种指标，其中主要以 Y 的大小表征煤粘结性的好坏。胶质层指数的测定方法于 1964 年列为中国国家标准（GB 479）。

此法模拟工业炼焦条件，对装在煤杯中的煤样进行单侧慢速加热，在煤杯内的煤样形成一系列等温层面，而这些层面的温度由上而下依次递增。温度相当于软化的层面以下的煤都软化形成胶质体，在温度相当于固化点的层面以下则结成半焦。因而煤样中形成了半焦层、胶质层和未软化的煤样层三部分。在试验过程中最初在煤杯下部生成的胶质层比较薄，以后逐渐变厚，然后又逐渐变薄。因此，在煤杯中部常出现胶质层厚度的最大值。测定结束后由记录的体积变化曲线可以决定最终收缩度和体积曲线类型。

胶质层最大厚度 Y 主要取决于煤的性质和胶质体的膨胀（与胶质体的流动性、热稳定性和不透气性等有关）及试验条件。一般煤的 Y 越大粘结性越好，并且 Y 随煤化度呈现有规律的变化。一般当煤的 V_{daf} 为 30% 左右时，Y 出现最大值，$V_{daf} < 13\%$ 和 $V_{daf} > 50\%$ 的煤 Y 都几乎为零，Y 对中等粘结性和较强粘结性烟煤都有较好的区分能力。

最终收缩度 X 取决于煤的挥发分、熔融、固化和收缩等性质及试验条件。X 可表征煤料在生成半焦后的收缩情况，该指标对焦炉中焦饼的收缩、焦块的块度、裂纹的多少及推焦是否顺利等有参考价值。

体积曲线是煤在恒压（101kPa）下加热时体积变化的记录，可反映出胶质体的厚度、粘结、透气性及气体析出强度，因而体积曲线与煤的胶质体性质有直接的关系。体积曲线有七种类型，它的形状与煤种有一定关系，如肥煤多为山字型或之山混合型，而瘦煤多为平滑下降或斜降型。

Y 具有一定的加和性，在中国 1958 年颁布的煤分类方案中曾作为粘结性的唯一指标，在历史上起过作用。多年的实践表明，Y 多数情况下能表示胶质体的数量但不一定能反映其质量。Y 的测定主观因素大，煤样用量大，仪器的规范性很强。当 Y 小于 10mm 和 Y 大于 25mm 时，数据的重现性较差。但近年，通过对该仪器测试的自动化等项改进，使测试结果的精度提高较大。中国在 1986 年颁布的煤分类方案中，Y 用作区分强粘结煤的辅助指标。

6. 奥亚膨胀度

此法由德国奥迪贝特于 1926 年提出，后经阿努完善建立的测定煤膨胀性和结焦性的方法之一，是国际上最通用的一种膨胀度的测定方法，中国于 1985 年将该法列为国家标准（GB 5450）。

奥亚膨胀度试验是将新粉碎到 0.15mm 以下的空气干燥煤样 10g 与 1mL 水迅速混合，在钢模中按规定的方法制成 60mm 长的煤笔，将煤笔放在膨胀管中并放入温度为 330℃ 的电炉中。在炉温达到 360℃ 以后，非常平稳地以 3℃/min 的速度升温，同时记录其体积变化。试验可绘制得到膨胀曲线。

由试验可测得一些物性指标：软化点 t_1（体积曲线开始收缩达 0.5mm 时的温度/℃）、始膨点 t_2（体积曲线下降到最低点后再开始膨胀时的温度/℃）、固化点 t_3（体积曲线膨起达最大值时的温度/℃）、收缩度 a（体积曲线下降的最大距离占煤笔长度的百分数/%）、膨胀度 b（体积曲线膨胀的最大距离占煤笔长度的百分数/%）。这些指标以 b 值为主要指标。

奥亚膨胀度 b 值是在煤料的塑性阶段中直接测定的。b 值的大小取决于煤胶质体的不透气性和塑性期间的气体析出速度，同时与煤的岩相组成有密切关系。奥亚膨胀度为一综合指标，变动幅度大，对粘结性中等以上的煤、特别是煤料偏肥时，可以较好地区分，这是 b 值的优点。煤的膨胀度广泛用于研究煤的粘结成焦机理、煤质鉴定、煤炭分类和指导配煤与预测焦炭强度等。b 值在 1956 年的国际煤炭分类中被确定为煤的结焦性指标，在 1986 年中国的煤炭分类中被确定为区分强粘结煤的一个辅助指标。

7. 葛金焦型

本法是 1921 年由英国的葛雷和金两人提出的一种低温干馏试验方法，也是测定煤炭结焦性的一种方法。中国在 1987 年制定了相应的国家标准（GB 1341）。其测定方法是：把 20g 小于 0.2mm 的煤样放入特制的水平干馏管中，从 325℃起以 5℃/min 升温速度加热、直至 600℃，并在此温度下保持 1h。在试验过程中收集焦油、热解水、氨和煤气，并求出它们的产率。计算干馏管中的半焦产率并从半焦的粘结情况来判断煤的结焦性。所得焦型与标准序号的焦型进行比较并进行鉴定与分类。对于焦型大于 G 的煤样，在试验前应配入一些电极炭，使焦型正好为 G 型，以 20g 混合物中电极炭的配入量 x 来表示 G_x。x 一般为 1 ~ 13 之间的任意一数字。

本法的特点是可以比较全面地了解煤热分解的情况，但在评定过程中人为误差较大。并且在测定强粘结煤时需要逐次添加不同数量的电极炭，经多次探索才能测出。实际上葛金焦犁 G_8 以上已无法进一步医分，且不易测准。葛金焦型是 1956 年硬煤国际分类中鉴别结焦性亚组的一个指标，但中国多以奥亚膨胀度 b 值代替葛金焦型。一些使用连续式直立炭化炉的煤气厂对煤结焦性的测定仍多用葛金焦型。

二、煤的可选性

煤的可选性是指从原煤中分选出符合质量要求的精煤（浮煤）的难易程度。工业上选煤过程多用水作介质，利用精煤与中煤及矸石的密度差、从煤中选出低灰、低硫的精煤，排出中煤、矸石和黄铁矿。选煤对提高煤炭质量等级、降低灰分、节能、减少污染及煤炭综合利用等均有重要意义。

煤炭洗选首先要了解煤的可选性及其特征。煤的可选性是确定选煤工艺和设计选煤厂的主要依据。通过煤的可选性研究可估计各级产品的灰分和产率。可选性特征可以表明煤在分选时、理论上所获得的对应于不同净煤灰分或硫分时产品的最高产率。对易选原煤可以得到产率高而灰分（或硫分）低的精煤，选煤厂可采用较简单的工艺和设备，提高选煤厂的经济效益。

1. 煤的可选性曲线

中国表示煤炭可选性特征的方法是：先做原煤的筛分试验，然后进行各粒度级煤样的浮沉试验（GB 478）并绘制出煤的可选性曲线。浮沉试验用煤样质量可以根据试验目的和煤样拉度而定。浮沉试验的主要方法是：从各筛级中分别缩分出一定量的煤样，分别在密度（kg/L）为 1.30，1.40，1.50，1.60，1.70，1.80 和 2.00 的七组氯化锌重液中依次进行浮沉。把所得各密度级产物分别用热水洗净、烘干，然后测定其产率和灰分（硫分），并计算、整理成如表 3－1 所示，并根据奉中数据绘制出一组煤的可选性曲线。此图的横坐标下轴表示干基灰分（A_d，%）横坐标上轴表示分选密度（δ，kg/L），纵坐标左侧表示浮煤产率（γ_β，%），纵坐标右侧表示沉物产率（γ_θ，%）。这组曲线是煤可选性的图解说明，包括五条曲线。

表 3－1　(50～0.5) mm 粒级原煤浮沉试验综合表

密度级 /(kg·L^{-1})	产率 /%	灰分 /%	累计				分选密度 ±0.1	
			浮物		沉物		密度 /(kg·L^{-1})	产率 /%
			产率/%	灰分/%	产率/%	灰分/%		
<1.30	10.69	3.46	10.69	3.46	100.00	20.50	1.30	56.84
1.30～1.40	46.15	8.23	56.84	7.33	89.31	22.54	1.40	66.29
1.40～1.50	20.14	15.50	76.98	9.47	43.16	37.85	1.50	25.31
1.50～1.60	5.17	25.50	82.15	10.48	23.02	57.40	1.60	7.72
1.60～1.70	2.55	34.28	84.70	11.19	17.85	66.64	1.70	4.17
1.70～1.80	1.62	42.94	86.32	11.79	15.30	72.04	1.80	2.69
1.80～2.00	2.13	52.91	88.45	12.78	13.68	75.48	1.90	2.13
>2.00	11.55	79.64	100.00	20.50	11.55	79.64		2.13
合计	100.00	20.50						

煤可选性曲线的绘制除上述方法外，述有其他的绘制方法。其中较重要的有平均值曲线法，它是一种画法简单、而且可以扩展的可选性曲线。这种曲线是迈依尔 1950 年提出，故称迈依尔曲线，简称为 M 曲线。但目前这种曲线在我国还没有推广使用。

2. 可选性标准

评定原煤可选性的方法很多，如分选密度 ±0.1 含量法、中间煤含量法、全貌模型法、煤岩学方法、综合可选性指标法、碳氢比值法、轻重比值法、邻污法和利用干扰系数评定法等。但国内最广泛采用的可选性评价方法是分选密度 ±0.1 含量法（煤炭部标准 MT56），见表 3－2。这种方法是用煤的“中间密度级”含量的多少来描述原煤的可选性特征的。中间密度级的含量越大，它们在选后产物中的污染程度越大，分选效果越差。±0.1 含量法的中间密度级是随实际分选密度或理论分选密度变化的数量指标，根据中间密度级含量的大小，把原煤划分为极易选、易选、中等可选、难选和极难选五个等级。

表 3－2　±0.1 含量法　　% （MT56）

±0.1 含量法/%	可选性等级
≤10.0	极易选
10.1～20.0	易选
20.1～30.0	中等可选
30.1～40.0	难选
>40.0	极难选

还有少数煤矿沿用中间煤含量法来评价煤的可选性。它是以高、低两种分选密度之间的中间煤含量多少来评价煤的可选性等级，若中间煤含量低则该煤易选。高、低两种分选密度多用 1.40 和 1.80，中间煤含量以每 10% 为一个等级划分单位，将煤分为易选（中间煤含量 <10%）、中等可选、难选和极难选（中间煤含量为 30% ～40%）四个等级。

三、煤的铝甑低温干馏试验

为评定各种煤对炼油的适应性，以及在低温干馏工业生产中鉴定原料煤的性质并预测各种产品的产率，均需要进行煤的低温干馏试验。煤的低温干馏试验主要有铝甑法，有时也用上述葛金法（煤的管式低温干馏试验方法，GB 1341）代用。

铝甑低温干馏试验法是F. 费舍尔于1920年提出的。中国国家标准（GB 480）是参照该法，但在温度制度等方面做了一些修改。该试验方法是将20g空气干燥煤样放入铝甑中，按一定程序以5℃/min的速度将煤样加热到510℃后并保持20min。干馏后测定所得焦油、热解水、半焦和煤气的收率。焦油产率的代号为T。一般采用空气干燥基准，即T_{ad}，%。低温干馏用煤的T_{ad}一般不应小于7%。T_{ad}大于12%者称为高油煤；T_{ad}为7%～12%者是富油煤；T_{ad}小于或等于7%者为贫油煤。

煤的低温焦油产率与煤的成因类型有关。残殖煤与腐泥煤的T_{ad}都相当高，多数为富油煤。腐殖煤的焦油产率与煤化度和煤岩组成有关，褐煤和长焰煤的T_{ad}较高，当稳定组含量较高时，T_{ad}也较高。

四、煤炭气化的工艺性质

煤炭气化工艺是将固体的煤最大限度地加工成为气体燃料的过程。为了使气化过程顺利进行、气化反应完全，并满足不同气化工艺过程与气化炉对煤质的不同要求，通常需要测定煤的反应性、机械强度、热稳定性、结渣性、灰熔点和灰粘度等指标，并把上述各指标一起作为气化用煤的质量指标。

1. 煤的反应性

煤的反应性又称煤的化学活性，指在一定温度条件下煤与不同气体介质（如二氧化碳、氧、水蒸气等）发生化学反应的能力。反应性强的煤在气化和燃烧过程中反应速度快、效率高。尤其对采用沸腾床和气流床等高效的新型气化技术，煤的反应性强弱直接影响到煤在气化炉中反应的快慢、完成程度`耗煤量、耗氧量及煤气中的有效成分等。高反应性的煤可以在生产能力基本稳定的情况下，使气化炉可以在较低温度下操作，从而避免灰分结渣和破坏煤的气化过程。在流化燃烧新技术中，煤的反应性强弱与其燃烧速度也有密切关系。因此，反应性是煤气化和燃烧的重要特性指标。

测定煤反应性的方法和表示方式很多，目前中国多采用的方法是测定煤在高温（900℃）下干馏后的焦渣还原二氧化碳的能力，以二氧化碳的还原率表示煤对二氧化碳的化学反应性（GB 220）。将二氧化碳的还原率（α，%）与相应的测定温度绘制成曲线。煤的反应性随反应温度的升高而加强，各种煤的反应性随煤化度的加深而减弱。因为碳和二氧化碳反应不仅在燃料的外表面进行，而且也在燃料内部微细孔隙的毛细管壁上进行，孔隙率越高，反应的表面积越大。不同煤化度煤及其干馏所得残炭或焦炭的气孔率、化学结构不同，因此其反应性不同。褐煤的反应性最强，但当温度较高（900℃以上）时，反应性增高减慢。无烟煤的反应性最弱，但在较高温度时，随温度升高其反应性显著增强。煤的灰分组成与数量对反应性也有明显的影响。碱金属和碱土金属对碳与二氧化碳的反应起着催化作用，使煤、焦的反应性提高并降低焦炭反应后强度。

2. 煤的机械强度

煤的机械强度指煤对外力作用时的抵抗能力，包括煤的抗碎强度、耐磨强度和抗压强度等物理性质。试验方法有落下试验法、转鼓试验法、耐压试验法等。其中，应用最广泛的是落下试验法。

落下试验法是根据煤块在运输、装卸和入炉过程中落下和互相撞击而破碎等特点拟定的。落下试验方法有两种。一种是铁箱落下试验，方法是用（60～100）mm 的块煤 25kg，放在特制的活底铁箱中。在离地 2m 高处让煤样从带活门的箱底自由落到地面的钢板上，用 25mm 方孔筛筛分，将大于 25mm 的煤样再进行落下和筛分，重复 3 次后称出大于 25mm 的煤样的质量 G_1。以 G_1 占原来煤样质量的百分率作为煤炭的落下强度。

另一种落下试验是 10 块试验法。用 10 块（60～100）mm 的煤样，逐一从 2m 高自由落下到 15mm 厚的钢板上，落下的方向应根据煤块层理沿 X，Y，Z 三个方向进行。落下后将大于 25mm 的煤再进行落下，重复落下 3 次，称出大于 25mm 煤样的质量，再计算其占落下前煤样的质量百分率作为量度落下强度。以上两种落下试验的结果是一致的，完全可以互相比较并能满足生产要求。其中铁箱落下试验精确些而 10 块试验法则简单易行。用落下试验鉴定煤的机械强度的分级标准如表 3－3 所示。

表 3－3　煤的机械强度分级标准

级　别	煤的机械强度	>25mm 粒度所占比例/%
一 级	高强度煤	>65
二 级	中强度煤	>50～65
三 级	低强度煤	>30～50
四 级	特低强度煤	<30

多数情况下要求气化和燃烧用煤为均匀的块煤。机械强度低的煤投入气化炉时容易碎成小块和粉末，从而使料柱透气性变差影响气化炉的正常操作。

煤的机械强度与煤化度、煤岩组成、矿物质含量以及风化等因素有关。高煤化度煤和低煤化度煤的机械强度较大，而中等煤化度的肥煤、焦煤机械强度最小。宏观煤岩成分中丝炭的机械强度最小，镜煤次之，暗煤最坚韧。矿物质含量高的煤机械强度较大。煤经风化后机械强度将降低。

中国大多数无烟煤的机械强度好，一般为 60%～92%。但也有一些煤成片状、粒状，煤质松软机械强度差，一般为 40%～20%，甚至 20% 以下。

3. 煤的热稳定性

煤的热稳定性是指块煤在高温气化或燃烧过程中对热的稳定程度，即块煤在高温作用下保持其原有粒度的能力。热稳定性好的煤在气化或燃烧过程中能保持原来的粒度，而不碎成小块或破碎较少；热稳定性差的煤则在气化或燃烧时迅速爆裂成小块或煤粉。轻则炉内结渣，增加炉内阻力和带出物，降低气化或燃烧效率，重则破坏整个气化过程，甚至造成停炉事故。因此，块煤气化或燃烧要求煤有足够的热稳定性。

各种气化炉和工业锅炉对煤的粒度有不同的要求，因此测定煤热稳定性的方法也有所不同，但最常用的是（6～13）mm 级块煤热稳定性的测定方法（GB 1573）。该法取（6～13）mm 粒度的煤样约 500cm^3，称其质量并装入 5 个 100mL 的坩埚中。在（900±15）℃的箱形电炉中加热 30min 后取出冷却、称重、筛分，所得大于 6mm 的残焦占各级残焦质量之和的百分数为热稳定性指标 TS_{+6}。所得（6～3）mm 及小于 3mm 的残焦质量的百分数为热稳定性的辅助指标：$TS_{3\sim6}$、TS_{-3}。若 TS_{+6} 指标数值越大，表明其热稳定性越好。

对使用大块煤的气化用户，有时将热稳定性测定法中煤的块度加大为（13～25）mm。其测定原理与前述相似，但以大于13mm级残焦的质量百分数作为热稳定性指标，而以小于1mm级残焦的质量百分数及热稳定性曲线作为辅助指标。

中国尚无统一的以 TS_{+6} 来划分煤的热稳定性级别，有些单位按 TS_{+6} 的分级标准，见表3－4。

表3－4　煤的热稳定性分级

级　别	热稳定性	TS_{+6}/%
一	好	>70
二	中等	>55～70
三	较差	>40～55
四	极差	≤40

中国大多数无烟煤的热稳定性较好，TS_{+6} 均在65%以上。如山西晋城无烟煤的 TS_{+6} 高达94.4%～97.2%，阳泉无烟煤的 TS_{+6} 在85.1%～95.5%。但在高变质无烟煤中也有少数煤的热稳定性不好，如京西大安山煤等。无烟煤的热稳定性差是由于其结构致密，加热时内外温度差大，引起膨胀不均而破裂。热稳定性不好的无烟煤经预热处理后，大多数其热稳定性可显著改善。

4. 煤的结渣性

煤的结渣性实际上是指煤中矿物质在高温燃烧或气化过程中，煤灰软化、熔融而结渣的性能。在气化过程中煤灰的结渣会影响正常操作，降低气化效率，结渣严重时将会导致停产。因此，必须选择不易结渣或只轻度结渣的煤炭作为气化原料。由于煤灰熔点并不能完全反映煤在气化炉中的结渣情况，因而要用煤的结渣性来判断气化过程中煤灰结渣的难易程度。

煤的结渣性的测定方法（GB 1572）是将（3～6）mm粒度的煤样装入特制的气化装置中，用同样粒度的木炭引燃。以空气作为气化介质，在三种不同的鼓风强度下使试样气化（燃烧），待试样燃尽熄灭后停止鼓风，取出灰渣称量，经过筛分后测定其中大于6mm灰渣质量占灰渣总质量的百分数作为结渣性指标。煤的结渣性与煤中矿物质含量和组成有关。矿物质高的煤较易结渣，矿物质中钙、铁等低熔点氧化物容易结渣，而 SiO_2、Al_2O_3 等高熔点氧化物含量高则不易结渣。

5. 煤灰的熔融性和灰粘度

煤灰是煤中矿物质燃烧后生成的各种金属和非金属氧化物以及硫酸盐等复杂的混合物，它们没有一个固定的熔化温度，而只有一个较宽的熔化温度范围。并且这些煤灰成分在一定温度下能形成共熔体，这种共熔体在熔化状态时有熔解煤灰中其他高熔点物质的能力，并改变了熔体成分和熔化温度。但煤灰的这种熔融特性习惯上仍称为煤灰熔点。

煤灰的熔融性取决于煤灰的组成。煤灰成分十分复杂，主要有：SiO_2，Al_2O_3，Fe_2O_3，CaO，MgO和 SO_3 等，如表3－5所示。煤灰主要成分的含量波动很大，根据煤灰成分可以大致推测煤中矿物质的组成，初步判断灰熔点的高低。一般情况下煤灰中 Al_2O_3 和 SiO_2 含量的比例越大，其熔化温度越高；而 Fe_2O_3、CaO和MgO等碱性成分的比例越大，则熔化温度较低。煤灰熔点也可根据其组成用经验公式进行计算。

表 3－5　煤灰主要成分的一般范围

煤灰成分	褐煤/%	烟煤及无烟煤/%
SiO_2	10～60	15～80
Al_2O_3	5～35	8～50
Fe_2O_3	4～25	1～65
CaO	5～40	0.5～35
MgO	0.1～3	0.1～5
TiO_2	0.2～4	0.1～6
SO_3	0.6～35	＜0.1～15
P_2O_5	0.04～2.5	0.01～5

煤灰熔点是气化与燃烧用煤的一个重要工艺指标，对于固体排渣的气化炉或锅炉，结渣是生产中的一个严重问题。灰熔点低的煤容易结渣，将降低气化炉煤气的质量或给锅炉燃烧带来困难、影响正常操作，甚至造成停炉事故。困此，对这类气化炉与锅炉应使用灰熔点高的原料煤。但对液态排渣的气化炉或锅炉，则希望原料煤的灰熔点低，熔融灰渣的粘度小，流动性好并且对耐火材料或金属无腐蚀作用。

测定煤灰熔融性常用方法是角锥法（GB 219）。测定方法是将煤灰与糊精混匀后在模中制成一定尺寸的三角锥体，将三角锥体放入灰熔点测定炉中在一定的气氛下、以一定的加热速度升温，观察灰锥在受热过程中的形态变化，确定它的三个特征熔融温度：变形温度 DT(t_1)，软化温度 ST(t_2) 和熔化温度 FT(t_3)。当灰锥受热后尖端开始熔化，开始弯曲或变圆时，该温度即为变形温度 DT(t_1)；当继续加热锥尖弯曲至触及托板，或变成球形，或变成高度小于等于底长的半球形时，此时的温度为软化温度 ST(t_2)；当灰锥完全熔化、有较大流动性展开成薄层（≤1.5mm）时，此时温度为流动温度 FT(t_3)。t_1～t_2 是煤灰的软化范围，t_3 是煤灰的熔化范围。工业上一般选软化温度 DT(t_2) 作为衡量煤灰熔融性的主要指标。按照煤灰熔融温度的高低可将煤灰分为 4 种类型（如表 3－6 所示）。灰熔点测试时的气氛对结果有影响，一般应模拟工业条件在弱还原性气氛中进行。

表 3－6　灰熔点分级

级　别	灰熔点 ST/℃
难熔灰分	＞1500
高熔灰分	＞1250～1500
低熔灰分	＞1100～1250
易熔灰分	≤1100

煤灰粘度是指煤灰在高温熔融状态下流动时的内摩擦系数。煤灰在高温下达到 FT（t_3）即呈流体，整个流体可假设由多层组成。煤灰流动时两个相对移动的液层之间存在相互作用的内摩擦，其摩擦系数即为煤灰粘度 η。煤灰粘度可用牛顿摩擦定律推算。可应用钢丝扭矩式粘度计测定煤灰的粘度。煤灰的动力粘度单位是帕斯卡·秒（Pa·s）或泊（P）；泊（P）为非法定计量单位，1P＝0.1Pa·s；泊（P）即面积为 1cm^2 的两层液体相距 1cm、

以 1cm/s 的速度相对移动所产生的内摩擦力为 10^{-5}N 时，该液体的粘度为 10^{-1}Pa·s。

煤灰粘度是气化用煤和动力用煤的重要指标。因为对液态排渣的气化炉和燃烧炉来说，了解煤灰流动性可选择合宜的原料和燃料煤、助熔剂和确定排渣温度，正确指导气化和燃烧的生产工艺和炉型设计。

用煤灰粘度 η 可以较好评定灰渣的流动性，煤灰粘度小流动性好可以正常液态排渣。煤灰粘度大其流动性则差，当煤灰粘度达到 100Pa·s 时，熔渣在重力作用下将停止流动。我国煤灰粘度一般在（5～25）Pa·s 范围，在生产上对固定床的液态排渣气化炉，煤灰粘度应小于 5Pa·s；粉煤气化炉的灰渣粘度应小于 25Pa·s；对液态排渣锅炉为保证操作顺利，要求煤灰粘度为（5～10）Pa·s，最高不能超过 25Pa·s；而对灰熔点高、灰粘度大的煤则适用于各种类型气化和燃烧用的固定床、沸腾床的固态排渣炉。

煤灰粘度大小主要取决于煤中矿物组成及组成间的相互作用。一般来说，随灰渣成分中 SiO_2 和 Al_2O_3 含量提高，灰渣粘度增大；而 Fe_2O_3，CaO，MgO 或 Na_2O 等增加，则煤灰粘度降低。生产中可采用加入助熔剂和配煤等方法改变灰渣粘度，以适应气化或燃烧的需要。

五、煤的发热量

煤的发热量是单位质量的煤完全燃烧时所放出的热量，以符号 Q 表示。发热量的国际单位是 J（焦耳）/g，中国过去使用 cal（卡）/g，英国使用 Btu（英国热量单位）/lb，它们之间的换算式是：1J/g＝0.239cal/g＝0.43Btu/lb。

煤的发热量是评价煤质和热工计算的重要指标。在煤的燃烧或转化过程中，常用煤的发热量来计算热平衡、耗煤量和热效率；用煤的发热量可估算锅炉燃烧时的理论空气量，烟气量，理论燃烧温度等，以此进行锅炉设计或燃烧设备的选型和燃烧方式的选择等；对动力用煤，其发热量是确定价格的主要依据。在国际和中国煤炭分类中，煤的发热量还是低煤化度煤的分类指标之一。

（一）煤发热量的直接测定法

早在 1880 年法国贝特洛提出了用氧弹量热法来测定煤的发热量。此法经不断完善并沿用至今。中国在 1964 年制定了相应的国家标准（GB 213）。

1. 氧弹量热法的测定原理

将（1～1.1）g 煤样放入不锈钢制的耐压氧弹中，用氧气瓶将氧弹充氧至（2.6～2.8）MPa。利用电流加热弹筒内的金属丝使煤样着火，试样在压力和过量的氧气中完全燃烧，产生 CO_2 和 H_2O，灰和燃烧产物被水吸收后生成 H_2SO_4 和 HNO_3。燃烧产生的热量被内套筒中的水吸收，根据水温的上升并进行一系列的温度校正后，可计算出单位质量煤燃烧所产生的热量，称为弹筒发热量 $Q_{b,ad}$。

2. 煤的恒容高位发热量和低位发热量

由于弹筒发热量是在弹筒的恒定容积下测定的，所以它称为恒容发热量。

（1）煤的恒容高位发热量

在弹筒内煤的燃烧是在高温高压下进行，所以试样和弹筒内空气中的氮生成氧化物并溶解在水中变为稀硝酸；若试样是在空气中燃烧，其中的氮则成为游离氮逸出。煤中的硫在空

气中燃烧只生成 SO_2 逸出，而在弹筒内则生成稀硫酸。上述稀 HNO_3 及稀 H_2SO_4 的生成及溶解于弹筒内的水均为放热反应。从上述弹筒发热量中减去硝酸、硫酸的生成热和溶解热后即得到煤的恒容高位发热量，其代表符号为 $Q_{gr,v,ad}$，计算式为

$$Q_{gr,v,ad} = Q_{b,ad} - (95S_{b,ad} + \alpha \cdot Q_{b,ad}) \tag{3-2}$$

式中：$Q_{gr,v,ad}$——煤的空气干燥基恒容高位发热量，J/g；

$Q_{b,ad}$——煤的空气干燥基弹筒发热量，J/g；

$S_{b,ad}$——由弹筒洗液测得的煤的空气干燥基硫含量，%；

95——煤中每1%的硫的校正值，J；

α——硝酸生成热校正系数，无烟煤为0.0010，对其他煤为0.0015。

（2）煤的恒容低位发热量

由于煤在常规燃烧时水呈蒸汽状态随燃烧废气排出，因此需从高位发热量中减去煤燃烧后水的汽化热，得出恒容低位发热量 $Q_{net,v,ar}$。工业上多采用收到基低位发热量，它可从高位发热量按式（3－3）进行换算：

$$Q_{net,v,ad} = (Q_{gr,v,ad} - 206H_{ad})\frac{100 - M_{t,ar}}{100 - M_{ad}} - 23M_{t,ar} \tag{3-3}$$

式中：$Q_{net,v,ad}$——收到基恒容低位发热量，J/g；

$Q_{gr,v,ad}$——空气干燥基恒容高位发热量，J/g；

H_{ad}——空气干燥基氢含量，%；

$M_{t,ar}$——收到基全水分，%；

M_{ad}——空气干燥基水分，%。

3. 煤的恒压低位发热量

煤在实际燃烧中处于恒压状态而不是恒容状态，故工业计算中应该采用恒压低位发热量（通常采用收到基），可用高位发热量按式（3－4）换算：

$$Q_{net,v,ad} = (Q_{gr,v,ad} - 212H_{ad} - 0.80O_{ad}) \times \frac{100 - M_{t,ar}}{100 - M_{ad}} - 24.5M_{t,ar} \tag{3-4}$$

式中：O_{ad}为空气干燥基氧含量，%。

（二）发热量的计算法

煤的发热量除了用氧弹法直接测定外，还可以利用煤的工业分析或元素分析数据进行近似计算。国内外学者对此做过大量的研究工作，中国煤炭科学研究总院提出了计算煤发热量的各种经验公式，计算结果与实测值的误差较小，举例如下。

1. 利用工业分析数据计算煤的发热量

（1）计算烟煤 $Q_{net,v,ad}$的经验公式

$$Q_{net,v,ad} = [100K - (K+6) \times (M_{ad} + A_{ad}) - 3V_{ad} - 40M_{ad}] \times 4.1868 \tag{3-5}$$

式中：K 为常数，在72.5～85.5之间，可根据煤样的 V_{daf}和焦渣特征查表得到。此外，只有当 V_{daf}小于35%和 M_{ad}大于3%时才减去 $40M_{ad}$。

（2）计算无烟煤的 $Q_{gr,ad}$ 的经验公式

$$Q_{gr,ad}=K_0-80M_{ad}-90A_{ad} \tag{3-6}$$

式中：K_0 值可用 V_{daf} 值确定，见表 3－7。

表 3－7　用干燥无灰基挥发分确定 K_0 值

V_{daf}/%	≤3	3～5.5	>55～8	>8
K_0	8200	8300	8400	8500

（3）计算褐煤 $Q_{net,v,ad}$ 的经验公式

$$Q_{net,v,ad}=[100K_1-(K_1+6)\times(M_{ad}+A_{ad})-V_{daf}]\times4.1868\text{J/g} \tag{3-7}$$

式中：K_1 为常数，范围是 61～69，由煤中氧含量大小查表可得。

2. 利用元素分析数据计算煤的发热量

利用煤的元素组成计算褐煤、烟煤和无烟煤的 $Q_{gr,v,daf}$ 的半经验式有：

$$Q_{gr,v,daf}=[80(\text{或}78.1)\times C_{daf}+310(\text{或}300)H_{daf}+15S_{daf}-25O_{daf}-5(A_d-10)]\times4.1868\text{J/g} \tag{3-8}$$

对 C_{daf} 大于 95% 或 H_{daf} 小于 1.5% 的煤，公式中 C_{daf} 前的系数用 78.1，其他煤均用 80；对 C_{daf} 小于 77% 的煤；公式中 H_{daf} 前的系数采用 300，其他煤均用 310；对于 A_d 大于 10% 的煤才有公式中最后一项灰分的校正值，否则不必校正灰分。

（三）煤的发热量与煤质的关系

煤的发热量与煤质关系密切，煤的成因类型、煤化程度、煤岩组成、煤中水分与灰分及煤的风化程度等因素对煤的发热量的大小均有影响。

氢含量高的腐泥煤和稳定组高的残殖煤其发热量均高于腐殖煤。例如江西乐平的树皮残殖煤的发热量 $Q_{b,daf}$ 高达 37.93MJ/kg。

煤的发热量随煤化度的增加呈现规律性的变化，如表 3－8 所示。可见，从褐煤到焦煤发热量随煤化度加深而增加，到焦煤阶段出现最大值，其干燥无灰基恒容高位发热量达 37.05MJ/kg。从焦煤到高变质无烟煤，随煤化度加深发热量又逐渐减少，但变化幅度较小。这种变化规律与煤的元素组成密切相关。因为从褐煤到焦煤阶段，碳含量不断增加，氧含量大幅度减少，而氢含量减少的幅度较小，故煤的发热量呈上升趋势；从焦煤到高变质无烟煤阶段，碳含量增加和氧含量降低的幅度变小，而氢含量明显下降。氢含量的发热量是碳含量发热量的 3.7 倍，这使总的结果导致煤的发热量随煤化度的加深而缓慢下降。

同样，煤的发热量随其挥发分呈抛物线的变化趋势，V_{daf} 在 20%～30% 相当于焦煤阶段，其发热量最高；V_{daf} 小于～90%，发热量随 V_{daf} 的减小而略有下降；当 V_{daf} 大于 30% 时，发热量随 V_{daf} 的增加而显著下降。

在腐殖煤的煤岩组分中，稳定组的发热量最高，镜质组次之，丝质组最低。煤的发热量随其矿物质、水分及风化程度的增加而下降。一般煤的灰分每增加 1%，其发热量约降低 370J/g；煤中水分增加 1%，其发热量也约降低 370J/g。

表 3-8　各种煤的发热量（$Q_{gr,v,daf}$）

煤　种	$Q_{gr,v,daf}$/MJ·kg^{-1}
褐　煤	25.12～30.56
长焰煤	30.14～33.49
气　煤	32.24～35.59
肥　煤	34.33～36.84
焦　煤	35.17～37.05
瘦　煤	34.96～36.63
贫　煤	34.75～36.43
无烟煤	32.24～36.22

第二节　煤的物理性质

煤的物理性质主要包括空间结构性质、机械性质、热性质、光学性质、电性质与磁性质等。从胶体化学的观点，可将煤看作是一种特殊和复杂的固态胶体体系。为此，应研究煤作为固态胶体所表现的物理化学性质。

煤的物理和物理化学性质也由煤的其他性质一样。主要取决于煤化度和煤岩组成。有时还取决于煤的还原程度。煤的某些物理性质还与矿物质（数量、性质与分布）、水分和风化程度有关。

由于物质结构和它的物理常数等有直接的关系，所以对煤的物理性质、物理化学性质的测定和研究反映了煤分子的化学组成与结构、分子空间结构及其变化特点，为煤结构的研究和煤化学学科的发展提供重要的信息。此外，了解煤的物理与物理化学性质，对煤的开采、破碎、洗选、型煤制造、热加工和新产品的开发等工艺和技术进步也有很大的实际意义。

一、煤的密度

物质所有宏观的物理性质在一定程度上都与密度有关。物质密度的大小取决于分子结构和分子排列的紧密度，因而与分子空间结构有关。而分子之间的相互作用是分子间距离的函数，直接影响物质的物理性质和物理化学性质。因此密度是性质与结构的重要参数，应了解煤的密度随煤化度的变化规律。此外，利用密度数值还可用统计法对煤进行结构解析。

1. 煤密度的几个基本概念

煤的密度是单位体积煤的质量，单位是 g/cm^3 或 kg/m^3。煤的相对体积质量（亦称相对密度）是煤的密度与参考物质的密度在规定条件下的比，量纲为 1。密度与相对体积质量数值相同，但物理意义不同。工业上习惯用相对体积质量。中国已将煤相对体积质量的测定方法列为国家标准。

（1）煤的真相对体积质量

煤的真相对体积质量（亦称真相对密度）是指煤的密度（不包括煤中孔隙的体积）与参考物质的密度在规定条件下之比。煤的真相对体积质量代表符号是 TRD，它是计算煤层平均质量与煤质研究的一项重要指标。TRD 可用比重瓶法或其他置换法求得。

（2）煤的视相对体积质量

煤的视相对体积质量（亦称视相对密度）是指煤的密度（包括煤的内孔隙）与参考物质的密度在规定条件下之比。煤的视相对体积质量代表符号是 ARD，在计算煤的埋藏量及煤的运输、粉碎、燃烧等过程都需要用此数据。ARD 可用涂蜡法（参考 GB 6949），凡士林法或水银法测定。

根据煤的真密度和视密度可计算出煤的孔隙率，计算公式如下：

$$孔隙率 = (真密度 - 视密度)/真密度 \times 100\%$$

（3）煤的散密度

煤的散密度（旧称堆积密度或堆比重）是指用自由堆积方法装满容器的煤粒的总质量与容器容积之比，以 t/m^3 或 kg/m^3 为单位。散密度的测定，可在一定容积的容器中用自由堆积方法装满煤，然后称出煤的质量，再换算成单位体积的质量（t/m^3）。

在设计煤仓、估计煤堆质量、计算炼焦炉装煤量及计算商品煤的装车质量时，都需用煤散密度的数据。对同一煤样，煤的真密度数值最大、视密度其次，散密度的数值最小。

表 3－9　煤化过程中镜质组的化学组成与密度的变化

C	H/C	O/C	N/C	$d_4^{20}/(g \cdot cm^{-3})$
70.5	0.862	0.247	0.015	1.425
75.5	0.789	0.181	0.015	1.385
81.5	0.753	0.108	0.017	1.320
85.0	0.757	0.071	0.016	1 283
87.0	0.733	0.050	0.018	1.274
89.0	0.683	0.034	0.018	1.296
90.0	0 656	0.027	0.018	1 319
91.2	0.594	0.021	0.015	1.352
92.5	0.509	0.016	0.015	1.400
93.4	0.440	0.013	0.015	1.452
94.2	0.379	0.011	0.013	1.511
95.0	0.307	0.009	0.013	1.587
96.0	0.223	0.007	0.012	1.698

2. 煤真密度的测定及其随煤化度的变化

用不同物质（例如氦、甲醇、水、正己烷和苯等）作为置换物质测定煤的密度时所得的数值是不同的，通常以氦作为置换物所测得的结果叫煤的真密度（也称氦密度）。因为煤中的最小气孔的直径约为（0.5～1）nm，而氦分子的直径为 0.178nm，因此氦能完全进入煤的孔隙内。另外，由于氦不凝聚在煤的表面上，故不会干扰密度的测定。

尽管煤样在测定前已通过洗选除去煤中绝大部分的矿物质，但不可能除净，因此必须按残存矿物质的量来校正煤的密度。若已知矿物质的密度与含量，可按式（3－8）求出校正后煤的密度。

$$d_0 = d \cdot d_a(100 - A)/(100d_a - A \cdot d) \tag{3-9}$$

式中：d_0——经校正后煤的密度，g/cm³；

d——测得的煤的密度，g/cm³；

d_a——矿物质的密度，g/m³；

A——矿物质或灰分的含量，%。

若未实测矿物质的密度，则可取2.7或3。

一般，丝质组、微粒体的真密度最高，镜质组其次，壳质组最低。当 $C_{daf} > 90\%$，三者的真密度逐渐趋于一致并且急剧上升，这表明它们的结构发生了深刻的变化。

随着煤化度的提高，煤的结构愈趋紧密化，因而煤的密度也应不断增加。然而，实际上在煤化度较低时，即镜质组的 $C_{daf} < 87\%$ 的情况下，镜质组的密度反而随煤化度增高而降低。结合实验数据分析可知：在 $C_{daf} < 87\%$ 时，H/C（原子比）、O/C、N/C 的变化幅度，以 O/C 减少的幅度最大。由于氧的迅速减少，且氧的相对原子质量又较碳的相对原子质量大，因而碳的相对增长率低于氧的减少速度，这使煤的密度相对地降低了。当 $C_{daf} = 87\%$ 时，密度达极小值（$d_4^{20} = 1.274\text{g} \cdot \text{cm}^{-3}$）。

3. 影响煤密度的因素

煤密度的波动范围较大，影响因素也较多，其中主要有煤的种类、岩相组成、煤化程度、矿物质的含量和煤的风化程度等。

（1）成煤原始物质的影响

不同成因的煤其密度是不同的，腐殖煤的真密度比腐泥煤高。例如，除去矿物质的纯腐殖煤的真密度在1.25g/cm³ 以上，而纯腐泥煤的真密度约为1.0g/cm³。腐殖煤的密度较腐泥煤高是由前者的分子结构特性所决定的，这可用腐殖煤有机质的芳香结构来解析。

（2）煤化度的影响

自然状态下煤的成分比较复杂，因各种因素的综合影响使煤的密度大体上随煤化度的加深而提高。当煤化度不高时真密度增加较慢，接近无烟煤时真密度增加很快。各类型煤的真密度大致范围如下：泥炭为0.72g/cm³，褐煤为（0.8～1.35）g/cm³，烟煤为（1.25～1.50）g/cm³，无烟煤为（1.36～1.80）g/cm³。

（3）岩相组成的影响

就腐殖煤而言，丝炭密度最大，镜煤、亮煤最小。丝炭的真密度为（1.37～1.52）g/cm³，暗煤为（1.30～1.37）g/cm³，镜煤为（1.28～1.30）g/cm³，亮煤（1.27～1.29）g/cm³。表3－10为中国本溪煤田各岩相组分的真密度。

表3－10　木溪煤田各岩相组分的真密度　　g·cm⁻³

煤岩组成	镜　煤	亮　煤	暗　煤	丝　炭
真密度	1.294～1.350	1.320～1.406	1.339～1.465	约1.542

（4）矿物质的影响

煤中矿物质含量与组成对煤的密度影响很大，矿物的密度比有机质密度大。例如：常见粘土矿物的密度为（2.4～2.6）g/cm³，石英的密度为（2.65～2.66）g/cm³，黄铁矿的密度约为5.0g/cm³。可以粗略地认为：煤的灰分每增加1%，煤的密度增加0.01%。

（5）水分及风化的影响

水分越高煤的密度越大，但这个因素的影响较为次要。煤风化作用使煤的密度增加，因为煤风化后灰分和水分都相对增加。特别是煤层露出地面之处，灰分增加得特别快。例如：某矿区在106m深处煤的灰分为3.8%，而在煤层露头附近表面处其灰分高达42.1%，密度相应由1.53g/cm³增加到2.07g/cm³。

二、煤的机械性质

煤的机械性质是指煤在外来机械力作用下表现的各种特性，其中比较重要的是煤的硬度、脆度、可磨性和弹性等。煤的机械性质在煤的开采及加工利用方面有重要的应用价值，并能为煤结构的研究提供重要信息。

1. 煤的硬度

煤的硬度反映煤抵抗外来机械作用的能力。煤的硬度影响采煤机械的工作效率、采煤机械的应用范围、各种机械和截齿的磨损情况，同时它还决定破碎、成型加工的难易程度。

根据外加机械力的不同，煤硬度有不同的表示和测定方法。通常有刻划硬度（莫氏硬度），弹性回跳硬度（肖氏硬度），压痕硬度（努普硬度、维氏显微硬度）和耐磨硬度（突起）等。常用和较重要的是刻划硬度与维氏显微硬度。

刻划硬度是用10种标准矿物刻划煤所测得的相对硬度，煤的刻划硬度多在1~4之间（金刚石的硬度为10）。在宏观煤岩成分中，暗煤比亮煤硬。煤的硬度与煤化度有关，煤化度低的褐煤和中等煤化度的焦煤的刻划硬度最小，约为2~2.5；无烟煤的刻划硬度最大，接近4。

显微维氏硬度简称显微硬度，代表符号为MH（或Hm），它是在显微镜下根据具有静载荷的金刚石压锥压入显微组分的程度来测定。压痕越大，煤的显微硬度越低。显微硬度的数值是以压锥与煤的单位实际接触面积上所承受的载荷量来表示，即kg/mm²。

测定显微硬度时，将光片放在显微硬度计的载物台上，在光片上确定测点后，将方棱锥型的金刚石压头对准测点，加上负荷（一般是20g）并保持约15s，即可得正方形的压痕。用螺旋目镜测微计量得压痕的对角线长度（μm），按式（3-10）计算显微硬度。

$$H_m = 2\sin\frac{\alpha}{2}\cdot\frac{p}{d^2} \qquad (3-10)$$

式中：H_m——显微硬度，kg/mm²；

α——金刚石方形棱锥体压头两相对锥面的夹角；

d——负荷除去后压痕对角线之长，mm；

p——加在压头上的负荷，kg。

一般取 $\alpha=136°$，则 $2\sin\frac{136°}{2}=1.854$，因此上式可简化为：

$$H_m = 1.854\cdot\frac{p}{d^2} \qquad (3-11)$$

同一显微组分测定10点，取其算术平均值即为试样某组分的显微硬度。

用压入法测定的显微硬度在煤化学的研究中具有很高的应用价值。因为它测定时只要求很小的一块表面，并能在脆性煤上留下压印，因而可以避免由于煤的不均一或脆性破裂所造成的误差，更重要的是它可直接研究煤中各显微组分的性质。此法仅需少量煤样又操作快速，并可排除煤质不均、成分多变的干扰。

煤科院北京煤化所曾对中国50多个主要矿区的400多个煤样进行过显微硬度的研究，得出显微硬度与煤化度的关系。结果表明，煤的显微硬度除主要取决于煤化度外，还与煤的还原程度、煤岩组成和矿物杂质的含量等关系密切。在不同还原程度煤中，强还原煤的显微硬度较小；在煤岩组成中，丝质组的显微硬度比镜质组的显微硬度高，丝质组中菌类的显微硬度最高。据此，煤光片抛光时，丝质组比镜质组等组分磨损较慢。

2. 煤的脆度

煤的脆度是表征煤炭机械坚固性的一个指标，即煤被破碎的难易程度。煤炭脆度的试验方法有抗压强度法和抗碎强度法等。抗压强度一般用显微脆度表示，测定在一定负荷下每一百个压痕中出现裂痕的数值，以此数值表示煤的显微脆度。

表征煤脆度的抗碎强度法可采用E. M. 泰茨提出的测定方法。方法是：将粒度为4～5目的一定量煤样和六个钢球一起装入微分散计的圆筒内，圆筒的转速为90r/min。转动1000r后，用大于2.36mm级煤的产率%来表征煤的脆度。该法对于煤的脆度规定为：最脆的小于10%，脆的为10%～30%，最坚固的大于50%。

实验表明，库兹涅茨煤的抗碎强度与煤化度的关系为：最高煤化度和低煤化度煤的脆性都较小，而中等煤化度的肥煤与焦煤脆性最大，且挥发分小于10%的无烟煤其脆性比高挥发分的褐煤低。

煤的脆度除了与煤化度呈抛物线的变化趋势外，还与岩相组成有关。根据煤脆度的降低和韧性的增长，可以把煤岩组分按下列次序排列：丝炭最脆，镜煤、亮煤居中而暗煤最韧。由于丝炭易碎，故通常煤粉中丝炭较多。可见，研究不同煤化度和不同岩相类型煤的脆度能为煤岩选择破碎提供理论和实验依据。

3. 煤的可磨性

煤的可磨性是指煤被磨碎成煤粉的难易程度。通常，以某矿区易磨碎烟煤作为标准煤，将其可磨性指数定为100。实测的煤的可磨性指数越大则越容易粉碎，反之则较难粉碎。测定煤的可磨性在某些工业部门中具有重要的意义。例如：使用粉煤的火力发电厂和水泥厂，在设计与改进制粉系统并估算磨煤机的产量和耗电率时，常需测定煤的可磨性；在应用非炼焦煤为主的型焦工业中，为了知道所用煤料的粉碎性，以便确定粉碎系统的级数及粉碎设备的类型等，也要预先测定煤的可磨性。此外，煤的可磨性指数也是煤质研究的重要数据。煤的可磨性与煤化度、蟒岩组成、煤中水分含量和矿物质的种类、数量及分布状况等有关。

在实验室中测定煤可磨性有不同的方法，中国国家标准（GB 2565）和国际标准（ISO 5074）规定用哈德格罗夫法测定。哈氏可磨性的表示符号为HGI。过去，还常用前苏联热工研究所的方法（ВТИ法）。虽然测定煤炭可磨性的不同方法有较大差别，但理论依据都是磨碎定律，即：在研磨煤粉时所消耗的功（能量）与煤磨碎后的总表面积成正比。在实际测定时多用被测定煤样与标准煤样相比较而得出的相对指标表示。

哈德格罗夫法的要点是：称取（0.63～1.25）mm的煤样50g，放在内装八个钢球的哈氏可磨性试验仪中，研磨环以（20±1）r/min转3min后，过0.071mm(200目）筛子。由筛上煤样量用下式计算可磨性指数HGI：

$$HGI = 13 + 6.93(m - m_1)$$

式中：m——煤样质量，g；

m_1——研磨后0.071mm筛上煤样的质量，g。

哈德格罗夫法操作简便、重现性好。但由于本试验方法规范性强，为了减小计算等试验误差，因此中国等一些国家的国家标准中都规定可以采用标准图法予以校正。标准图是以四个不同数值的国家标准可磨性煤样（峰峰煤矿的烟煤），测得 $m - m_1$ 的数值，以此作为标准图的纵坐标，再以标准煤样的可磨性指数为横坐标绘制得一条标准直线，由实验结果得到的 $m - m_1$ 值即可在标准图上查找到对应的 HGI 值。随煤化度的增加，HGI 呈抛物线变化，在 C_{daf} 为 90% 处出现最大值，此时煤最容易磨碎。

煤的可磨性和脆度都表征了煤被粉碎的难易程度，但从实验方法可见：煤的可磨性将煤磨成细粉，该指标对非炼焦煤的制粉工艺较合适；而应用抗碎强度法所测定的煤的脆度，其粒度范围与炼焦煤较为接近，因而煤的脆度用于衡量炼焦煤较为合适。

4. 煤的弹性

煤的弹性是指外力（荷重）下所产生的形变，以及外力除去后形变的复原程度。物质的弹性与其结构有关，特别是与构成它的分子间结合力的大小有着密切关系，因此测定煤的弹性对研究煤结构是很重要的。例如，由煤的弹性模量可以显示出煤结构单元间化学键的特性。此外，因为煤的弹性与煤压缩成型性能的关系密切，因此研究煤料的弹性有助于提高型煤与型焦的产品质量。

物质弹性的测定方法有静态法和动态法。静态法测定压力与应变之间的关系，如可测定煤块在不同荷重下所发生的弯曲度。动态法测定声音在煤中的传递速度，可由式（3－12）计算煤的弹性模量：

$$v = k\sqrt{\frac{E}{\rho}} \tag{3-12}$$

式中：v——声音在煤中的传递速度，m/s；

k——常数；

E——煤的弹性模量，105N/cm^2；

ρ——煤的密度，g/m^3。

由于煤中存在微细龟裂等原因，用静态法测得的静态弹性模量数值偏低，因而认为用动态法测得的动态弹性模量值的可靠性大。

在弹性模量中，有杨氏弹性模量 E、刚性模量 G、横向变形系数（泊松比）μ 和压缩率 K 等参数。低煤化度煤与烟煤的弹性模量通常是各向同性的，而高煤化度煤则显示各向异性。杨氏弹性模量 E 及刚性模量 G 与煤化度的关系是：当 $C_{daf} > 90\%$ 时，E 和 G 的数值均随煤化度提高而急剧增加。同时显示出各向异性，表现为 E_z 和 G_z 均有单独的曲线。

与弹性相反的性质是塑性，可塑性越大，成型越容易。煤料成型过程中所表现的弹性可用型块成型脱模后的相对膨胀率来表征。煤料的弹性大则型块较松散，难于成型或难于脱模。如果增大成型压力，则增加费用，还可能在脱模时因弹性膨胀（回弹力）而胀裂、甚至胀碎。

从能量角度看，塑性可将压缩的能量吸收，使颗粒靠紧。弹性是把能量暂存，当外力消失后又大部分释放出来。因此，要提高型块的质量就要减小煤料的弹性而增加其塑性。低煤化度褐煤中含有较多的腐殖酸和沥青等“自身粘结剂”，其弹性小、具有塑性，有可能不加粘结剂而实现高压成型。高煤化度褐煤、烟煤和无烟煤弹性较大，需加粘结剂提高塑性、减小煤料弹性后才能较好成型。

不同显微组分其弹性不一样，从小到大的排列顺序为稳定组、镜质组、丝质组。但随煤化度的增加，它们之间的差别渐小。此外，煤中的矿物质和水分越多、矿物质的密度越大，则煤的弹性也越大。

三、煤的热性质

煤的热性质包括煤的质量热容（或称比热容）、导热性和热稳定性等。研究煤的热性质不仅对煤的热加工过程及传热计算有重要意义，而且某些热性质还与煤结构关系密切。例如，煤的导热性能反映煤的一些重要结构特点，即煤中分子的接近程度和定向程度。

1. 煤的质量热容

煤的质量热容是指单位质量的煤温度升高 1K 所需的热量。室温下煤的质量热容为（0.00～1.26）kJ/(kg·K)。煤的质量热容因煤化度、水分、灰分及温度而变化。室温下煤的质量热容随煤化度（以碳含量表示）增加而减少。煤的质量热容随其所含水分的提高而大致成直线增加，因为水的质量热容较大；煤的质量热容随灰分含量增多而下降，因为一般矿物质在室温时的质量热容为（0.70～0.84）kJ/(kg·K)。

煤的质量热容随温度而变化，温度为 0～350℃时，质量热容增加，在（270～350）℃时达到最大值。这是煤大分子的原子和原子团剧烈振动造成的。温度为（350～1000）℃时，质量热容下降，因为 350℃后煤发生了热分解，最终将接近于石墨的质量热容 0.71kJ/(kg·K)。

2. 煤的导热性

煤的导热性包括煤的热导率（导热系数）λ［kJ/(m·h·K)］和热扩散率（导温系数）a（m^2/h）两个基本常数。热导率 λ 是热量从煤的高温部位向低温部位传递时，单位距离上温差为 1K 的传热速率。λ 和 a 的关系如下：

$$a=\frac{\lambda}{c\rho} \tag{3-13}$$

式中：c——煤的质量热容，kJ/(g·K)；

ρ——煤的密度，kg/m^3。

物质的热导率 λ 应理解为热量在物体中直接传导的速度，导温系数 a 则是不稳定导热的一个特征物理量，代表物体具有的温度变化（加热或冷却）的能力。由式（3-13）可知，导温系数与 λ 成正比，与 $c\rho$ 成反比。λ 可表示物体的散热能力，$c\rho$ 表示单位体积物体温度变化 1K 时吸收或放出的热量，即物体的蓄热能力。因此，a 也是表示物体散热能力与蓄热能力之比，它是物体在温度发生变化时显示的一种物理性质。λ 与 a 常应用于煤料的传热计算。

煤的热导率和其水分、灰分及温度有关。热导率随煤中水分的增高而变大，因为水的热导率远大于空气的热导率，约为后者的 25 倍。当煤粒间的空气被水排除后，煤料的热导率就会提高。矿物质对煤的热导率有很大的影响。有机物的导热性远低于矿物质，因而煤的热导率随灰分的提高而增大。煤的热导率随温度上升而增大，并且块煤或型块、煤饼的热导率比散状煤高。的热导率可用式（3－14）计算：

$$\lambda = 0.0003 + \frac{\alpha t}{1000} + \frac{\beta t^2}{1000^2}[\mathrm{kJ/(m \cdot h \cdot K)}] \quad (3-14)$$

式中，α、β 为特定常数，粘结性煤的 α 和 β 相等，为 0.0016；弱粘结性煤的 α 为 0.0013，β 为 0.0010。

煤的导温系数与热导率有相似的影响因素，也因水分的增加而提高。导温系数与温度的关系为：在 400℃前导温系数增加较少，400℃后 α 猛烈增加。根据 A. A. 阿格罗斯金的研究，中等煤化度的烟煤其导温系数可用下列经验公式计算：

温度在（20～400）℃之间

$$a = 4.4 \times 10^{-4}[1 + 0.0003(t - 20)], \mathrm{m^2/h}$$

温度在（400～1000）℃之间

$$a = 5.0 \times 10^{-4}[1 + 0.0033(t - 400)], \mathrm{m^2/h}$$

实验表明，腐殖煤中泥炭的热导率最低，烟煤的热导率显著比泥炭高，而无烟煤具有更高的热导率。各种煤的导温系数也有与此大繁相似的变化规律。这些变化规律反映了煤质内部结构变化的特点，煤在变质过程中有机质结构渐趋紧密化与规则化，因而其导热性指标渐趋增大，并越来越接近于石墨。

四、煤的光学性质

煤的光学性质主要包括煤的反射率、折射率、透光率、X 射线衍射图谱、红外光谱、紫外光谱和荧光性等。煤的光学性质可提供煤化度、各向异性及芳香层大小排列等煤结构的重要信息。煤在光学上的各向异性反映了煤结构内部微粒的形状和定向、聚集状况等煤的光学性质也可作为煤分类的重要指标。本节重点介绍煤的反射率、折射率、透光率和荧光性。

1. 煤的反射率

煤岩显微组分反射率的定义及测定方法已在本书相关章节中叙述。煤的反射率是煤的重要光学性质，煤的镜质组反射率是表征煤化度的重要指标，也反映了煤的内部由芳香稠环化合物组成的核的缩聚程度。煤的反射率是煤炭分类的重要指标，在炼焦生产中它可用来评价煤质，指导配煤和预测焦炭强度等。从煤的反射率还可以计算煤的折射率和吸收率等。

我国煤在油浸镜下的最大平均反射率与干燥无灰基挥发分 V_{daf} 和碳含量 C_{daf} 的关系为：随煤化度的提高反射率增加。当 $C_{daf} > 90\%$ 时，反射率剧增。这是由于煤化度已接近无烟煤阶段，在结构上煤内部分子聚集特性发生急剧变化，分子排列更趋序理化（趋向石墨结构）、紧密化、稠环芳核层片变大，因而表现出煤的反射率有较高的变化速率。我国烟煤中镜质组的反射率与其他通常采用的煤分类指标如 V_{daf}、C_{daf}、发热量等有很好的相关性。反射率参数作为判断煤化度是较好的指标，国际上普遍以反射率作为煤分类中煤化度的指标。

表 3－11　我国不同煤种的$\overline{R}_{max}$　　%

煤　种	变质阶段	$\overline{R}_{max}$	煤　种	变质阶段	$\overline{R}_{max}$
褐煤	0	0.40～0.50	瘦焦煤	Ⅵ	1.50～1.69
长焰煤	Ⅰ	0.50～0.65	瘦煤	Ⅶ	1.69～1.90
气煤	Ⅱ	0.65～0.80	贫煤	Ⅷ	1.90～2.50
气肥煤	Ⅲ	0.80～0.90	无烟煤	Ⅸ	2.50～4.00
肥煤	Ⅳ	0.90～1.20		Ⅹ	4.00～6.00
焦煤	Ⅴ	1.20～1.50		Ⅺ	>6.00

2. 煤的折射率

折射率是最基本的光学测定值，通过折射率的加和性可以求出分子折射，它是煤结构解析研究中的重要性质之一。折射率的定义是光线通过某物质界面时，在界面发生折射后进入该物质内部，其入射角和折射角正弦之比值（百分数）。煤的折射率不能直接测定，但折射率同垂直入射光的反射率之间存在下列关系式（比尔公式）：

$$R=\frac{(n-n_0)^2+n^2K^2}{(n+n_0)^2+n^2K^2} \tag{3-15}$$

式中：R——煤的反射率，%；

n_0——标准介质的折射率；雪松油的 $n_0=1.514\%$；

n——煤的折射率，%；

K——煤对光线的吸收率，%。

根据煤在空气和雪松油两种介质中所测出的入射光的反射率，可以用上述两方程联立求解出煤的折射率和吸收率。

煤的镜质组折射率与煤化度的关系为：折射率随煤化度的提高而增加，当碳含量高于85%时增加的幅度较大。

克雷诺娃在研究了煤的光学性质后指出：褐煤在光学上是各自同性的，随着煤化度的增加由烟煤向无烟煤阶段过渡，煤的各向异性越趋明显，并认为反射率的这种变化规律与折射率的变化一样，都是由煤质内部结构决定的。即随煤化度的提高，其分子结构中芳香核层状结构不断增大，排列趋向规则化，在平行或垂直于芳香层片的两个方向上光学性质出现了异常现象。

3. 煤的透光率

煤的透光率 P_M 是指煤样与混合酸（硝酸：磷酸：水＝1：1：9）中的稀硝酸，在100℃的温度下加热90min后产生的有色溶液，对一定波长（475nm）的光透过的百分率。实际操作中是根据溶液颜色的深浅，以不同浓度的重铬酸钾硫酸溶液作为标准溶液，用目视比色法来测定煤样的透光率。

煤的透光率 P_M 在中国煤炭分类（GB 5751）中是区分褐煤与长焰煤的重要指标。研究表明：煤的透光率与煤化度关系密切，褐煤与稀硝酸反应后产生红棕色的溶液、其透光率低，P_M 小于50%，低煤化度褐煤的 P_M 多数小于30%，高煤化度褐煤 P_M 为30%～50%；长焰煤与稀硝酸反应后产生浅黄色至黄色溶液，P_M 大于50%；气煤的 P_M 大于90%；肥煤至贫煤及无烟煤与稀硝酸反应均生成无色溶液，透光率为 100% 。

4. 煤的荧光性

泥炭、褐煤和烟煤的稳定组以及某些镜质组，经紫外光或蓝光的照射、激发后，能呈现不同颜色的荧光。荧光的颜色和强度因显微组分、煤化度和还原程度的不同而异。稳定组是煤中荧光特性最显著的组分。泥炭和褐煤的稳定组其荧光色总体上呈带绿的浅黄色，低煤化度烟煤的荧光色呈黄色，随煤化度提高变为黄橙色，到中等煤化度时稳定组变为红橙色。某些烟煤的镜质组也有荧光色，随煤化度的提高，荧光色由棕褐、棕黄、深褐到黑褐色。少数烟煤的丝质组也有荧光色，一般为黑褐或黑棕色。

煤的荧光性除了用荧光色定性描述外，通常可用如下几个荧光参数来定量表示：①在 546nm 处的荧光强度；②相对荧光强度的光谱分布（荧光光谱）；③最大荧光强度波长 λ_{max}；④红光（650nm）和绿光（500nm）强度的商 Q 值；⑤λ_{max} 和绿光荧光强度的商 Q_{ma}；⑥在 546nm 荧光强度的变化过程（荧光强度变异）。

过去，地质部门对煤的荧光性研究较多，目的在于对显微组分的识别和对煤成因的研究。20 世纪 80 年代以来，由于发现煤的荧光性与煤的粘结性、煤化度和还原程度关系密切，也与石油、天然气的勘探密切相关，因而在世界范围内形成了“荧光热”，许多煤化工部门与学者都开展了煤的荧光性的研究与应用。

煤的荧光性对煤化度的变化极为敏感，可作为监视煤化度变化的参数。特别是在低煤化度阶段，合适的荧光参数可作为由 $\overline{R}^0_{max}$ 所表征的煤化度的修正与补充。

煤中镜质组的荧光性与粘结性关系密切，荧光性强的镜质组往往粘结性特别强。因而，某些粘结性异常的烟煤可从荧光性的变化找出原因。

煤化过程中沥青化作用的强弱与成煤环境关系密切，沉积环境的还原性强，沥青化作用强烈，所形成的镜质组越有可能吸附较多的沥青而显示荧光性。因此，有可能以煤中显微组分的荧光强度等荧光参数作为煤的还原程度的指标。

近年来，在煤的荧光性的研究方面已取得很大进展，今后煤的荧光参数在煤化度、粘结性和还原性等煤质鉴定和煤分类等应用领域将得到越来越多的应用。

五、煤的电性质与磁性质

煤的电性质主要包括煤的导电性与介电常数。研究煤的电性质在理论上可提供煤的半导体性质、煤中芳香结构大小和各向异性等信息，为煤结构的研究服务。实际应用上，煤的导电性可应用于煤的电力炼焦和电力气化等新工艺的开发。煤、焦的半导体性质及应用也是个新方向。煤的介电性可用于地球物理勘探方面，利用卫星勘察煤由与矿藏。

煤的磁性质主要有抗磁性和顺磁性，核磁共振和顺磁共振等。由核磁共振可了解煤中碳、氢原子的分布、芳香度和缩合芳环等信息，由顺磁共振（电子自旋共振 ESR）可了解煤及其衍生物中自由基的浓度，这些信息对阐明煤的结构都有重要的意义。本节主要介绍煤的抗磁性磁化率。

1. 煤的导电性

煤的导电性是指煤在电场中导电的难易程度。物质的导电性常用电阻 R，Ω；电阻率 ρ，Ω·cm，或导电率 σ，$\Omega^{-1}\cdot cm^{-1}$ 表示。电阻率 ρ 是一个仅与导体材料、大小与形状有关的物理量，它在数值上等于把该材料做成长 1cm、截面积 $1cm^2$ 的直柱体时，使电流沿它的轴线方向通过时的电阻。

电阻率的倒数就是导电率 σ，即 $\sigma=\frac{1}{\rho}$，根据 σ 的大小物质区分为导体、半导体和绝缘体（也称电介质）。对干燥的煤样来说，煤的导电率随煤化度的提高而增加，当 $C_{daf}>87\%$ 后煤的导电率急剧增加。其原因是 $C_{daf}>87\%$ 后煤内部芳香层片迅速增大，分子内的 π 轨道彼此相连，使自由电子的活动范围扩大，并有可能在一定范围内转移，从而使导电率大幅度增大。特别到无烟煤阶段，自由电子导电，σ 迅速增大，而电阻率迅速减小。在无烟煤阶段 ρ 的变化范围非常宽广。无烟煤的电阻率具有各向异性，平行于芳香层面方向的 ρ，显著低于垂直方向的 ρ。对 $C_{daf}<84\%$ 煤化度较低的煤、特别是褐煤与长焰煤，由于煤中的水分含量高，孔隙率较大，并且其中存在能部分溶于水的羧基与酚羟基等酸性含氧官能团，使煤的离子导电性增大，因而低煤化度煤的导电率较高，并在一定范围内随水分含量的减小而下降。

煤的电阻率 ρ 的数值在很大程度上取决于测定条件：煤的纯度、粉碎程度以及加在试样上的压力和测定温度等。一般煤申电阻率在半导体的电阻率范围内［半导体的为（10^{-1} ~ 10^{10}）$\Omega\cdot cm$］。例如：莫斯科近郊褐煤在室温下的 ρ 为 $4\times10^{-4}\Omega\cdot cm$，美国某煤田的各种粘结性烟煤的 ρ 为（6×10^{7} ~ 15×10^{7}）$\Omega\cdot cm$。此外，烟煤在常温下电阻率很大，但随着干馏温度的提高，尤其在半焦阶段以上，其电阻率显著降低。所以，电阻率可作为焦炭质量的一个指标。

2. 煤的介电常数

物质介于两板间的蓄电量与两板间为真空时的蓄电量之比称为该物质的介电常数 ε，ε 又称为介电容量或电容率。煤的介电常数测定方法：将煤（块煤或分散在有机液体或石蜡中的粉状煤）插入一电容器中作为介质，用高频或低频几种技术来测定电容量的变化。绝缘体的介电常数 ε 与折射率 n^2 之间的关系式（马克斯威尔公式）：$\varepsilon=n^2$。该式表明物质的电学性质与光学性质的关系，由于介电常数受水分影响极大，因此必须采用十分干燥的煤样。曾在室温下用 106Hz/s 的频率测定了不同棒化度煤的介电常数 ε，ε 和煤的折射率 n^2 与煤化度的关系为：开始时，介电常数随煤化度的增加而减少，在 $C_{daf}=87\%$ 处干煤的 ε 出现极小值，此时 ε 与 n^2 的数值大致相等；随后 ε 值急剧增大。$C_{daf}<87\%$ 时，介电常数的减少是由于煤结构单元逐渐丧失其极性官能团所致。官能团的分析表明，当 $C_{daf}<87\%$ 时随煤化度的增加，极性基 OH、COOH 等减少了。当 $C_{daf}>87\%$ 时尽管极性基在继续减少，但介电常数却急剧增加，这是由于高煤化度煤导电率增大的缘故，这种变化规律与煤结构的变化规律一致。从 ε 与 n^2 的关系看，只有 $C_{daf}\approx87\%$ 的中等变质程度烟煤接近于非极性的绝缘体，因而 $\varepsilon\approx n^2$。其他煤化度煤均为 $\varepsilon>n^2$。

由于煤的水分对其介电常数有很大的影响，因此可利用测定 ε 值来监测煤在运输和加工过程中水分含量的变化值。

3. 煤的磁性质

将物质放入磁场将出现两种情况，与磁场相吸或相斥，相吸叫顺磁性，相斥叫抗磁性。具顺磁性的物质叫顺磁质，具抗磁性的物质叫抗磁质。顺磁性特大的物质具强磁性，称为铁磁性物质。可以认为煤中的有机质基本上是抗磁性的，但也表现出少量的顺磁性，这可能是由于煤中不成对电子或自由基的作用。煤中某些共生的矿物质可能是铁磁性物质，因此测定煤的磁性质前应尽量除去煤中的矿物质和以强磁场饱和的方法来消除煤中杂质的影响。并用提高温度场的方法来避免煤中顺磁性的影响。

物质在外磁场作用下能产生磁效应。对于非铁磁性物质来说，其磁化强度 I（在外磁场作用下的附加磁场强度）与外磁场强度 H 成正比，即 $I = KH$，K 称为磁化率。对顺磁性物质来说，磁化强度 I 和外磁场强度 H 方向相同，$K > 0$。对抗磁性物质，I 和 H 方向相反，$K < 0$。

化学上常用比磁化率 X 和摩尔磁化率 X_M 来表示物质磁性的大小。比磁化率是在 1Gs 磁场下 1g 物质所呈现的磁化率（或称单位质量抗磁性磁化率）。抗磁性磁化率与分子结构关系密切，抗磁性化合物的摩尔磁化率具有加和性质。

煤的抗磁性磁化率可用古埃（Gouy）磁力天平测定，磁场所施加的力由显微镜测量在磁场中的偏转，或是在有或无磁场的情况下测定摆动周期。研究表明，大部分煤均具有抗磁性，并且无烟煤在磁性上显示各向异性。利用比磁化率和统计结构解析方法，可以计算煤的结构参数。

六、煤的固态胶体性质

在泥炭化阶段，煤的镜质组是一种凝胶体，因此煤在生成的最初阶段就具有胶体性质。经成岩与变质作用后所生成的烟煤仍有胶体性质，如烟煤对某些液体及蒸气有很高的吸附能力，在蒽油、吡啶等有机溶剂中能膨胀和形成胶体溶液，显示出胶体的物理性质和光学性质。因此，可将烟煤看作是一种特殊和复杂的胶体系统，是正在失去或已经失去分散介质（水）的有机凝胶系统，在由泥炭→褐煤→烟煤的凝胶发展的各阶段中失去分散介质后形成了胶粒间的毛细管空间。因此，可把烟煤看作为固态的胶体物质和玻璃体（过冷液体）。本节从胶体化学的角度研究与此有关的煤的润湿性、内表面积和孔隙率等。煤的固态胶体性质反映了煤的主要表面性质。

1. 煤的润湿性

煤的润湿性是煤吸附液体的一种能力。煤与液体接触时，若固体煤的分子对液体分子的作用力大于液体分子之间的作用力，则固体煤可以被润湿，煤的表面粘附该液体。相反，若液体分子之间作用力大于固体煤分子对液体分子作用力，则固体煤不能被润湿。对于同种固体，不同液体的润湿性不同；对于不同的固体，同种液体的润湿性也不同。煤的润湿性可应用于选煤，因为煤易被油类润湿而不易被水润湿，但矸石则相反。故在粉煤浮选时加入矿物油用空气鼓泡，精煤被油膜包围而上浮，而矸石被水包围而下沉，从而达到分选目的。

通常，可利用液体表面张力 σ 和固体表面所成的接触角 θ 的大小，来判定该液体对固体的润湿程度。若液滴能润湿固体，接触角为锐角；若液滴不能润湿固体，接触角为钝角。

通过测定接触角可确定对煤的润湿性程度。粉煤无法直接测定其接触角，可将粉煤加压成型块再进行测定。粉末法测定煤润湿性的方法是：将粉煤（<200 目）装填在测定器内，于 15MPa 下加压成型，制得的型块可作为毛细管集束体，再用水或苯润湿之。从加入润湿剂的对侧、向测定器内通入氮气以阻止润湿过程的进行，当润湿恰好终止时（即型块刚好能全部润湿时），立即精确测定氮气的压强 p，所测 p 与润湿接触角 θ 之间存

在下列关系：

$$\cos\theta = \frac{pgr}{2\sigma} \tag{3-16}$$

式中：r——毛细管半径，m；

σ——液体的表面张力，N/m；

g——重力加速度，m/s^2；

p——氮气的压力，Pa。

由式（3-16）求出的接触角 θ 越大，煤就越难被润湿；θ 越小，则煤越易被润湿。接触角的测定法除粉末法外，还有倾板法、液滴法和气泡粘结法等。

日本太刀川等人用氮-水或氮-苯系作为测定介质，对各种煤化度的煤采用粉末法测定了其 $\cos\theta$。结果表明，对于氮-水系，随着煤化度的增高，$\cos\theta$ 呈现减少（即接触角 θ 增大）趋势，表明煤化度变高后煤就难于被水润湿。在水-苯系统中，情况刚好相反。

2. 煤的润湿热

煤的润湿热是指煤被液体润湿时放出的热量，单位为 J/g，通常用量热计直接测定。煤的润湿热是液体与煤表面相互作用，主要由范德华力或极性分子的作用所引起，大小与液体种类和煤的表面积有关。因此，煤的润湿热值可用于测定煤中孔隙的总表面积。

由于甲醇对煤的润湿能力强，用它做润湿剂时能在几分钟之内释放出大部分润湿热。甲醇润湿热与煤化度大致呈抛物线关系，低煤化度煤的润湿热很高，但随着煤化度增加而急剧下降，C_{daf}接近于 90% 时煤的润湿热达到最低点，然后又逐渐回升。

煤在润湿过程中还有其他原因可以引起热量的变化，例如：低煤化度煤含氧量高，可能与甲醇发生强极化作用，或结合成氢键而释放热量；煤中某些矿物质组分与甲醇作用也能放热或吸热；煤中的粘土矿物能与甲醇反应，由水凝胶变为醇凝胶而放热；煤中常有硫化物和碳酸钙，可以与甲醇起吸热反应；煤中含有的树脂因溶于甲醇及煤的体积膨胀等而起吸热反应。根据润湿热的测定值可以粗略确定煤的内表面积，煤的润湿热约为 $0.42J/m^2$（$0.1cal/m^2$），由此得到煤的内表面积是（10～200）m^2/g。

3. 煤的内表面积

煤的内表面积是指煤内部孔隙结构的全部表面积（孔壁面积），一般以比表面积（m^2/g）表示，是煤的重要物理性质之一。

在煤的生成过程中，煤的内部形成了极微细的毛细管及孔隙，它们构成的内表面积比外表面积大得多。这种毛细管及孔隙的数量极大，分布又深又广，具有极为复杂发达的内部结构，这是煤能吸附各种气体的液体的原因。煤内表面积的大小不仅对了解煤的生成过程及煤的微观结构和化学反应性是最重要的，而且与煤的高真空热分解、溶剂抽提、气相氧化等性质有密切关系。

煤比表面积的测定方法有多种，如润湿性、BET 法、气相色谱法和微孔体积法等。BET 是三位美国科学家的姓名缩写，是经典方法。其原理是假定煤表面的吸附为单分子层分布，在一定条件下测得被煤吸附的气体量和已知气体分子的截面积，由此算出煤的表面积。该法可用不同的气体（如 N_2，Kr，Xe，CO_2 等）和不同温度（深冷或常温），但所测得的结果有很大差别。目前，各种方法测得的煤的比表面积数值差别较大，且缺乏可比性。

4. 煤的孔隙率和孔径分布

（1）煤的孔隙率

作为固态胶体的煤其内部存在许多的毛细管和孔隙，其总体积占煤的整个体积的百分数叫煤的孔隙率或气孔率，也可用单位质量的煤所包含的孔隙体积（cm^2/g）表示。

煤开孔体积的主要部分在微孔中，孔体积和孔大小的分布决定着开采时甲烷从煤的内孔结构扩散出来的难易程度。煤的孔隙率也可预测其能否制成适于特殊用途的炭，孔隙率的测定通常可用置换法或真、视密度加以计算。置换法原理是：考虑到氦能充满煤的全部孔隙，而水银则完全不能进入空隙，以它们作为置换物求出密度，按式（3－17）可计算出煤的孔隙率。

$$\rho_{孔} = \frac{D_{He} - D_{Hg}}{D_{He}} \times 100\% \qquad (3-17)$$

式中：D_{He}——用氦作为置换物测得的煤的密度；

D_{Hg}——用汞作为置换物测得的煤的密度。

煤炭和焦炭的孔隙率对其反应性及实际应用有重大的影响。一般泥炭、褐煤的孔隙率很大，而中等煤化度煤的孔隙率为4%～5%，无烟煤块为2%～4%。一般煤球的孔隙率为14%～27%，冶金焦炭约为45%～55%，型焦孔隙率为20%～30%，木炭为70%。

（2）煤的孔径分布

煤中孔径的大小是不均一的，可分为三类：微孔，直径小于1.2mm；过渡孔，直径为(1.2～30)nm；大孔，直径大于30nm。孔径分布可用压汞法或液氮等温度吸附法等测定。压汞法可测定10～1000nm之间的孔径分布，因为煤可以压缩，当水银压力高时要加以校正。液氮等温吸附法只能测定过渡孔的孔体积，再换算为孔径。直径小于1.2nm的微孔不能直接测定，是用差减法间接求出。

不同煤化度煤的孔径分布有一定的规律。C_{daf}小于75%的褐煤大孔占优势，过渡孔基本没有；C_{daf}为75%～82%的煤，过渡孔特别发达，孔隙总体积主要由过渡孔和微孔所决定；C_{daf}为88%～91%的煤微孔占优势，其体积占总体积的70%以上，过渡孔一般很少。可见，随煤化度的提高，煤的孔径渐小，且孔体积中微孔所占的比例渐大，反映了煤的物理结构渐趋紧密化。

近年，在煤复杂的内孔结构中发现了分子筛的结构，其孔穴直径为（2～4)nm，孔穴之间以（0.5～0.8)nm的微孔连通。一般原煤的分子筛性质不明显，经加工、活化后可制成炭分子筛，能分离空气和从焦炉煤气中制氢，并已用于工业生产。

第三节　煤的化学性质

一、煤中的官能团

煤结构单元的外围部分除烷基侧链外，还有官能团，主要是含氧官能团和少量含氮、含硫官能团。由于煤的氧含量及氧的存在形式对煤的性质影响很大，对低煤化度煤尤为重要，因此进行官能团分析时，通常把重点放在含氧官能团上。

（一）含氧官能团

1. 主要含氧官能团的测定方法

（1）羟基（—OH）

煤有机质中羟基含量较多，且绝大多数煤只含酚羟基而醇羟基很少。它们存在于泥炭、褐煤和烟煤中，是烟煤的主要含氧官能团。常用的化学测定方法是将煤样与 $Ba(OH)_2$ 溶液反应，后者可与羧基和酚羟基反应，从而测得总酸性基团含量，再减去羧基含量即得酚羟基含量。反应示意式如下：

$$HOOC—R—OH + Ba(OH)_2 \xrightarrow{1\sim2d} (HOOC—R—OH)Ba\downarrow + H_2O$$

而醇羟基含量可采用乙酸酐乙酰化法测得总羟基含量，用差减法求得。含量以 mmol/g 表示（其他官能团表示法与此相同）。

（2）羧基（—COOH）

在泥炭、褐煤和风化煤中含有羧基，在烟煤中已几乎不存在。当含碳量大于 78% 时，羧基已不存在。羧基呈酸性，且比乙酸强。常用的测定方法是与乙酸钙反应，然后以标准碱溶液滴定生成的乙酸，反应式如下：

$$2RCOOH + Ca(CH_3COO)_2 \xrightarrow{1\sim2d} (RCOO)_2Ca + 2CH_3COOH$$

（3）羰基（—CO—）

羰基无酸性，在煤中含量虽少，但分布很广。从泥炭到无烟煤都含有羰基，但在煤化度较高的煤中，羰基大部分以醌基形式存在。羰基比较简便的测定方法是使煤样与苯肼溶液反应，反应如下：

$$R=C=O + H_2N=NH—Ph \xrightarrow{\text{吡啶},115℃/24h} R=C=N—NH—Ph\downarrow + 2H_2O$$

过量的苯肼溶液可用斐林溶液氧化，测定 N_2 的体积即可求出与羰基反应的苯肼量。也可测定煤在反应前后的氮含量，根据氮含量的增加计算出羰基含量，其反应式：

$$\underset{\text{过量的}}{H_2N=NH—Ph} + O \rightarrow H—Ph + H_2O$$

醌基有氧化性，还没有标准测定方法，也难以测准。一般用 $SnCl_2$ 作还原剂进行测定。

（4）甲氧基（$—OCH_3$）

它仅存在于泥炭和软褐煤中，随煤化度增高甲氧基的消失比羧基还快。它能和 HI 反应生成 CH_3I，再用碘量法测定。

$$ROCH_3 + HI \rightarrow ROH + CH_3I\text{(碘甲烷)}$$
$$CH_3I + 3Br_2 + H_2O \rightarrow HIO_3 + 5HBr + CH_3Br$$
$$HIO_3 + 5HI \rightarrow 3I_2 + 3H_2O$$

（5）非活性氧（—O—）

煤有机质中的氧相当一部分是以非活性氧状态（即不易起化学反应和不易热分解的那部分氧）存在。严格讲这一部分氧不属于官能团，它以醚键的形式存在。其测定方法未最终解决，可用 HI 水解，反应如下：

$$R—O—R' + HI \xrightarrow{130℃,8h} ROH + R'I$$

$$R'I + NaOH \rightarrow R'OH + NaI$$

然后，测定煤中增加的 OH 基或测定与煤结合的碘。这种方法不够精确，不能保证测出全部醚键。

2. 煤中含氧官能团随煤化度的变化

煤中含氧官能团的分布随煤化度的变化规律（L. 布洛姆（Blom）和 M. 依纳托维茨（Ihnatowkz）测定）为：煤中含氧官能团随煤化度增加而急剧降低，其中以羟基降低最多，其次是羰基和羧基。在煤化过程中，甲氧基首先消失，接着是羧基，它在典型烟煤中已不再存在。而羟基和羰基仅在数量上减少，即使在无烟煤中也还存在。非活性氧（醚键和杂环氧）所占的比例对中等变质程度煤而言较多，碳含量达 92% 时，所有的氧都以非活性氧存在。

（二）煤中的含硫和含氮官能团

硫的性质与氧相似，所以煤中的含硫官能团种类与含氧官能团种类差不多，包括硫醇（R—SH）、硫醚（R—S—R'）、二硫醚（R—S—S—R'）、硫醌（S ═Ph ═S）及杂环硫等。由于硫含量比氧含量低，分析测定也比较困难，故煤中有机硫的分布尚未完全弄清。表 3 – 12列出了几种美国煤有机硫的形态分布。

表 3 – 12 几种美国煤有机硫的形态分布

煤 种	有机 S/%	煤含硫结构/(kmol · g^{-1} · 10^{-5})				
		脂肪 SH	芳香 SH	脂肪硫醚	芳香硫醚	噻吩
伊利诺斯 6 号	3.20	7.00	15.00	18.00	2.00	58.00
肯塔基查号	1.90	6.14	0.36	1.39	6.25	45.24
匹兹堡 8 号	1.85	5.66	1.95	3.49	1.39	45.32
西肯塔基	1.53	6.53	5.94	6.28	3.38	25.68
得克萨斯褐煤	0.80	1.63	5.25	4.25	6.00	7.88

煤中有机硫的主要存在形式是噻吩，其次是硫醚键和巯基（SH）。煤中含氮量约为 1% ~2%，大约 50% ~75% 的氮以吡啶环或喹啉环形式存在，此外还有胺基、亚胺基、腈基和五圆杂环等。由于含氮绡构非常稳定，因此定量测定十分困难。

二、煤的高真空热分解

在高真空下使煤进行热分解，也称为煤的分子蒸馏。中国科学院山西煤炭化学研究所曾对其进行了研究，并设计和制造了不锈钢制的分子蒸馏装置，用来研究煤的结构和粘结性。

分子蒸馏的原理是，在高真空中从一薄层的高分子有机物质，将它的分子蒸馏出来，并冷凝在冷凝器上的一种过程。物质的蒸馏面与冷凝面之间的距离应当小于它的分子平均自由路径（一个分子在碰撞另一个分子之前所经历的平均距离）。在 133Pa 真空时，分子的平均自由路径约为 5cm，这代表一般分子蒸馏设备的蒸馏面与冷凝面之间的标准距离。设计距离应小于此标准距离，一般为（3～5）cm。这样一来，从蒸馏面离开的分子，在冷凝前（平均而言）不与其他分子碰撞，也不与比蒸馏面温度更高的面相遇。所以分子蒸馏技术是控制大分子有机物热分解的好方法，适于研究复杂的有机物。

因为在高真空中使一薄层煤热分解时，煤中含有的或者由于热分解生成的小分子物质能迅速蒸馏并附着在冷却面上，其初级热解产物能迅速从加热面析出，在不再或很少进一步热分解或热缩聚的状态下将其冷凝取出。由此可知，对于煤的初次热解产物数量和性质的研究，高真空热分解是一种有效的方法。

中国科学院煤化所曾对三种有代表性的煤进行了高真空热分解研究。A 煤（V_{daf} = 33.6%）是粘结性最好的煤，而 B 煤（V_{daf} = 16.3%）及 C 煤（V_{daf} = 36.1%）则粘结性较差。试验所得冷凝蒸馏物是黄色树脂状固体，在空气中很快就变成深棕色。用苯—醇(1∶1)的混合液将其洗下，蒸去混合液，得到干的馏出物。再溶于 10 倍其体积的戊烷中，将其分为溶于戊烷及不溶于戊烷的二部分。前者是一种无定形的棕色粉末，后者是一种软的树脂状物。

A 煤馏出物中不溶于戊烷部分的质量平均为煤样重的 7.17%，B 煤的为 2.40%，而 C 煤的为 0.42%。研究表明，最好的粘结性煤经过高真空热分解，将其热分解产物除去后，粘结性消失。根据研究结果得知：强粘结性煤的高真空馏出物中，不溶于戊烷部分占煤样重的百分率比弱粘结性煤的大得多。

藤田等人对日本煤进行了高真空热分解的研究，结果表明：对于含碳 73% 的低煤化度煤，馏出物的收率约为 3%，随着煤化度的加深，对于含碳 86% 的煤（相当于肥煤）馏出物的收率增加到最大值为 16%。此后，馏出物的收率随着煤化度的增加而急剧减少，对于含碳 93% 的煤，几乎为零。另一方面，煤气的收率对于含碳 73% 的煤约为 23%，但随煤化度的加深而开始逐渐减少。对于含碳 87% 的煤，煤气收率约为 13%，对于含碳 93% 的煤，几乎为零。馏出物的平均相对分子质量大致随煤化度的加深而增加，其值约为 330～390。

三、煤的溶剂抽提

溶剂抽提是研究煤的最早方法之一，早在 20 世纪初费歇尔（Fischer）、彭恩（Bonn）和惠勒（Wheeler）等相继采用溶剂抽提法，试图从炼焦煤中分离出结焦要素（Coking Principle）。随后，大量的研究工作转向通过研究溶剂抽提物来阐明煤的结构。另外，溶剂抽提还与煤的液化和脱灰有关，这方面的研究至今仍受到重视。

1. 煤溶剂抽题法的分类

根据溶剂种类、抽提温度和压力等条件的不同，煤的溶剂抽提可分为以下五类：

（1）普通抽提。抽提温度在 100℃以下，用普通的低沸点有机溶剂，如苯、氯仿和乙醇等抽提。该抽提的抽出物很少，烟煤的抽提物产率通常小于 1%～2%，抽出物是由树脂和树蜡所组成的低分子有机物，不是煤的代表性结构成分。

（2）特定抽提。抽提温度为 200℃以下，采用具有电子给予体性质的亲核性溶剂，如吡啶类、酚类和胺类等的抽提。抽提物产率可达 20%～40%，甚至超过 50%。由于抽出物数量多，抽提中基本无化学变化，所得抽出物与煤有机质的基本结构单元类似，故对煤的结构研究特别重要。

（3）热解抽提。抽提温度在300℃以上，以多环芳烃为溶剂，如菲、蒽、喹啉和焦油馏分等的抽提。因抽提中伴有热解反应，故称热解抽提。抽提产率一般在60%以上，少数煤甚至高达90%。由此开发得到溶剂分解液化法。

（4）超临界抽提。以甲苯、二甲苯、异丙醇或水为溶剂在超过溶剂临界点的条件下抽提煤，抽提温度400℃左右、抽提率可达30%以上，它已发展成为一种煤液化工艺。

（5）加氢抽提。抽提温度在300℃以上，采用供氢溶剂，如四氢萘、9,10－二氢菲等，或采用非供氢溶剂但在氢气存在下进行抽提。抽提中伴有热解和加氢反应，是典型的煤液化方法，因此抽提率很高。

2. 煤的抽提率与溶剂性质的关系

（1）溶解机理

根据化学热力学，要使溶质溶解于溶剂必须要混合自由能 $\Delta F<0$。因 $\Delta F=\Delta H-T\Delta S$，所以要求 $\Delta H-T\Delta S<0$，即 $\Delta H<T\Delta S$。溶解过程引起分子排列更加混乱，故 $\Delta S>0$，因而溶解热 $\Delta H>0$。为使 $\Delta F\leqslant 0$，ΔH 应尽可能地小。

$$\Delta H=\frac{N_1\overline{V}_1\cdot N_2\overline{V}_2}{N_1\overline{V}_1+N_2\overline{V}_2}\left(\sqrt{\frac{\Delta E_1}{\overline{V}_1}}-\sqrt{\frac{\Delta E_2}{\overline{V}_2}}\right)\qquad(3-18)$$

式中：N_1——溶剂的摩尔分数；

$\overline{V}_1$——溶剂的摩尔体积，cm^3；

N_2——溶质的摩尔分数；

$\overline{V}_2$——溶质的摩尔体积，cm^3；

ΔE_1 和 ΔE_2——分别为溶剂和溶质的内聚能，J。

$$\delta_1=\sqrt{\frac{\Delta E_1}{\overline{V}_1}}\qquad(3-19)$$

$$\delta_2=\sqrt{\frac{\Delta E_2}{\overline{V}_2}}\qquad(3-20)$$

式中：δ_1 和 δ_2——分别为溶剂和溶质的内聚能密度，又称溶解度参数，$(J/cm^3)^{1/2}$。

从式（3－19）、式（3－20）可知，为使 ΔH 尽可能小，δ_1 和 δ_2 应尽量接近。

（2）煤和溶剂的溶解度参数

煤的溶解度参数 δ_c 与煤化度有关。煤中 $C_{daf}=70\%$ 时，约为63 $(J/cm^3)^{1/2}$，随着煤化度增加，δ_c 逐渐降低；至煤中 C_{daf} 接近90%时，δ_c 达到最低点，约为46 $(J/cm^3)^{1/2}$；当 $C_{daf}>90\%$ 时，δ_c 又略有回升。但已超出煤实际可能溶解的范围。

一般地，当煤和溶剂的 δ 接近时抽提率就高，即溶解度好的溶剂的 $\left(\frac{\delta_{煤}}{\delta_{溶剂}}\right)^2$ 必须小于或等于1，反之则低。这说明上述溶解机理是正确的。低煤化度煤的 δ_c 在54 $(J/cm^3)^{1/2}$ 左右，与乙醇胺和乙二胺等胺类溶剂的 δ 接近，故胺类溶剂对低煤化度煤的抽提率特别高。吡啶的 δ 为44.7 $(J/cm^3)^{1/2}$，与中等煤化度煤的 δ_c 最接近，所以吡啶抽提率在这里出现最大值。苯和氯仿的 δ 远低于煤，所以抽提率很低。

由此可见，利用溶解度参数数据可以解释溶剂对煤的作用。不过，实际的溶解过程非常复杂，溶解度参数并不是唯一的因素。

(3) 溶剂的供电子性和受电子性

马泽克（Marzec）等研究了高挥发分烟煤于室温下，在不同溶剂中的溶解度和溶剂供电子性与受电子性之间的关系，结果列于表3－13。

表3－13 高挥发分烟煤的抽提率和溶剂供电子与受电子性的关系

溶 剂	抽提率 $W_1/1$(daf煤)/%	DN①	AN①	DN－AN
正己烷	0.0	0	0	0
水	0.0	33.0	54.8	－21.8
硝基甲烷	0.0	2.7	20.5	－17.8
异丙醇	0.0	20.0	33.5	－13.5
醋 酸	0.9	－	52.9	－
甲 醇	0.1	19.0	41.3	－22.3
苯	0.1	0.1	8.2	－8.1
乙 醇	0.2	20.5	37.1	－16.6
氯 仿	0.35	－	23.1	－
丙 酮	1，7	17.0	12.5	＋4.5
四氢呋喃	8.0	20.0	8.0	＋12.0
乙 醚	11.4	19.2	3.9	＋15.3
吡 啶	12.5	33.1	14.2	＋18.9
二甲基甲胺	15.2	26.6	16.0	＋10.6
乙二胺	22.4	55.0	20.9	＋34.1
甲基吡咯烷酮	35.0	27.3	13.3	＋14.0

注：① DN和AN分别为表征溶剂供电子和受电子能力的指标。

由表3－13可见，抽提率大致随溶剂的（DN－AN）值增加而增加；而且胺类溶剂性能最佳。

(4) 相似相溶规律

物质的溶解存在“相似者相溶”的经验规则，即结构相似，相对分子质量相似的相溶。根据此规则，非极性溶质易溶于非极性溶剂中，而极性溶质易溶于极性溶剂中。但是，非极性溶质在某些极性溶剂中的溶解度也常比在非极性溶剂中的大。这可解释为，虽然在极性溶剂中破坏溶剂—溶剂间相互作用所需的能量可能相当大，但是，非极性溶质和极性溶剂相互作用所得到的能量更大，抵消了破坏溶剂－溶剂间相互作用所需的能量损失，而导致有较高的溶解度。因为煤具有芳香性，所以芳香烃尤其是杂环烃和酚类对煤的抽提率高，非芳香烃的抽提率低。

总之，溶剂对煤的作用，随溶剂、煤种和抽提条件的不同而异。普通抽提和特定抽提中一般无化学反应发生，热解抽提、超临界抽提和加氢抽提则伴随有化学反应。另外，煤在苯酚中有催化剂存在时可发生解聚反应，煤在氢氧化钠水溶液或醇溶液中可发生水解反应等。

3. 烟煤的溶剂抽提

F. 费歇尔（Fischer）抽提法：在1924—1925年，费歇尔用苯和石油醚对德国煤进行了抽提，其程序大致如下：

$$\text{煤}\xrightarrow[285℃,\ 5.57\text{MPa}]{\text{苯}}\begin{cases}\text{抽出物（10\% ~15\%）}\xrightarrow[40\sim60℃]{\text{石油醚}}\begin{cases}\text{可溶物（油状沥青）（1.0\% ~5.5\%）}\\ \text{不溶物（固体沥青）（0.9\% ~4.7\%）}\end{cases}\\ \text{残渣（腐殖质）（85\% ~90\%）}\end{cases}$$

惠勒（Wheeler）抽提法：在1911—1931年，惠勒对英国煤进行了抽提的研究，其程序大致如下：

$$\text{煤}\xrightarrow[118℃]{\text{吡啶}}\begin{cases}\text{抽出物（15\% ~35\%）}\xrightarrow[61℃]{\text{氯仿}}\begin{cases}\text{可溶物——}\gamma\text{ 组分}\\ \text{不溶物——}\beta\text{ 组分}\end{cases}\\ \text{残渣（腐殖质）（65\% ~85\%）——}\alpha\text{ 组分}\end{cases}$$

费歇尔认为由炼焦煤中抽提出的沥青质为邵结性物质，残渣为不粘结性物质。而惠勒认为，α 组分是大分子的腐殖质，β 组分是小分子的腐殖质，γ 组分是脂类和树脂类变成的沥青零。α、β 组分是煤中的不粘结成分，而 γ 组分是煤中粘结的成分。

上述两位研究者把煤的粘结过程看作煤中粘结成分软化熔融，把腐殖质浸润，然后沥青质固化把腐殖质胶结在一起，显然是有错误和局限性的。因粘结性煤软化、熔融、固化是一种热分解现象而不是物理现象。

1958年，J. K. 布洛因（Brown）为研究煤的粘结机理，对煤的氯仿抽提做了大量研究。用氯仿在沸点温度下直接抽提烟煤，抽提率不到1%。若将烟煤在还原性气氛下快速加热至(400~410)℃（对高挥发分烟煤）或（430~450)℃（对中等挥发分烟煤），抽提率可增加到4%~7%。为寻求粘结性和氯仿抽提率之间的对应关系，在研究粘结性煤与弱粘结性煤配合时，发现氯仿抽出物的量完全取决于其中所含粘结性煤的比例。因此，他认为粘结性煤快速加热后氯仿抽出物的多少可以表明煤粘结性的强弱。

中科院山西煤化所曾对烟煤有机质的组成进行了溶剂抽提法的研究。在工作中较详细研究了一个矿层按其走向而不同的烟煤（长焰煤、气煤、肥煤、焦煤）的苯－乙醇与苯酚抽出物的组成。发现它们的化学组成随其变质程度不同而有规律地变化。此外，研究证明，烟煤有机质是一个复杂的不同类型的有机化合物的混合物。具体情况如下：

（1）苯－乙醇及碱抽出物的收率，从长焰煤到焦煤减少。苯酚抽出物的收率从长焰煤到肥煤增加，而到焦煤则显著下降。

（2）苯－乙醇抽出物中的酸性物质与中性物质按长焰煤到焦煤有规律地变化，即酸性物质减少，中性物质增加。

从所有煤中得到的苯－乙醇抽出物是一个复杂的混合物。它由溶于苯与不溶于苯的部分组成。后者比前者的碳、氢含量低，氧含量高。可溶于苯的部分又可分为酸类、碱类及中性物质。所有这些物质都是相应类别化合物的混合物。中性物质可以认为由烷基取代四氢化菲型结构的碳氢化合物和不带酸性基团的含有杂原子的化合物所构成。

（3）苯酚抽出物是由溶于与不溶于乙醇两部分构成，它们中间的差别主要是氧连接的不同。在试验中用色层分离法将溶于乙醇部分分成一系列段分，并对它们用化学方法（测定相对分子质量、官能团及元素组成）以及用红外光谱进行了研究。证明这部分是一个复杂的混合物。它是由含有含氧官能团（酚羟基、芳香醚和脂肪醚、羰基）的联苯、萘、菲型的芳香族化合物所构成，但不排斥杂环化合物的存在。

由上述可见，烟煤的溶剂抽提情况十分复杂，在普通有机溶剂中和100℃左右的温度下，仅有少量中低分子化合物被溶解。这正是煤具有高分子结构的论据之一。随着抽提条件的强化，煤分子间的交联键断裂和缔合结构破坏，煤在溶剂中的溶解度急剧提高，这同样可证明煤具有高分子结构。

4. 烟煤的超临界抽提

临界状态是物质固有的性质，物质的临界温度、临界压力是物性常数。如果状态温度和压力超过临界值，则液体和气体状态就没有区别了，此种物态称为超临界状态。在临界温度附近加压，流体具有与液体相近的密度，与液体状态无大差别，此状态的流体称之为超临界气体，或称之为超临界流体。挥发性小的物质与具有超临界状态的溶剂相接触，能使物质的气压增大，向超临界状态气体中气化和溶解。

超临界抽提可以和蒸馏、液液萃取进行比较。蒸馏是利用向气相蒸发产生的蒸汽压大小的差异，蒸汽压大的，即挥发度大的进入气相多，挥发度小的留在液相多，经过多级塔板蒸馏达到分离目的。液液萃取是利用分子间作用力大小的差异，溶解度不同，达到分离的目的。超临界抽搩兼有蒸馏和液液萃取两个作用，在临界状态下物质的挥发度增大，分子间作用力增大，同时利用这两个作用，达到分离物质的目的。一般认为分子间作用力这一因素是主要的。对一定的气体来说，施加一定的压力在其临界温度时其密度最大，与溶质的分子间作用力增大，具备了作为溶剂的溶解能力。在温度一定的条件下，高压时超临界气体密度大，其溶解能力增大。因此，选择超临界抽提过程温度应稍高于或接近所选择抽提气体的临界温度，称为超临界抽提。

超临界抽提技术是基于物质在超临界状态下提高了挥发能力，在适宜的条件下，其效应很大，挥发度可提高1万倍。因此，此法能在温度比其正常沸点低得多时抽提低挥发度物质。

此技术很适于抽提煤在400℃左右加热时形成的液体，这些产物在此温度下难挥发出。假如升高温度提高其挥发度，它们又容易发生二次热解生成气体、液体以及带游离基碎片聚合成大分子，后者是不挥发的，只有液体部分即煤焦油可以挥发出。利用超临界抽提可以避免发生不希望的热解反应，因为它们是在低温（煤热分解温度）下进行的，可抽提出较多的抽出物。将此挥发物移到另一容器中降至较低压力，“溶剂”气体密度降低，使之“溶解能力”降低，大部分挥发物析出。该气体被循环使用，而固体沉淀下来被回收，可进一步加氢获得类似石油的液态产物。

溶剂选择的一般原则如下：

（1）所用的超临界溶剂是高密度的。烟煤一般在400℃左右开始分解，抽提温度必须比400℃高，这样所选择溶剂的临界温度应该在（300～400）℃的范围。临界温度比400℃低是为了保持其在临界状态，但也不能太低，因为气体在临界状态下有最大的密度，临界温度太低，偏离操作温度越远，其密度也较低，使其溶解能力降低。表3－14列举了几种溶剂的临界参数。

从表3－14可知，当工作压力为10MPa时，四种溶剂都处在临界压力以上。若工作温度为400℃，根据前面讨论，三甲苯将是较好的溶剂。

（2）溶剂容易得到。溶剂价廉易得，直接影响成本。如果所用溶剂很难得到，即使抽提率很高，从经济上考虑可能不合算。相反，如果所用溶剂溶解能力稍差，但它价廉易得，从经济上考虑还是可行的。例如，表3－14中的几种溶剂，甲苯是易得的，价格也比其他溶剂便宜，因而在生产中使用甲苯作为抽提剂比较合理。

表3－14 几种溶剂的临界参数

溶　剂	临界温度/℃	临界压力/MPa
苯	289	4.9
甲苯	318	4.1
二甲苯	343	3.5
三甲苯	364	3.1

（3）溶剂要稳定。溶剂的稳定性一方面影响溶剂的回收和再利用，另一方面还影响产品的质量。如果溶剂在抽提过程中与抽出物或其他物质发生化学反应，可能使产品受污染，产品质量下降。所以在选择溶剂时，必须考虑其稳定性。甲苯在煤的抽提过程中是稳定的。

英国国家煤炭局（NCB）进行了烟煤超临界抽提研究工作。用甲苯作溶剂，抽提温度约400℃，压力约10MPa，抽提物产率约1/3（占干煤）。剩余的煤作为固体回收，气体和液体产率很低。原料煤及抽提物性质见表3－15数据。

表3－15 典型超临界抽提物、原料煤及残渣的分析（daf）

物　质	原料煤	抽提物	残　渣
碳/%	82.7	84.0	84.6
氢/%	5.0	6.9	4.4
氧/%	9.0	6.8	7.8
氮/%	1.85	1.25	1.90
硫/%（刚收到时）	1.55	0.95	1.45
H/C（原子比）	0.72	0.98	0.63
OH/%	5.2	4.4	4.8
灰分/%（干基）	4.1	0.005	5.0
挥发分/%	37.4	—	25.0
相对分子质量	—	490	—

表3－15中所得抽提物是低熔点玻璃状固体，软化点为（50～70）℃（与煤焦油中温沥青相近），完全不含灰分，是煤中富氢的那部分物质，是开链聚芳核结构，以醚键（—O—）或次甲基（—CH_2—）联结。由于超临界抽提过程不用氢气，而标含量降低了，氧和氮含量稍有降低，抽提物的平均相对分子质量为500。按其组成和性质说明很容易转化成烃油和化学品。

煤的超临界抽提，与多数煤转化过程相比，有许多优点，例如：

（1）不必供给高压气体，抽提介质像液体束不像气体那样被压缩，压缩能量低。

（2）煤抽提物含氢高，相对分子质量比用蒽油抽提时得到的低，更容易转化为烃油和化学品。

（3）残渣为非粘结性的多孔固体，并有适量的挥发分，反应性好，是理想的气化原料，并适宜作为流化燃烧电站的燃料。

（4）抽提时仅有固体和蒸气相，所以残渣易从溶剂分离，避免了通常煤液化所得高粘流体过滤困难的操作。

由于上述优点，超临界抽提可以用在煤和油页岩等，代替一般抽提方法难以进行的过程。

四、煤的加氢

煤加氢是煤十分重要的化学反应，是研究煤的化学结构与性质的主要方法之一，同时也是具有发展前途的煤转化技术。煤加氢液化分轻度加氢和深度加氢两种。煤加氢可制取洁净的液体燃料，煤加氢脱灰、脱硫制取溶剂精制煤，以及制取结构复杂和有特殊用途的化工产品，煤加氢还可改善煤质等。

煤和液体烃类在化学组成上的差别，在于煤的氢/碳原子比（H/C）较石油、汽油低很多。几种煤和几种其他燃料以及纯化合物的H/C原子比示于表3－16。从表可见，所有煤转化过程都要相对于原料煤大大提高产品的H/C原子比。这就要对煤加氢，而加氢是个很困难的反应。所以煤的加氢除需要供氢溶剂外，还需要高压下的氢气及催化剂等。因此不仅费用高，工艺和设备也较复杂。

表3－16 若干普通燃料和纯化合物的H/C原子比

燃料或化合物	H/C（原子比）	燃料或化合物	H/C（原子比）	燃料或化合物	H/C（原子比）
甲烷	4.0	汽油	1.9	高挥发分B烟煤	0.8
天然气	3.5	石油原油	1.8	高挥发分A烟煤	0.8
乙烷	3.0	焦油砂	1.5	褐煤	0.7
丙烷	2.7	甲苯	1.1	中挥发分烟煤	0.7
丁烷	2.5	苯	1.0	无烟煤	0.3

除了要调节H/C原子比之外，还必须大大降低杂原子含量。煤液体中的含氧、硫和氮的化合物在精制过程中可使催化剂中毒，并对燃料性能有很大危害。煤中矿物质也必须除去，矿物质对液化过程中泵送和处理煤－油浆造成很大的困难，合成原油中的矿物质必须在精制和使用前除去。

对煤的直接加氢液化人们进行过很广泛的研究。现有煤液化方法基本是1913年德国F.伯吉乌斯（Begius）早期工作的延伸。大部分转化工作中，煤都先经过干燥和粉碎，再与煤衍生的循环油制浆。然后将煤浆打入高压反应器，在反应器中煤在高温和高压下加氢而被液化。大多数液化过程的操作温度和压力是类似的，如表3－17所示。

在温和条件下（低温、低压或短时间反应）或不使用催化剂时，液化产物通常是比较重的油类，仅适于用作锅炉燃料。在比较苛刻的条件下，重油进一步转化为可馏出的产品。但不论在哪种条件下，产品通常都需要进一步提质才适于用作燃料。

表 3－17　某些有代表性的液化条件

方　法	温度/℃	氢压力/MPa	催化剂
伯吉乌斯法	480	30～70	氧化铁
SYNTHOIL 法	450	14～28	钼酸钴
氢煤法（H－coal）	450	19	钼酸钴
供氢溶剂法（EDS）	450	10	无
溶剂精炼煤法（SRC－Ⅱ）	460	13	无
道氏（Dow）煤液化法	460	14	乳化液
CO－STEAM 法	450	20～30	无
科诺可氯化锌法	415	21	氯化锌

1. 煤加氢液化的反应及原理

从煤结构概念出发，认为固体煤加氢转化为液体，就是煤结构中某些键断开，并同时加氢，生成液体产物和少量气态烃。下面介绍煤加氢的主要化学反应和反应历程。

（1）煤加氢的主要化学反应

煤加氢液化是一个极其复杂的反应过程，有平行反应，也有顺序反应。几个反应式完整地进行描述。煤加氢液化的基本化学反应如下：

① 热解反应。现在已公认，煤热解生成自由基，是加氢液化的第一步。煤热解温度是在煤的软化温度以上，煤结构单元间易受热裂解的桥键主要有：

次甲基键：$—CH_2—$，$—CH_2—CH_2$，$—CH_2—CH_2—CH_2—$等；

含氧桥键：—O—，$—CH_2—O—$等；

含硫桥键：—S—，—S—S—，$—S—CH_2—$等。

热解反应式：$R—CH_2—CH_2—R'\rightarrow RCH_2\cdot + R'—CH_2\cdot$

这些桥键的键能较低，受热很容易裂解生成自由基“碎片”。自由基在足够氢存在时，便得到饱和而稳定下来，生成低相对分子质量的液体，若没有氢供应就会重新缩合。

② 供氢反应。煤加氢时，一般都用溶剂作介质，溶剂的供氢性能对反应影响很大。研究证明，反应初期使自由基稳定的氢主要举自溶剂而不是来自氢气。煤在热解过程中，生成的自由基从供氢溶剂中取得氢，而生成相对分子质量低的产品，稳定下来。

$$\text{H(供氢溶剂)} + R\cdot \rightarrow RH$$

当供氢溶剂不足时，煤热解生成带有自由基的碎片缩聚而形成半焦。

$$n(R\cdot)\xrightarrow{\text{缩聚}}\text{半焦}(R)_n$$

具有供氢能力的溶剂主要是部分氢化的缩合芳环，如四氢萘、9,10－二氢菲和四氢喹啉等。供氢溶剂给出氢后，又能从气相吸收氢，如此反复起到传递氢的作用。

③ 脱杂原子反应。煤有机质中的 O，N，S 等元素，称为煤中的杂原子。杂原子在加氢条件下与氢反应，生成 H_2O，H_2S，NH_3 等低分子化合物，使杂原子从煤中脱出。这对煤加氢液化产品的质量和环境保护是很重要的。

Ⅰ脱氧反应。在煤加氢反应中，发现开始氧的脱除与氢的消耗正好符合化学计量关系。

反应初期氢几乎全部消耗于脱氧，以后氢耗量急增是因为有大量气态烃和富氢液体生成。煤的转化率和氧脱除率关系是开始转化率随氧的脱除率成直线关系增加。当氧脱除率达60%时，转化率已达90%。另有40%的氧十分稳定，难以脱除。

脱氧反应主要有以下几种：

醚键　$RCH_2—O—CH_2—R' + 2H_2 \rightarrow RCH_3 + R'—CH_3 + H_2O$

羧基　$R—COOH + 4H_2 \rightarrow RH + CH_4 + 2H_2O$

羰基　$RCOR' + 2H_2 \rightarrow R(R')CHOH \rightarrow R(R')CH_2 + H_2O$

醌基

酚羟基　难以脱除，$ROH + H_2 \rightarrow RH + H_2O$

Ⅱ脱硫反应。脱硫与脱氧一样较易进行。有机硫中硫醚最易脱除，噻吩最难。一般要用催化剂。煤中硫化物加氢生成 H_2S 脱除。

Ⅲ 脱氮反应。脱氮反应要比脱氧、脱硫困难得多。在轻度加氢时氮含量几乎不减少，它需要激烈的反应条件和高活性催化剂。脱氧与脱硫不同的是，含氮杂环只有当旁边的苯环全部饱和后才能破裂。其中，氮的脱硫率低，氧和硫在反应初期就有约80%被脱除。可见，煤的加氢是煤脱硫、脱氧的一个有效方法。

④ 加氢裂解反应。它是煤加氢液化的主要反应，包括多环芳香结构饱和加氢、环破裂和脱烷基等。随着反应的进行，产品的相对分子质量逐步降低，结构从复杂到简单。

⑤ 缩聚反应。在加氢反应中如温度太高，供氢量不足或反应时间过长，会发生逆向反应，即缩聚反应，生成相对分子质量更大的产物。

综上所述，煤加氢液化反应使煤的氢含量增加，氧、硫含量降低，生成相对分子质量较低的液化产品和少量气态产物。煤加氢时发生的各种反应，因原料煤的性质、反应温度、反应压力、氢量、溶剂和催化剂的种类等不同而异。因此，所得产物的产率、组成和性质也不同。如果氢分压很低，氢量又不足时，在生成含氢量较低的高分子化合物的同时，还可能发生脱氢反应，并伴随发生缩聚反应和生成半焦；如果氢分压较高，氢量富裕时，将促进煤裂解和氢化反应的进行，并能生成较多的低分子化合物。所以加氢时，除了原料煤的性质外，合理地选择反应条件是十分重要的。

（2）煤加氢液化反应历程

煤加氢液化反应包括一系列非常复杂的顺序反应和平行反应，说它有顺序反应是因反应产物的相对分子质量从高到低，结构从复杂到简单，出现先后大致有一个次序；说它有平行反应是因即使在反应初期，煤还刚开始转化就有少量最终产物出现，任何时候反应产品都不是单一的。对煤加氢液化反应历程做了大量研究，并提出了各种反应历程。综合起来可认为煤加氢反应历程如图3-1所示。

煤是复杂的有机物的混合体，含有少量容易液化的成分，在反应初期加氢直接生成油；也存在少量很难甚至不能液化的成分，同时还有煤还原解聚反应。在加氢反应的初期由于醚键等桥键断裂生成沥青烯，沥青烯进一步加氢，可能使芳香环饱和及羧基、环内氧、环间氧脱除，使沥青烯转变成油。病青烯是加氢液化的重要中间产物。近年研究发现沥青烯之前还有一个中间产物前沥青烯。油主要由前沥青烯还是沥青烯直接生成，目前还没有定论。沥青烯和前沥青烯也可脱氢缩聚生成半焦。

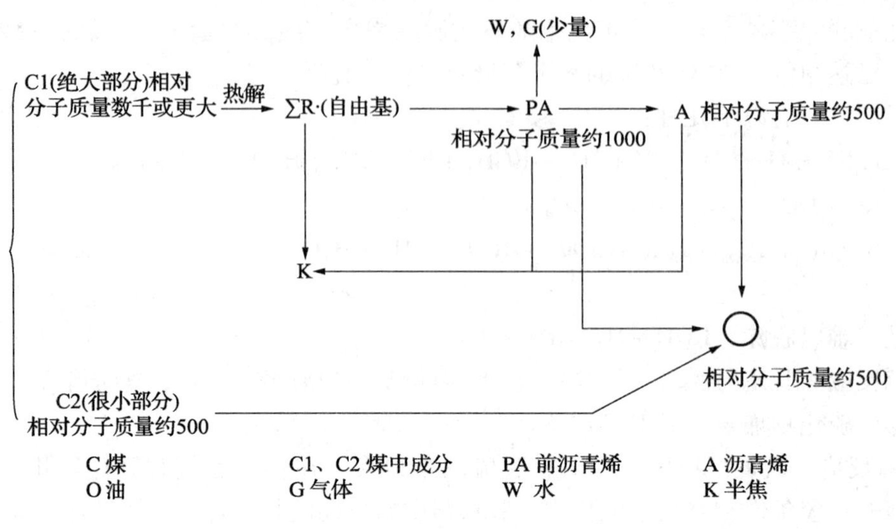

图 3-1　煤加氢反应历程

2. 煤的深度加氢与轻度加氢

（1）煤的深度加氢

深度加氢是煤在激烈反应条件下与更多的氢进行反应，使煤中大部分有机质转化为液体产物和少量气态烃。深度加氢是制取液体燃料和化工原料的基本方法，也是研究煤结构的方法之一。该法通常在低于450℃温度下和很高的氢压（100MPa～70MPa）下进行，也有采用较低氢压（15MPa）的催化加氢方法。

煤的深度加氢在低于450℃温度下进行，煤中大分子只发生部分的破坏、解聚或裂解。在此条件下，可以认为煤的结构单元基本上保持不变。环状化合物基本上未发生破裂（至少不明显），脂肪族产物的碳骨架也未发生改变。因此，通过煤加氢产物的组成和结构的研究，可将煤的原始结构比较可靠地加以确定。

试验表明，煤的深度加氢产物组成中，沸点在200℃以上的产物主要是由多环芳香族化合物组成。有时多环化合物具有脂肪族侧链。在高沸点产物中含有苾、芘及其同系物。它们都是四环或五环以上的稠环芳香族化合物。

J. P. 许麦佳（Schahmachar）曾用肥煤（含碳86. 5%）在325℃和40MPa的氢压下，用锡催化加氢，氢化煤有75%溶于苯。此产物用选择性抽提的方法，将其分别溶于石油醚、乙醚和苯三部分，其相对分子质量分别为350、600和1750。如果将溶于苯的相对分子质量为1750的部分进一步加氢，则可转变为溶于石油醚及乙醚的产物。显然这是一个解聚过程，由此可推测煤的大分子具有高分子聚合物的结构特征。

许麦佳对上述加氢产物进行了红外光谱分析，发现：①苯抽出物的所有组分，不管相对分子质量多大，几乎都有相同的红外光谱。这说明煤的大分子是由同样类型的结构单元构成；②从三部分的红外光谱中，都表明有氢化菲存在，说明氢化煤中有菲族的结构基团。由此可知，以菲为主要成分的蒽油是煤的良好溶剂。

此外，还将溶于石油醚和乙醚的部分进一步分成一系列的窄馏分，测定各窄馏分的元素组成、相对分子质量、折射率及密度，以及相当于每个碳原子的环数（R/C）。随着相对分子质量的增加，单碳环数（R/C）越来越大，即芳香环的缩合程度加深。

色谱分析表明，树皮体和镜质组加氢产物，其中性油由脂肪族侧链的氢化芳香烃所组成，树皮体的脂肪结构比镜质组多；从红外光谱分析表明，树皮和镜质组即苯醇抽出物以及乙醚、苯、氯仿顺序抽提物的红外光谱，都有相似的谱带特征，这说明各组分在结构上的相似性。通过对煤深度加氢的研究，得到关于煤结构的依据，煤的大分子具有聚合物特征；煤是由结构相似的基本结构单元组成；随煤化度增高，基本结构单元的芳香缩合程度增高。

（2）煤的轻度加氢

煤加氢的另一种方法是轻度加氢。轻度加氢是在较温和的反应条件下，也就是在较低的氢压（8～10MPa）和较低的温度（不超过煤的分解温度）下，对煤进行加氧。轻度加氢与深度加氢不同，轻度加氢不能使煤的有机质氢解为液体产物。煤的外形没有发生变化，煤的元素组成变化也不大，只能使煤的分子结构发生不大的变化，但煤的许多物化性质和工艺性质却发生明显变化。如轻度加氢后煤的粘结性，在蒽油中的溶解度、焦油产率、挥发分产率等发生明显变化。煤轻度加氢可改善煤的性质，具有工业意义，也可用来了解煤的分子结构。

T. A. 库哈连柯（Кухариеко）研究了不同变质程度的烟煤的轻度加氢。煤加氢后，其粘结性增强、在蒽油中溶解度增加、焦油产率增加、元素组成和挥发分产率也发生一定变化。对于不同变质程度的烟煤，其变质幅度是不一样的。低、高变质程度的烟煤（长焰煤、贫煤）变化幅度较大，中变质程度的烟煤（肥煤）变化幅度小。煤轻度加氢结果，使低、高变质阶段煤的性质趋向中变质阶段煤的性质。肥煤的特点是具有最好的粘结性（胶质层厚度最大），在蒽油中有最大的溶解度。肥煤的特点是由其分子结构决定的，其分子基本上是简单的二度空间结构（大分子平面网），结构单元之间联接键较少。因此，结构单元之间的活动性较大；而低、高变质阶段的烟煤，是三度空间结构，但其结合方式不同。低变质烟煤，靠桥键将结构单元联接起来，而成三度空间结构，因而使结构单元之间的活动性较差。当轻度加氢后，桥键断裂，将三度空间转为二度空间，因而其活动性增强，容易裂解和溶解。高变质烟煤由于结构单元的缩合程度较高，侧链和官能团很少，大部分平面网之间主要靠分子间的引力（范德华力）相联接，形成三度空间结构。当轻度加氢时，削弱了平面网间的吸引力，将平面网互相拆开，使煤变得容易裂解和溶解。

煤轻度加氢的过程是煤结构简单化的过程，因此，使煤的许多性质发生了变化，且耗氢量少，可扩大煤的加工利用途径。不同变质程度的煤，加氢后其性质改变的程度不同，正反映了它们结构上的区别，对研究煤结构也很有意义。

五、煤的氧化

煤的氧化过程是指煤同氧互相作用的过程。除燃烧外，煤在氧化中同时伴随着结构从复杂到简单的降解过程，该过程也称氧解。

通常，煤与氧的作用有风化、氧解和燃烧三种情况：

（1）煤在空气中堆放一定时间后，就会被空气中的氧缓慢氧化，煤化度越低的煤越易氧化。氧化会使煤失去光泽，变得疏松易碎，许多工艺性质发生变化（发热量降低，粘结性变差、甚至没有等）。这是一种轻度氧化，因为是在大气条件下进行，所以通常称风化。

（2）煤与双氧水、硝酸等氧化剂反应，会很快生成各种有机芳香酸和脂肪酸，这是煤的深度氧化，也即氧解。

（3）煤中可燃物质与空气中的氧进行迅速的发光、发热的剧烈氧化反应，即是燃烧。

用各种氧化剂对煤进行不同程度的氧化，可以得到不同的氧化产物，这对研究煤的结构和煤的工业应用都有重要意义。

1. 煤的氧化阶段

煤的氧化过程按其反应深度或主要产品的不同可分为5个阶段，如表3－18所示，同时有平行反应发生。

表3－18　煤的氧化阶段

氧化阶段	主要氧化条件	主要反应产物
1	从常温到100℃，空气或氧气	表面碳氧络合物
2	(100～250)℃空气或氧气 (100～200)℃碱溶液中，空气或氧气 (80～100)℃硝酸	可溶于碱的高分子有机酸（再生腐殖酸）
3	(200～300)℃碱溶液中空气或氧气 100℃碱性 $KMnO_4$ 氧化 100℃ H_2O_2 氧化	可溶于水的复杂有机酸（次生腐殖酸）
4	与3相同，但增加氧化剂量和延长反应时间	可溶于水的苯羧酸
5	彻底氧化	二氧化碳和水

第一阶段：属于煤的表面氧化，氧化过程发生在煤的表面（内、外表面）。首先形成碳氧络合物，而碳氧络合物是不稳定化合物，易分解生成一氧化碳、二氧化碳和水等。由于络合物分解而煤被粉碎，增加表面积，氧又与煤表面接触，使其氧化作用反复循环进行。

第二阶段：煤的轻度氧化，氧化结果生成可溶于碱的再生腐殖酸。

第三阶段：属于煤的深度氧化，生成可溶于水的较复杂的次生腐殖酸。

第四阶段：氧化剂与第三阶段相同，但增加用量，延长反应时间，可生成溶于水的有机酸（如苯羧酸）。第二、第三、第四阶段为控制氧化，采用合适的氧化条件，可控制氧解的深度。

第五阶段：最深的氧化，称为彻底氧化，即燃烧。生成 CO_2 和 H_2O，以及少量的 NO_x、SO_x 等化合物。

为简化起见，一般不考虑第五阶段，同时将第三阶段和第四阶段合并，这就成为三个阶段，即①表面氧化阶段；②再生腐殖酸阶段；③苯羧酸阶段。第一、二阶段属轻度氧化，第三阶段为深度氧化。

可见，氧化过程中包括顺序反应和平行反应，如何提高反应的选择性显然是十分重要的。液相氧化与气相氧化相比，一般反应速度较快，选择性好，所以研究较多。根据氧化剂的不同，煤的液相氧化有硝酸氧化、碱溶液中高锰酸钾氧化、双氧水氧化和碱溶液中空气或氧气氧化等。

2. 煤的轻度氧化

煤轻度氧化研究的对象主要是褐煤和烟煤，氧化结果可生成不溶于水、但能溶于碱液或某些有机溶剂的再生腐殖酸，其组成和性质与泥炭和褐煤中的原生腐殖酸类似，为与原生腐殖酸区别，故称再生腐殖酸。再生腐殖酸基本保存了煤原有的结构特征，成为研究煤结构的重要方法。由于再生腐殖酸在工农业中有重要应用，因而轻度氧化已成为煤直接化学加工的一个方向。

用碱溶液从泥炭、褐煤和土壤等物质中抽提出的除去少量沥青和矿物质后的有机酸性物质称为腐殖酸。它不是单一的化合物，而是组成复杂多变的羟基羧酸混合物。腐殖酸有高有低，按其相对分子质量、溶解度和颜色的不同，一般分为三个组分：（1）黑腐酸，只溶于碱溶液；（2）棕腐酸，除溶于碱外，还可溶于丙酮和乙醇等有机溶剂；（3）黄腐酸，除溶于碱溶液和上述有机溶剂外，还能溶于水。这三种组分同样也是混合物，只不过是相对分子质量范围比腐殖酸小一些而已。

迄今为止，腐殖酸的结构尚不十分清楚，大致结构特征是，腐殖酸的核心是芳香环和环烷环，周围有—COOH、—OH 和 ═C ═O 等含氧官能团，环结构之间有桥键连接。腐殖酸中包含的环结构数目越多，其相对分子质量越高。

煤的轻度氧化过程，与煤的形成过程相反。可以用轻度氧化的方法，研究再生腐殖酸的组成结构，就可以获得有关煤结构的信息。

腐殖酸类物质一般是指由腐殖酸类及其衍生物的总称，它包括腐殖酸的各种盐类（钠、钾、铵等），各种络合物（络腐酸、腐殖酸－尿素等）以及各种衍生物（硝基腐殖酸、氯化腐殖酸、磺化腐殖酸等）。腐殖酸的主要性质有：（1）腐殖酸的钠盐、钾盐、铵盐可溶于水；（2）腐殖酸是一种亲水的可逆胶体，加入酸或高浓度盐溶液可使腐殖酸溶液发生凝聚；（3）腐殖酸具有弱酸性，所含羧基的酸性比乙酸强，故能分解乙酸钙，有一定的离子交换能力；（4）腐殖酸与金属离子能配合和螯合，故能从水溶液中除去金属离子；（5）可溶于水的腐殖酸盐能降低水的表面张力，降低泥浆的粘度和失水；（6）腐殖酸具有氧化还原性，如可将 H_2S 氧化为硫，将 V^{4+} 氧化为 V^{3+}；黄腐酸能把 Fe^{3+} 还原为 Fe^{2+} 等；（7）腐殖酸具有一定的生理活性，作为氢接受体可参与植物体内的能量代谢过程，对植物体内的各种酶有不同程度的促进或抑制作用，也能促进铁、镁、锰及锌等离子的吸收与转移等。

工业上常用轻度氧化的方法，由褐煤或低变质烟煤（长焰煤、气煤）制取腐殖酸类物质，并广泛地应用于工农业和医药业上。另外，因为轻度氧化可破坏煤的粘结性，所以工业上对粘结性强的煤，有时需要对它们进行轻度氧化，以防止该类煤在炉内粘结挂料而影响操作。

3. 煤的深度氧化

煤经轻度氧化得到腐殖酸类物质，如果继续氧化分解（在氧化第三、第四阶段条件下），可生成溶于水的低分子有机酸和大量二氧化碳。低分子有机酸类包括草酸、醋酸和苯羧酸（主要有苯的二羧酸、三羧酸、四羧酸、五羧酸和六羧酸等）。深度氧化是研究煤结构的重要方法，根据所得产物的结构特征，可以推测出煤的基本结构特征。

煤的深度氧化通常是在碱性介质中进行，碱性介质的作用，是使氧化生成的酸转变成相应的盐而稳定下来。同时，由于碱的存在还能促使腐殖酸盐转变为溶液。因此，可明显地减少反应产物的过度氧化，从而达到控制氧化的目的。常用的碱性介质是 NaOH，Na_2CO_3，

$Ca(OH)_2$ 等。如果采用中性或酸性介质，则会使 CO_2 增加，水溶性酸降低。煤的深度氧化过程是分阶段进行的，氧化时首先生成腐殖酸，进一步氧化则生成各种低分子酸，如果一直氧化下去，则全部转变成 CO_2 和 H_2O。氧化过程又是一个连续变化过程，也就是边生成边分解的过程。因此，适当控制氧化条件，可增加某种产品的产率。氧化剂的用量和氧化时间，对氧化产物的收率影响很大。用碱性高锰酸钾溶液氧化煤时，高锰酸钾与煤的质量比，对氧化产物的收率有很大影响，如表 3－19 所示。

波内（Bone）等人对纤维素、木质素以及各种煤化度的煤，用碱性高锰酸钾进行了深度氧化研究。研究结果如表 3－20 所示。

表 3－19　$KMnO_4$ 与煤的质量比对于氧化生成物收率的影响

$\frac{m(KMnO_4)}{m(煤)}$%	0	1.0	3.0	5.0	7.0	8.1	12.8
未变化	100.0	81.9	56.1	32.4	10.9	4.0	0
腐殖酸	0	10.9	27.8	24.4	19.1	0	0
芳香族羧酸	0	6.0	23.0	35.1	51.0	6.8	41.8
草　酸	0	2.0	8.0	13.2	20.0	17 0	20.8
醋　酸	0	0.9	1.9	2.0	2.1	2.6	3.3

表 3－20　将纤维素、木质素及各种煤用碱性高锰酸钾氧化所得各种生成物的收率　　%

原料物质	二氧化碳	醋　酸	草　酸	芳香族酸
纤维素	48	3	48	—
木质素	51～60	2.5～6.0	21～22	12～16
泥 炭	49～61	3.0～5.5	15～28	10～25
泥炭和褐煤	45～47	3.0～7.5	9～23	22～34
烟 煤	36～42	1.5～4.5	13～14	39～46
无烟煤	43	2	7	50

从表 3－20 可知，醋酸的收率较少，且随煤化度变化甚微；草酸的收率较多，且随煤化度增加而减少；芳香族酸收率也较多，且随煤化度增加而增加，增加的幅度也比较大；二氧化碳的收率很高，随着煤化度的增加而显示出下降的趋势。

一般地，草酸可由脂肪族生成，也可由芳环结构氧化与苯羧酸同时生成。同样，醋酸也是由脂肪族或芳环结构氧化与苯羧酸同时生成。苯羧酸是由苯环上带有侧链的化合物或稠环化合物氧化生成，而苯六羧酸只能由稠环化合物氧化而成。氧化产物中苯六羧酸的存在，证明了煤结构中存在着稠环芳香族的结构，芳香族酸随煤化度的增加而增加，其他低分子酸却减少，也证实了煤的结构随煤化度增加，芳香核缩合程度也越高，侧链越少。

早津等人用 0.4mol/L 重铬酸钠（$Na_2Cr_2O_7$）在 250℃的温度下氧化各种烟煤，得到混合羧酸。将其脂化后，进行质谱分析，发现在 32 种芳香结构中，有 20 种为芳香杂环。可以认为煤中存在上述芳香环和芳香杂环结构。

综上所述，通过对煤的深度氧化研究，可认为煤是复杂的高分子缩聚物。煤的基本结构单元是 2～7 环的稠环化合物，在稠环周围有许多侧链和各种官能团。随煤化度的加深，环数增大，侧链及官能团减少。

4. 煤的风化与自燃

（1）煤的风化

煤在离地表很浅的煤层中或在堆放时，受大气因素（包括空气中的氧、地下水和地面上的温度变化等）的综合影响下所发生的一系列物理、化学和工艺性质的变化，这种变化称为风化。风化作用实质上是煤中有机物质和某些矿物质的低温氧化引起的。在浅煤层中被氧化了的煤，通常称作风化煤。而煤堆的风化虽也产生一定的氧化作用，但不是主要的，煤堆的风化作用主要是由于水分的大量逸出造成的煤块碎裂，不叫风化煤。

风化煤与原煤无论在化学组成、物理性质、化学性质和工艺性质等方面都有明显的不同。

① 化学组成：风化后煤的碳和氢含量降低，氧含量增加，含氧酸性官能团增加。

② 物理性质：煤风化后失去光泽，硬度降低，变脆而易崩裂。

③ 化学性质：煤风化后含有再生腐殖酸，低煤化度煤在风化后挥发组分减少，而高煤化度煤的挥发组分却增加。

④ 工艺性质：风化后煤的粘结性变差，浮选性变坏，燃点和发热量降低。热加工产物的产率减少，其中以煤焦油的生成量减少最为明显。产生的气体中 CO_2、CO 的产率增加，H_2 和烃类的产率降低。

（2）煤的自燃

煤的氧化是放热反应。煤在堆放过程中因氧化而释放的热量如不能及时排散，且不断积累起来，则煤堆温度就会升高。温度的升高又会促使氧化反应更激烈地进行，放出更多的热量。当煤的温度达到着火点时就会燃烧。这种由于煤的低温空气氧化、自热而引起的燃烧称为自燃。煤的这种自热过程，在一个相当长的时间内显示不出温度明显上升，这一阶段称为诱导期，但这种氧化使煤的活性增大，加速以后的氧化反应。当氧化产生的热量超过向四周散失的热量时，煤的温度升高，这个过程称为煤的自热过程。在煤的自热过程中，温度达到临界点，则氧化过程急剧加速，导致自燃；若在到达临界自燃温度前，因外界条件改变，温度下降，则转入冷却阶段，使煤进入风化状态。煤风化后将失去自燃能力。各种煤的临界温度各不相同。

（3）影响煤风化与自燃的因素

影响煤的风化和自燃的因素可归纳如下：

① 煤的类型和煤化度。腐泥煤和残殖煤较难风化和自燃，腐殖煤比较容易。随煤化度的加深，腐殖煤的着火点升高，风化和自燃的趋势下降。各种煤中以低煤化度的褐煤最易风化和自燃，煤化度较高的煤较难风化和自燃。

② 岩相组成。不同岩相组分氧化趋势不同，各种岩相组分的氧化活性一般按下列顺序：镜煤 > 亮煤 > 暗煤 > 丝炭。丝炭具有较大的内表面积，低温下能吸附大量的氧气，丝炭内又常夹杂有黄铁矿，故在氧化时能放出较多热量，而促进周围煤质和自身的氧化。

③ 黄铁矿。在有水分存在时黄铁矿极易氧化并放出大量热量，加剧煤的氧化和自燃。有时，自燃现象与煤中黄铁矿的空气氧化有关，FeS_x 可氧化生成引火的硫化氧铁以及 Fe^{2+} 和 Fe^{3+} 的硫酸盐。这些反应将释放出 840kJ/mol 热量，并在煤 - 黄铁矿界面附近造成一个煤的氧化反应，能很容易变成放热越来越多的失控反应。应当指出，有些含硫很少的煤也会发

生自燃，其原因是部分干燥煤在润湿时释放出热量，因而使煤的氧化作用发生自加速。研究表明，润湿热可高达（85~105）J/g，可使煤的温度升高（25~30）℃。

④ 散热与通风条件。一方面可改善通风条件使热量及时排散，另一方面可将煤堆压实，减小煤与空气的接触面，以避免自燃。

（4）煤的贮存

为减少和防止煤的风化和自燃，煤的贮存可采用以下几种方法：

① 隔断法。若长时期大量存煤，可将煤贮存在水中（如湖水、池塘及僻静的海湾）；也可将煤贮存在惰性气体中（适合于实验室保存煤样）；或将煤逐层铺平压紧，在煤堆表面涂上一层油类物质（重油、沥青等），也可以在上面覆盖一层粘土或喷洒一层石灰乳；还可以将煤存放在密闭的贮槽中。国外有的把固体二氧化碳（干冰）放在煤堆里，使之逐渐散出二氧化碳气体阻止氧气进入而防止氧化。

② 按粒级堆放。不同粒级煤应分开堆放。

③ 换气法。在煤堆上装风筒，使煤堆通风散热。这是一种消极的办法，因为煤与空气接触多了易受缓慢氧化，使煤的热值降低，粘结性变差。

④ 堆煤高度和时间。堆煤不宜过高，贮煤时间不要太久，尤其是低煤化度煤应尽可能缩短贮存期。煤堆高度一般小于（1~2）m 为宜。如堆煤过高，倘若发现有自燃发火危险很难倒堆。堆煤高度和时间可参考表 3-21。

⑤ 堆煤方式。贮煤时除了仔细考虑煤场的地基、周壁、排水、周边设备及气候影响外，对堆煤方式也需正确选择。堆煤时由于粒度偏析所造成的通风状态，在粗粒与细粒界面上易于积累热量。对于堆积方式，以小堆重积堆煤和小堆薄层压紧堆较为理想。

表 3-21　堆煤高度和时间

煤　种	堆煤高度	堆煤时间
褐煤、长焰煤	低于 2m	半个月至一个月
气、肥、焦、瘦煤	(4~5)m	不超过两个月
贫煤、无烟煤	不限	不超过半年

六、煤的其他化学反应

煤的其他化学反应有煤的卤化、磺化、水解、烷基化、酰基化、烯基化、解聚和电解等。这些反应对研究煤的结构提供重要依据，有的也有工业意义。这里仅讨论卤化、磺化和水解。

1. 煤的卤化反应

（1）煤的氯化

氯化方法主要有两种，一是在较高温度（约 175℃或更高）下，用氯气进行气相氯化，二是在≤100℃下，在水介质中氯化。由于水的强离子化作用，在后一条件下氯化反应的速度很快，煤的转化程度较深，故研究得较多。

① 煤在水介质中氯化时发生的反应

煤在水介质中氯化时可发生下列几种反应：

氯的取代和加成反应。氯化反应的前期主要是芳环和脂肪侧链上的氢被氯取代，析出HCl：$RH + Cl_2 \rightarrow RCl + HCl$，在反应后期当煤中氢含量大大降低后也有加成反应发生。所以，煤在氯化过程中氯含量大幅度上升，有时可达30%以上。

氧化反应。氯与水产生盐酸和氧化能力很强的次氯酸：$Cl_2 + H_2O \rightleftharpoons HCl + HClO$
次氯酸可将煤氧化产生碱可溶性腐殖酸和水溶性有机酸。煤的氯化反应不断生成盐酸能抑制氧化作用，所以氧化与氯化相比，较为次要。

盐酸生成反应。部分来自取代反应，一部分来自氯与水的反应。在煤的氯化中盐酸生成量很大，故曾有人设想以此法生产盐酸。

脱硫和脱矿物质反应。煤的氯化可大量减少矿物质和硫含量。脱矿物质的反应主要是盐酸与矿物中碱性成分的中和反应。氯化煤是棕褐色固体，不溶于水。

② 氯化反应的条件和结果

反应主要影响因素有温度、时间、氯气流量、水煤比和催化剂等。我国扎赉诺尔褐煤在水介质中的氯化反应条件和结果列于表3－22。

表3－22　扎赉诺尔褐煤在水介质中氯化的条件和结果

反应温度/℃	反应时间/h	氯化煤产率/%	氯化煤元素组成（d_{af}）/%			
			C	H	Cl	O（差减）
10	6	119.4	54.3	3.12	16.9	25.7
30	6	125.7	51.1	2.76	22.2	23 9
60	6	132.0	48.0	3.05	26.2	21.9
80	6	126.2	49.9	3.23	23.7	23.2
95	6	116.2	54.4	3.15	18.2	24.3
95	12	134.2	44.4	2.12	32.0	21.5
95	25	142.7	40.7	2.09	36.0	21.0
—	—	原料煤	71.1	5.01	0.0	22.0

由表3－22可见，当反应时间为6h时，在反应温度60℃下氯化煤产率和氯化煤中的Cl%均最高。在95℃温度下，随时间延长，氯化煤产率和Cl%均增加。

③ 氯化煤在有机溶剂中的溶解度

在氯化（还有氧化）过程中，由于煤的聚合物结构发生某种程度的解聚，使得氯化煤在有机溶剂中的溶解度大大提高。

表3－23　氯化煤在不同溶剂中的抽提率①

溶　剂	抽提率/%	
	原　煤	氯化煤
乙醚	7.82	17.6
酒精	1.27	58.0
苯	3.86	4.11
酒精＋苯（1∶1）	2.82	85.9

注：① 氯化条件80℃，6h，扎赉诺尔褐煤。

④ 煤氯化的应用前景

氯化煤的溶剂抽出物可作为涂料和塑料的原料。氯化煤可作为水泥分散剂和钻井泥浆稳定剂等。利用氯化时副产的盐酸可分解磷矿粉，生产腐殖酸－磷肥。煤在高温下气相氯化可制取四氯化碳。

（2）煤的氟化

由于氟的化学活性高于氯，所以煤的氟化反应速度更快和更完全。气相氟化反应包括取代和加成反应，它可用来测定煤的芳香度。

煤在氟化后质量增加。总增重中包括氟加成的增重和氟取代的增重。

$$\Delta W_t = \Delta W_H + \Delta W_a \tag{3-21}$$

式中：ΔW_t——总增重，g；

ΔW_H——氢被氟取代的增重，g；

ΔW_a——氟加成的增重，g。

现以芳香环中一个碳原子为例

$$\begin{array}{llll} CH + F_2 \rightarrow & CF & + & HF \\ 13 & 31 & & 20 \end{array}$$

$$\Delta W_H = \frac{31-13}{20} \times \Delta W_{HF} = 0.9\Delta W_{HF}$$

式中：ΔW_{HF}——氟化中析出的 HF 质量，g。

芳香碳质量　$W_c = \frac{12}{19}(\Delta W_t - \Delta W_H)$

2. 煤的磺化反应

（1）煤的磺化反应过程

煤与浓硫酸或发烟硫酸进行磺化反应，反应结果可使煤的缩合芳香环和侧链上引入磺酸基（—SO_3H），生成磺化煤。煤的磺化反应如下：$RH + HOSO_3H \rightarrow R—SO_3H + H_2O$

进行磺化反应时，在加热条件下浓硫酸是一种氧化剂，可把煤分子结构中的甲基（—CH_3）、乙基（—C_2H_5）氧化，生成羧基（—COOH），并使碳氢键（C—H）氧化成酚羟基（—OH）。故磺化煤可表示为 HOOCR（OH）SO_3H。可简化表示为 RH。

由于煤经磺化反应后，增加了—SO_3H、—COOH 和—OH 等官能团，这些官能团上的氢离子 H^+ 能被其他金属离子（如 Ca^{2+}、Mg^{2+} 等）所取代。当磺化煤遇到含金属离子的溶液，就以 H^+ 和金属离子进行交换。

$$2RH + Ca^{2+} \rightarrow R_2Ca + 2H^+ \quad 2RH + Mg^{2+} \rightarrow R_2Mg + 2H^+$$

因此，磺化煤是一种多官能团的阳离子交换剂。

（2）煤磺化反应的工艺条件

① 原料煤。采用挥发分大于 20% 的中等变质程度的烟煤。为了确保磺化煤具有较好的机械强度，最好选用暗煤较多的煤种，灰分在 6% 左右，不能过高。煤粒度（2～4）mm，粒度太大磺化不完全，而过小使用时阻力大。

② 硫酸浓度和用量。硫酸浓度应大于 90%，发烟硫酸反应效果更好。硫酸对煤的质量

比一般为3～5∶1。

③ 反应温度。在（110～160)℃为宜。

④ 反应时间。包括升温在内的总反应时间一般在9h左右。反应开始需要加热，因磺化反应为放热反应，所以反应进行后就不需供热了。

煤磺化反应后经洗涤、干燥、过筛制得多孔的黑色颗粒，称氢型磺化煤（RH）。若与 Na^+ 交换可制成钠型磺化煤（RNa）。

（3）磺化煤的用途

磺化煤是一种制备简单，价格低廉，原料广泛的阳离子交换剂。它们的饱和交换能力为(1.6～2.0)mmol/g。其主要用途是：锅炉水软化剂，除去 Ca^{2+} 和 Mg^{2+}；有机反应催化剂，用于烯酮反应、烷基化或脱烷基化反应、酯化和水解反应等；钻井泥浆添加剂；处理工业废水（含酚和重金属废水）；湿法冶金中回收金属，如Ni，Ga，Li等；制备活性炭。磺化煤机械强度差，在运输和使用过程中破损率高，并且当水温超过40℃时，磺化煤会变质。

3. 煤的水解

煤的水解反应是在碱性水溶液中进行。有人在（325～350)℃，用5 mol/L NaOH水解一种含碳77%的烟煤，其水解产物如表3－24所示。

表3－24　煤的水解产物

水解时间/h	温度/℃	水解产物	其占原煤质量百分率%
24	350	气体（H_2、CH_4、C_2H_6）	2.8
		液体酚类（相对分子质量90～180）	3
		固体酚类（相对分子质量300）	5
		脂肪酸	13
		碱类	0.7
		NH_3	0.5
		烃类	15.6
		碳酸盐	22.0
		残渣	28.3

从这些水解产物中，分离出苯酚类、丙酸、丁酸、己酸、十二烷酸、二元酚类和具有氢化芳香环的物质。

酚类的形成，可能是由于煤中醚键的水解：

$$R—O—R' + H_2O \rightarrow ROH + R'OH$$

酸或醇类的产生，是由于煤中的醛基在NaOH介质中进行歧化作用形成酸或醇：

$$2RCHO + NaOH \rightarrow RCOONa + RCH_2OH$$

二元酸的生成，是由于煤中醌基在碱性介质中水解时产生氧化，形成二元酸。

通过对煤水解产物的研究，说明了煤的结构单元是由缩合芳香环组成，在芳香环的周围有含氧官能团，为煤结构提供了依据。

实验证明，煤中可水解的键不多，但引起煤中有机质的变化，如煤水解后不溶残余物在苯中的溶解度增加，可达27%，而原煤在苯中只溶解6%～8%。

利用乙醇、异丙醇和乙二醇代替水，进行水解反应，其效果更好。但目前上述的水解反应还不能保证定量进行。

1. 煤分子结构中的主要官能团有哪些？分别与煤的什么重要性质有关？
2. 煤的高真空热分解主要产物是什么？举例说明其反应机理。
3. 常用于抽提煤的溶剂是什么？选择原则是什么？简述其工艺流程。
4. 简介常见的煤加氢反应，结合反应解释其使用催化剂的具体原因。
5. 简述煤的氧化机理。举例说明。
6. 简介煤的卤化、磺化、水解、烷基化、解聚等反应过程及其机理。

第四章　煤的结构模型研究法

煤的研究方法包括常规分析、化学研究、结构模型法等。前两个在本书其他章节中讨论，不再赘述。本章仅讨论结构模型法。

煤的化学结构是指在煤的有机分子中原子相互联结的次序和方式，又称煤的分子结构，简称煤结构。煤的化学结构是煤化学的核心内容之一。人们应用各种方法对此进行了研究，这些方法可分为三类：（1）物理研究方法，如 X 射线衍射、红外光谱、核磁共振波谱以及利用物理常数进行统计结构解析等；（2）物理化学研究方法，如溶剂抽提和吸附性能等；（3）化学研究方法，如氧化、加氢、卤化、解聚、热解、烷基化和官能团分析等。

煤不同于一般的高分子有机化合物或聚合物，它具有特别的复杂性、多样性和不均一性。即使在同一小块煤中，也不存在一个统一的化学结构。因此，迄今为止尚无法分离出或鉴定出构成煤的全部化合物。对煤化学结构的研究，还只限于定性地认识其整体的统计平均结构，定量地确定一系列“结构参数”，如煤的芳香度，以此来表征其平均结构特征。为了形象地描述煤的化学结构，许多学者提出了各种煤的分子模型，但距完全揭示煤的真实有机化学结构还有相当大的距离。在煤的显微组成中，镜质组的含量一般占优势，其结构和性质在煤化过程中变化比较均匀。所以，煤结构的研究一般多以镜质组为研究对象。

煤的物理研究方法，对煤分子结构的破坏最小，通常还用作其他研究方法的检测或辅助手段。由于仪器和分析技术的进步，近期在煤结构研究方面取得的进展，主要是依靠物理研究方法取得的。因此，本章所涉及的研究方法主要是物理研究方法及其所得到的结论性信息。

一、用 X 射线衍射法研究煤和碳的结构

1. X 射线衍射图谱分析

用 X 射线衍射分析法研究物质的晶体结构时，衍射方向与晶胞的形状和大小有关，衍射强度则与原子在晶胞中的排列方式有关。因此，它能很好地分析石墨等晶体。煤并不是晶体，但 X 射线衍射分析亦能揭示出煤中碳原子排列的有序性。

石墨的 X 射线衍射谱共有 9 个明显的衍射峰，表明它是晶体排列的结构。不同煤化度煤的 X 射线衍射谱的衍射峰，不如石墨分得精细，衍射强度也不及石墨。但仍可看出部分衍射峰，表明煤中确实存在着一部分有序碳。煤中碳原子排列的有序性随煤化度而变化。煤化度低的泥炭、褐煤无明显的衍射峰；随着煤化度加深，到烟煤阶段有两个对应于石墨的主要衍射峰（002）和（100）；到无烟煤阶段，除有（002）和（100）两个峰外，还显示有对应于石墨的（004）和（110）峰，呈现明显的三维有序结构。煤中这部分三维有序的结

构称为微晶，它是由若干芳香环层片以不同的平行程度堆砌而成。

在煤的X射线衍射谱图中，（100）和（110）峰归因于芳香环的缩合程度，即芳香环碳网层片的大小；（002）和（004）峰归因于芳香环碳网层片在空间排列的定向程度，即层片堆砌高度。采用X射线衍射的实验结果，根据布拉格方程式，可以推算出微晶的结构参数：芳香环层片的直径 L_a、芳香环层片的堆砌高度 L_c 和芳香环层片间的距离 d_{hkl}。

$$L_a = \frac{K_1 \lambda}{\beta_{(100)} \cos\theta_{(100)}}, \tag{4-1}$$

$$L_c = \frac{K_2 \lambda}{\beta_{(002)} \cos\theta_{(002)}}, \tag{4-2}$$

$$d_{hkl} = \frac{\lambda}{2\sin\theta_{(hkl)}} \tag{4-3}$$

式中：λ——X射线的波长，μm；

hkl——晶面指数；

θ_{hkl}——hkl峰对应的布拉格角，（°）；

β_{hkl}——hkl纯衍射峰宽度，rad；

$$\beta = \frac{衍射峰面积}{峰高}$$

K_1，K_2——微晶形状因子，$K_1 = 1.84$，$K_2 = 0.94$。

2. X射线衍射研究导出的煤结构信息

英国的赫希（P. B. Hirsch）于1958年测定了镜煤的微晶结构参数随煤化度的变化，我国也对各种煤样进行了X射线衍射研究。根据研究结果，可以得出如下规律：

（1）芳香层片的平均直径 L_a 随煤化度加深而增大。煤的碳含量从80%增加到91.5%时，L_a 缓慢增加；到无烟煤以后（碳含量大于91.5%），L_a 急剧增大。

（2）芳香层片的堆砌高度亦随煤化度加深而增大。对于低煤化度烟煤，L_c 仅为1.2nm左右，芳香层片的堆砌层数约为3～4层；随着煤化度加深，堆砌层数和高度逐渐增大，到无烟煤阶段，L_c 可达2.0nm以上，堆砌层数约为5～7层。

（3）层间距 d 随煤化度加深而逐渐减小。平行堆砌芳香层片的层间距 d_{002} 最大时（对低煤化度煤）可达 3.8×10^{-1}nm以上；随煤化度加深，d_{002} 逐渐减小到 $(3.4 \sim 3.5) \times 10^{-1}$nm，其极限值为理想石墨的层间距（$3.354 \times 10^{-1}$nm）。这说明煤中微晶的晶体结构很不完善，但有向石墨晶体结构转变的趋势。

（4）芳香层片的芳香环数和碳原子数随煤化度加深而增大。从煤的X射线衍射结构参数可以推算出微晶中每一个芳香层片中的芳香环数和碳原子数在碳含量为78%的煤中，微晶内每层平均环数为2，每层的碳原子数为14；碳含量为90%的煤，每层平均环数为4，碳原子数为18。随煤化度继续加深，环数急剧增加，到无烟煤时达到12个环。

（5）各种煤岩成分的微晶尺寸随煤化度有类似的变化规律。但对碳含量相近的不同宏观煤岩成分而言，丝炭与镜煤相比，芳香层片的直径较大，但层间距 d_{002} 也较大，层片堆砌高度却较小。

二、红外光谱在煤结构研究中的应用

1. 红外光谱图解析

在红外区域出现的分子振动光谱，其吸收峰的位置和强度取决于分子中各基团的振动形式和相邻基团的影响。因此，只要掌握了各种基团的振动频率，即吸收峰的位置，以及吸收峰位置移动的规律，即位移规律，就可以进行光谱解析。从而确定试样中存在哪些化合物或官能团。在一定条件下，还可对这些化合物或官能团的含量进行定量分析。

常见的化学基团在(4000～650)cm(2.5μm～15.4μm)的中红外区有特征基团频率，为便于对光谱进行解析，常将这个波数范围粗分为四个区域：

(1)X－H 伸缩振动区，(4000～2500)cm^{-1}。X 可以是 O，N，C 和 S 原子。主要包括 O—H、N—H、C—H 和 S—H 键的伸缩振动。

(2)三键和累积双键区，(2500～1900)cm^{-1}。主要包括炔键—C≡C—、腈键—C≡N、丙二烯基—C═C═C—、烯酮基—C═C═O、异氰酸酯基—N═C═O 等的非对称伸缩振动。

(3)双键伸缩振动区，(1900～1200)cm^{-1}。主要包括 C═C、C═O、C═N、—NO_2 等的伸缩振动，芳环的骨架振动等。

(4)X－Y 伸缩振动及 X－H 变形振动区，小于 1650cm^{-1}。这个区域的光谱比较复杂，主要包括 C—H、N—H 的变形振动，C—O、C—X(卤素)等伸缩振动，以及 C—C 单键骨架振动等。在这个区域中从(1350～650)cm^{-1}的区域又称指纹区。由于各种单键的伸缩振动之间以及和 C—H 键变形振动之间发生互相耦合的结果，使这个区域里的吸收带变得特别复杂，并且对结构上的微小变化非常敏感。指纹区的图谱复杂，有些谱峰无法确定是否为基团频率，但有助于表征整个分子的特征，因此对检定化合物很有价值。

不过，并非所有的谱峰都能与化学结构联系起来，特别是指纹区更是如比。红外光谱解析常常需要经验，这是因为化学键的振动频率与化学环境有敏感的依赖关系。

2. 煤的红外吸收光谱研究

对煤和煤衍生物(腐殖酸、氢化产物、溶剂抽提物等)的红外光谱已进行了大量的研究，证实各种官能团和结构都有其特征的吸收峰，详见表 4－1。

从不同煤化度(以碳含量% 表示)煤的红外光谱图，从中可以得出如下定性结论：

(1)在 3450cm^{-1}附近有羟基吸收峰。煤中羟基一般都是氢键化的，故谱峰的位置由 3300cm^{-1}移到 3450cm^{-1}。随着煤化度加深，该吸收峰减弱，表明羟基减少。

(2)在 2920cm^{-1}、1450cm^{-1}和 1380cm^{-1}处呈现脂肪烃和环烷烃基团上氢的吸收峰。随着煤化度加深，开始时这些峰稍有增强，但从中等煤化度(碳含量 81.5%)以后又急剧减弱。

(3)在 3030cm^{-1}处为芳香烃中氢的吸收峰，在 870cm^{-1}、820cm^{-1}和 750cm^{-1}处为芳香环中氢的吸收峰。这些峰的强度反映了芳香核缩聚程度。对于低煤化度煤，在 3030cm^{-1}处吸收峰很弱，随着煤化度加深，该吸收峰明显增强。

(4)在 1600cm^{-1}处有一个很强的吸收峰，这可能是因为氢键化的羰基与芳香环 C═C 双键吸收相重叠的结果，或者是与煤在压片时所用的 KBr 中的水有关。此吸收峰随煤化度加深而逐渐减弱。

表 4－1　煤的红外光谱各吸收峰的归宿

波数/cm^{-1}	波长/μm	对应的基团
>5000	<2.0	振动峰的倍频或组频（弱）
3300	3.0	氢键缔合的—OH（或—NH），酚类
3030	3.30	芳环 CH
2950	3.38	$—CH_3$
2920	3.2	环烷烃或脂肪烃 CH_3
2860	3.50	环烷烃或脂肪烃 CH_3
2780～2350	3.6～4.25	羧基
1900	5.25	芳香烃，主要是 1,2－二取代和 1,2,4－三取代，羰基—C＝O
1780	5.6	芳香烃，主要是 1,2－二取代和 1,2,4－三取代，羰基—C＝O
1700	5.9	芳香烃，主要是 1,2－二取代和 1,2,4－三取代，羰基—C＝O
1610	6.2	氢键缔合的羰基，具有—O—取代的芳烃 C＝C
159～1470	6.3～6.8	大部分的芳烃
1460	6.85	$—CH_2$ 和 $—CH_3$，或无机碳酸盐
1375	7.27	$—CH_3$
1330　～1110	7.5～9.0	酚、醇、醚、酯的 C—O
1040～910	9.6～11.0	灰分，如高岭土
860	11.6	1,2,4－;1,2,4,5－,(1,2,3,4,5)取代芳烃 CH
833（弱）	12.0（弱）	1,4－取代芳烃 CH
815	12.3	1,2,4－(1,2,3,4－)取代芳烃 CH
750	13.3	1,2－取代芳烃
700	14.3（弱）	单取代或 1,3－取代芳烃 CH，灰分

（5）在（1000～1300）cm^{-1}处呈现醚吸收峰。红外光谱还确证煤中不含有脂肪族的烯键 C＝C 和炔键 C≡C，而在烟煤中（碳含量>80%）只有很少或不含有羧基和甲氧基官能团。多曼斯（H. N. M. Dormans）等人还曾研究了从暗煤中分离的三种显微煤岩组（成）分（壳质组、镜质组和微粒体）的红外光谱，发现壳质组与镜质组相比，所含饱和 C—H 键较多，芳香族 C—C 键和 C—H 键较少，其原因很可能是因为壳质组含有较多的非芳香族物质。微粒体则比镜质组较少含有脂肪族 C—H 键和芳香族 C—H 键，但所含芳香族 C—C 键却较多，这在很大的程度上应归因于微粒体中的芳香核具有较大的尺寸。

三、核磁共振波谱在煤结构研究中的应用

1. NMR 波谱的解析

一般说来，从一张核磁共振波谱（NMR）图上可以获得三方面的信息，即化学位移、耦合裂分和积分线。了解这些信息的意义，就获得了解析谱图的钥匙。

（1）化学位移

物质中同一种原子核产生共振吸收的频率会因该原子核周围的化学环境不同而有所差异，由此引起的共振频率偏移称为化学位移 δ。

所谓化学环境，是指原子核自身的核外电子云密度所受到相邻基团电负性等因素的影

响。每个原子核都被不断运动着的电子云所包围，当原子核处于磁场中时，在外加磁场的作用下，电子的运动产生感应磁场，其方向与外加磁场相反。因此核外电子云起到了对抗磁场的屏蔽作用，使原子核实际受到的磁场作用减小。为了使原子核发生共振，必须增加外磁场的强度以抵消电子云的屏蔽作用。核外电子对核的屏蔽作用以屏蔽常数 σ 表示：

$$H = H_0(1-\sigma)$$

式中：H——核的实受磁场强度。

化学环境不同时，化学位移亦不同，位移量是一个相对值，找不到核外无电子云的裸原子核来进行比较。为了方便起见，必须找一个人为的标准。一般采用四甲基硅烷（CH_3）法（TMS）作为参比内标，人为规定其化学位移 δ 为零。这主要是因为 TMS 中的 12 个氢核处于完全相同的化学环境中，共振条件相等，因此在谱图上中出现一个尖峰。

在 NMR 波谱中，通常以化学位移为横坐标。因为氢核的 δ 值数量级为百万分之一，故其单位取为 10^{-6}（ppm）。化学位移 δ 的数学表示为：

$$\delta = \frac{H_R - H_S}{H_S} \times 10^6$$

式中：H_R——试样的磁场强度；

H_S——内标的磁场强度。

化学位移与原子核所处化学环境密切相关，因此可以将化学位移的大小即谱峰在横坐标上的位置与有机分子的结构关联起来。例如 $CHCl_2CH_2Cl$ 的 ^{1}HNMR 谱，由于—$CHCl_2$ 和—CH_2Cl 基团中氢原子核的化学环境不同，它们的共振吸收峰就出现在图谱中不同的位置。

（2）自旋裂分

从 $CHCl_2CH_2Cl$ 的 ^{1}H NMR 谱中可以看到，$\delta = 3.9 \sim 4.1$ 处的—CH_2—是个两重峰，在 $\delta = 5.7 \sim 5.9$ 处是个三重峰。此峰裂分是由于质子之间自旋耦合所引起的，称为自旋裂分。

一般说来，裂分数可以应用（$n+1$）规律，n 表示相邻碳原子上存在的质子数。即当 $n=1$ 时，出现两重峰；$n=2$ 时，出现三重峰；$n=3$ 时，出现四重峰，等等。裂分后各组多重峰的强度比例数为（$a+b$）^{n} 展开后各项的系数，即：两重峰 1∶1、三重峰 1∶2∶1、四重峰 1∶3∶3∶1 等。裂分后各个多重峰的间隔称为耦合常数 J，其值与取代基团、分子结构有关，与外磁场强度无关。由于自旋裂分现象的存在，使 NMR 波谱对于有机物的结构具有独特的鉴别能力。

（3）积分线

从 $CHCl_2CH_2Cl$ 的 ^{1}H NMR 谱中可以看到由左到右呈阶梯形的曲线（图中虚线），此曲线称为积分线，它是将各组共振峰的面积加以积分而得。积分线的高度代表了积分值的大小。由于图谱上共振峰的面积与质子的数目成正比，因此只要将峰面积加以比较，就能确定各组质子的数目。

2. 煤的 NMR 谱研究

（1）^{1}H NMR 谱研究

1955 年，英国纽曼（P. C. Newman）等人首先将 ^{1}H NMR 用于煤的研究，很快得到了推广应用。^{1}H NMR 能详细给出煤及其衍生物中氢分布的信息：芳香氢的化学位移 δ 处于

(6～10)×10^{-6}；与芳香环侧链 α 位碳原子相连的氢原子 H_α 的化学位移 δ 为（2～4）×10^{-6}；与芳香环侧链 β 位以远的碳原子相连的氢原子 H_0 的化学位移 δ 处于（0.2～2）×10^{-6}。

1960 年，英国布朗（J. K. Brown）和拉德纳（W. R. Ladner）利用氢分布和元素分析数据，提出了计算煤的三个重要结构参数的公式。这些公式已得到广泛应用。这三个结构参数为：芳碳率 f_a，为芳碳原子数与总碳原子数之比；芳香环取代度 σ，为实际被取代的芳香碳原子数与芳香环边缘上可被取代的芳香碳原子数之比；芳香环缩合度 H_{aru}/C_{ar}，为假想未被取代的芳香环的 H/C 原子比，代表缩合芳香族大小。这三个结构参数可分别按下式计算：

$$f_a = \frac{C/H - H_\alpha^*/X - H_0^*/Y}{C/H} \tag{4-4}$$

$$\sigma = \frac{H_\alpha^*/X + O/H}{H_\alpha^*/X + O/H + H_{ar}^*} \tag{4-5}$$

$$H_{aru}/C_{ar} = \frac{H_\alpha^*/X + H_{ar}^* + O/H}{C/H - H_\alpha^*/X - H_0^*/Y} \tag{4-6}$$

式中：$H_{ar}^* = H_{ar}/H$，$H_\alpha^* = H_\alpha^*/H$，$H_0^* = H_0/H$，C，H 和 O 分别为碳、氢和氧的原子数；$X$ 和 Y 分别为 α 位和位以远位上氢与碳的原子比，一般都假定为 2。

^{1}H NMR 需要在溶液状态下测定，所以都用煤的抽提物。表 4－2 给出了不同煤化度煤的吡啶抽出物的氢分布和平均结构单元的结构参数。

表 4－2　煤的吡啶抽提物的氢分布和结构参数

煤 C_{daf}/%	抽提产率/%	氢　分　布			结构参数		
		H_{ar}^*	H_α^*	H_0^*	f_a	σ	H_{aru}/C_{ar}
61.5	13.8	0.07	0.12	0.75	0.41	0.74	0.93
70.3	16.6	0 18	0.20	0.56	0.61	0.55	0.69
75.5	15.8	0.21	0.20	0.53	0.62	0.52	0.72
76.3	6.7	0.20	0.30	0.44	0.64	0.59	0.76
76.7	16.7	0.10	0.21	0.64	0.53	0.67	0.60
80.7	—	0.27	0.22	0.45	0.70	0.45	0.65
82.6	21.4	0.35	0.26	0.36	0.73	0.37	0.68
84.0	18.5	0.30	0.25	0.43	0.69	0.41	0.67
85.1	20.9	0.27	0.29	0.39	0.72	0.47	0.59
86.1	19.3	0.32	0.28	0.37	0.73	0.37	0.57
90.0	2.8	0.55	0.31	0.13	0.85	0.27	0.63
90.4	2.5	0.50	0.30	0.19	0.83	0.26	0.57

在低煤化度烟煤中，与芳香环侧链 β 位以远的碳原子相连的氢 H_0 的吸收峰强度远大于芳香氢。低煤化度烟煤的侧链较多较长，芳香环的缩合度还不够高。由表 4－3 可见，随着煤化度增加，煤的氢分布呈现有规律的变化；芳香氢和与芳香环侧链 α 位碳原子相连的氢逐步增加，而 β 位以远的氢逐渐减少。说明煤的结构随煤化度规律性的变化。煤化度增加，

芳香结构增大，芳香环上的侧链缩短。结构参数的变化也表现了同样的规律。

(2) ^{13}C NMR 谱研究

^{13}C NMR 谱可以用来直接取得煤的碳骨架的信息。^{13}C NMR 可以用液体样品，也可以用固体样品测定。用煤直接测定时，就可以消除由于溶剂抽提的溶剂作用，以及不能完全提取而带来的误差。但^{13}C NMR 信噪比低，灵敏度低，必须采用傅立叶变换（FT）、交叉极化（CP）和魔角旋转（MAS）等方法来提高其灵敏度。随着煤化度提高，芳香族碳有增加的趋势，而脂肪族碳则明显减少。

四、用统计结构解析法研究煤的结构

根据物质的性质与物质结构的内在联系，采取数学统计方法，求取描述物质结构特征，即所谓结构参数的方法叫做统计结构解析法。荷兰煤化学家克勒维伦首先将此法引入煤的结构研究，并创立了煤化学结构的统计解析法。目前，煤化学结构的统计解析法已发展成为与化学方法、物理方法等并列的研究煤结构的重要方法之一。

1. 统计结构解析法的原理

煤的统计结构解析法是应用结构解析法原理，根据煤的性质与结构的内在联系，在不使煤质发生破坏的前提下，通过统计计算，求取平均结构单元的结构参数，来定量地描述煤的结构特征的方法。

分子是由原子组成的。在分子的许多性质中，有的分子性质本身就是其组成原子的性质的汇合和继续，即加和性质，可以相对分子质量为代表；有的则是因为原子间键合方式的不同而产生原来原子所没有的新性质，即结构性质，可以反应性为代表。显然，加和性质主要反映了分子的原子组成，而结构性质则主要反映了分子的结构。而大量的物质性质则是物质的加和性质与结构性质的综合表现。这些性质如表 4 – 3 所示。

表 4 – 3　分子的加和性质与结构性质

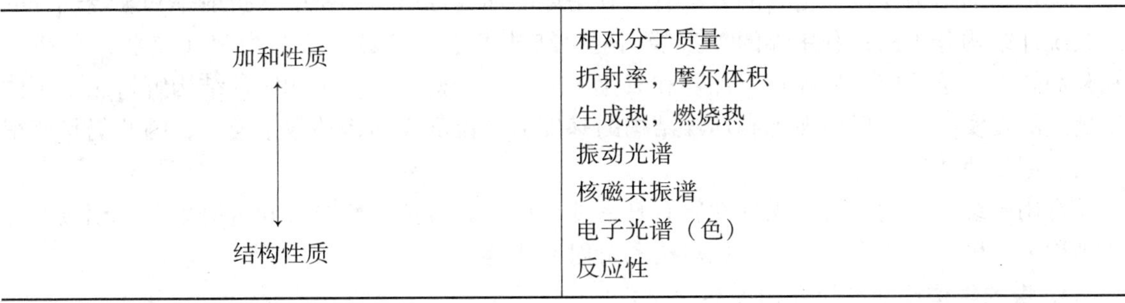

加和性质 ↕ 结构性质	
加和性质	相对分子质量
↑	折射率，摩尔体积
	生成热，燃烧热
	振动光谱
	核磁共振谱
↓	电子光谱（色）
结构性质	反应性

煤的统计结构解析法研究，主要就是利用煤的加和性质来计算煤的结构参数，并根据煤的结构性质对计算结果进行校正。

对于煤的性质与结构的关系，克勒维伦采用了摩尔加和性函数来表示：

$$MF = \mathrm{C}\cdot\varphi_{\mathrm{C}} + \mathrm{H}\cdot\varphi_{\mathrm{H}} + \mathrm{O}\varphi_{\mathrm{O}} + \cdots + \sum x_i\varphi_{x_i} \qquad (4-7)$$

式中：　MF——摩尔加和性函数；

M——相对分子质量；

C，H，O——C，H，O 原子的个数；

x_i——每个平均结构单元中，第 i 种结构因素（如 C═O 基）的个数；

$\varphi_C, \varphi_H, \varphi_O, \cdots, \varphi_{x_i}$——原子和结构因素分别对加和性函数的贡献。

函数 MF 的重要性在于它可以推导出平均结构单元的结构参数，甚至在不知道煤的相对分子质量的情况下，也能这样做。

例如，可以将煤的真密度 d 作为加和性函数来计算芳碳率 f_a。

用碳原子个数 C 除以上式，有

$$\frac{M}{C}F = \varphi_C + \frac{H}{C} \cdot \varphi_H + \frac{O}{C}\varphi_O + \cdots + \frac{\Sigma x_i}{C}\varphi_{x_i} \tag{4-8}$$

引入煤的含碳量 C_{daf}(%)，得 $C_{daf} = \frac{12C}{M} \times 100$，移项得 $\frac{M}{C} = \frac{1200}{C_{daf}} = M_C$ （4-9）

式中 M_C 指每一个碳原子对应的相对分子质量，称为单碳相对分子质量，它是一个非常有用的分子参数。记芳碳原子数为 C_a，并令 $X = C_a$，则 X/C 成为一个重要的结构参数芳碳率 f_a，即 $f_a = C_a/C$。此时，尚需确定 F 具体代表哪一个加和性函数。为此，必须考察芳香碳原子和饱和碳原子之间的差别。芳香族碳原子与饱和烃碳原子相比较，C—C 键较短，键能较大。而 C—C 键较短意味着单碳原子的体积较小。这种差别意味着可以用真密度 d 作为适宜的加和性函数。这是因为对液体和无定形固体而言，摩尔体积 V_M 是加和性质，且 $V_M = M/d$。这样就可以用来求取结构参数，例如芳碳率的加和性函数。

2. 煤的结构参数

由于煤结构的复杂性和不均一性，难以确切了解煤的分子结构，因此常采用“结构参数”来综合性地描述煤的基本结构单元的平均结构特征。这些主要的结构参数分别描述了煤结构的芳香度、环缩合度和分子大小，其分类、符号与极值如表 4-4 所示。

3. 煤化学结构的统计解析法研究

确定煤的结构参数，主要的方法有：利用煤的加和性质，如密度、折射率和燃烧热等的经典统计结构分析法；利用煤的 X 射线衍射、红外光谱和核磁共振等物理（仪器）分析法和利用若干化学反应，如氟化、加氢和氧化等的化学分析法。传统的统计结构解析法虽不能得到煤的真实结构，但能在不破坏煤结构的基础上，得到煤结构的数学模式，因此仍具有很大的实用价值。

常用于统计结构解析法煤的性质有真密度、挥发分含量、燃烧热和折射率等，相应的方法则称为密度法、挥发分法、燃烧热法和折射率法等。

4. 煤的结构参数与煤质的关系

（1）煤化度

f_a 随煤化度的增加而增大。碳含量大于 87% 以后，f_a 急剧增加，碳含量大于 95% 以后，f_a 已接近于 1 或等于 1，说明只有无烟煤才是高度芳构化的。

（2）显微组分

在同一煤化度的煤中，不同显微组分具有不同的结构参数。随着煤化度增加，除丝质体的芳碳率外，镜质组、稳定组、微粒体的芳碳率和环缩合度指数以及丝质体的环缩合度指数均随之增大。丝质体的芳碳率和环缩合度指数最大，而且芳碳率呈水平直线稳定于 $f_a \approx 0.98$，几乎不受煤化度影响。稳定组的这两个结构参数最小，并随煤化度的变化最剧烈。当煤化度足够高时，各种显微组分之间的差别趋于消失。

（3）还原程度

还原程度较高的煤，氢含量较大，因此可用 H/C 原子比表征还原程度。随着煤的还原程度增加，即 H/C 原子比稍大，煤的芳碳率呈逐渐减小趋势。

表 4－4　煤的主要结构参数

<table>
<tr><th>参数类型</th><th>结构参数</th><th>符　号</th><th>极　值</th></tr>
<tr><td rowspan="3">芳香度</td><td>芳碳率</td><td>$f_a=C_a/C$</td><td rowspan="3">0　非芳烃
1　净芳烃</td></tr>
<tr><td>芳氢率</td><td>$f_{ha}=H_a/H$</td></tr>
<tr><td>芳环率</td><td>$f_{ra}=R_a/R$</td></tr>
<tr><td rowspan="3">环缩合度</td><td>环缩合度指数</td><td>$2\left(\frac{R-1}{C}\right)$</td><td>0　苯；1　石墨</td></tr>
<tr><td>结构单元的环指数（单碳环数）</td><td>$2\frac{R'}{C}$</td><td>0　脂肪烃；1　石墨</td></tr>
<tr><td>芳环的紧密度</td><td>$4\left(\frac{R_a+\frac{1}{2}}{C}\right)-1$</td><td>0　Cata 型稠环芳烃
>0　Peri 型稠环芳烃</td></tr>
<tr><td rowspan="3">分子大小</td><td>芳族（Cluster）的大小</td><td colspan="2">Cau（结构单元中芳碳数）</td></tr>
<tr><td>对应于每一平均结构
单元的桥键数（聚合强度）</td><td>b</td><td>0　单体
<1　链型聚合物
>1　网络型聚合物</td></tr>
<tr><td>聚合度（每一分子中结构单元的平均数）</td><td>p</td><td></td></tr>
</table>

5. 煤结构研究的新进展

近年来随着煤炭综合利用的深入进行，一度较为沉寂的煤结构研究再次引起人们的重视。几乎近期才发展起来的物理仪器分析新技术都已用于煤结构的研究。重要的研究方法及其所提供的信息有：

计算机断层扫描（CT）、核磁共振成像：孔结构；

电子透射/扫描显微镜（TEM/SEM）、扫描隧道显微镜（STM）、原子力显微镜（AFM）：表面形貌与结构；

质谱（MS）：碳原子数分布、碳氢化合物类型、相对分子质量；

X 射线光电子能谱（XPS）、X 射线吸收近边谱（XANES）：有机 S 和有机 N。

此外，用 X 射线衍射径向分布函数法解析煤结构也是近年来的一大特色。

五、煤的结构模型

煤的结构模型是根据煤的各种结构参数进行推断和假想而建立的，用以表示煤平均化学结构的分子图示。建立煤的结构模型是研究煤的化学结构的重要方法。从20世纪初开始研究煤结构以来，人们提出的煤分子结构模型已有十几个。这些模型反映了当时对煤化学结构的观点和研究水平。煤结构模型的建立与煤结构的研究方法密切相关。各种模型只能代表统计平均概念，而不能看作煤中客观存在的真实分子形式。

1. 煤的化学结构模型

（1）Fuchs模型

Fuchs模型是由德国W. Fuchs提出、Krevelen于1957年进行了修改的煤结构模型它是20世纪60年代以前煤的化学结构模型的代表。第二次世界大战以前，煤化学结构的研究主要是用化学方法进行的，得出的是一些定性的概念，可用于建立煤化学结构模型的定量数据很少。Fuchs模型就是基于这种研究水平而提出的。该模型将煤描绘成由很大的蜂窝状缩合芳香环和在其边缘上任意分布着以含氧官能团为主的基团所组成。第二次世界大战以后直至20世纪60年代以前，煤结构的研究开始广泛采用X射线衍射、红外光谱分析和统计结构解析等物理方法，提出了许多经典的煤结构模型。但这些模型与Fuchs模型具有一个共同特点，即结构单元中芳香缩合环都很大。

（2）Given模型

20世纪60年代以来，在煤化学研究中采用了各种新型的现代化仪器，如傅立叶变换红外光谱和高分辨率核磁共振波谱等，提出了更为准确、详细的煤结构信息。根据这些信息建立的众多新的结构模型在很多方面显示出一致性。

英国P. H. Gven的煤结构模型表示出低煤化度烟煤是由环数不多的缩合芳香环（主要是萘环）构成的。在这些环之间以氢化芳香环相互联结，构成无序的三维空间大分子（折叠的）。氮原子以杂环形式存在，亦有酚羟基和醌基。但此模型中没有含硫的结构，也没有醚键和两个碳原子以上的直链桥键。

（3）Wiser模型

美国W. H. Wiser提出的煤化学结构模型被认为是比较全面、合理的模型。该模型也是对低煤化度烟煤的描绘，它展示了煤结构的大部分现代概念。

该模型芳香环数分布范围较宽，包含了1～5个环的芳香结构；氧、硫和氮部分以杂环形式存在。芳香环之间以C_1～C_3的脂肪桥键、醚键和硫醚键等弱键联结。芳香环边缘上有羟基和羰基，由于是低煤化度烟煤，也含有羧基。结构中还有硫醇和噻吩等基团。此模型可以解析煤的一些化学反应和性质，如热分解反应和液化性质等。

（4）Shinn模型

Shinn模型是J. H. Shinn根据煤在一段、二段液化过程的产物分布提出的，所以又称为煤的反应结构模型，它认为煤大分子结构的分子式可写为$C_{661}H_{561}N_4O_{71}S_6$，相对分子质量高达10023。这个煤的大分子可以分离出11种不同的结构单元或分子片段，它们的相对分子质量介于286～1250之间。但可能是受到液化过程溶剂作用影响的原因，该模型仍然没有表示出煤中存在的低分子化合物。

2. 煤的物理结构模型

煤的化学结构模型仅能表达煤分子的化学组成与结构，但未能涉及煤的物理结构和分子间的联系。因此，研究者提出了若干煤的物理结构模型。其中，以Hirsch模型和两相模型最具代表性。

（1） Hirsch 模型

P. B. Hirsch（1954 年）根据 X 射线衍射研究结果提出的物理模型将不同煤化度的煤划归三种物理结构：

① 敞开式结构。属于低煤化度烟煤，其特征是芳香层片较小，而不规则的“无定形结构”比例较大。芳香层片间由交联键联系，并或多或少在所有方向任意取向，形成多孔的立体结构。

② 液体结构。属于中等煤化度烟煤，其特征是芳香层片在一定程度上定向，并形成包含两个或两个以上层片的微晶。层片间交联键数目大为减少，故活动性大。这种煤的孔隙率小，机械强度低，热解时易形成胶质体。

③ 无烟煤结构。属于无烟煤，其特征是芳香层片增大，定向程度增大。由于缩聚反应的结果形成大量微孔，故孔隙率高于前两种结构。

Hirsch 模型比较直观地反映了煤的物理结构特征，解释了不少现象。不过“芳香层片”的含义不够确切，也没有反映出煤分子构成的不确定性。

（2） 两相模型

两相模型又称为主 - 客（host - guest）模型，它是由 Ghen 等人根据 NMR 氢谱发现煤中质子的弛豫时间有快慢两种类型而提出的（1986 年），大分子网络为固定相，小分子则为流动相。这一模型结合（交联），也有物理缔合（分子间力）。

3. 煤结构的综合模型

总结煤结构模型的发展过程有两个主要特点：一是煤大分子结构的稠环芳香部分的苯环数由多到少再增多变化，二是结构模型朝综合变化方向发展。煤结构的综合模型同时考虑了煤的分子结构及其空间构造，也可理解为煤的化学结构模型与物理结构模型的组合。

（1） Oberlin 模型。它是 Oberlin 用高分辨透射电镜（TEM）研究煤结构后提出的。其特点是稠环个数较多，最大有 8 个苯环，近似于 Fuchs 模型与 Hirsch 模型的组合。该模型过于强调了 Co 卟啉的存在。

（2） 球（Sphere）模型。它是 Grigoriew 等人用 X 射线衍射径向分布函数法研究煤的结构后提出的。其最大特点是首次提出煤中具有 20 个苯环的稠环芳香结构。这一模型可以解释煤的电子谱与颜色。

六、煤化学结构的基本概念

关于煤的化学结构曾有过多种假说，如低分子结构说、胶体化学结构说和高分子结构说等。而近代观点则认为煤具有高分子聚合物特征。煤的化学结构是高度交联的非晶质大分子空间网络。每个大分子由许多结构相似而又不完全相同的基本结构单元聚合而成。

1. 煤的化学结构特征

对煤结构的研究表明，煤的化学结构具有相似性和高分子聚合物特性。

（1） 煤化学结构的相似性

煤化学结构的相似性是指相同煤化度煤的同一显微组分并不是一个纯物质，而是由许多结构相似的煤分子组成的混合物，每一个煤分子的基本结构单元彼此也不完全相同，但同一个煤分子中各个基本结构单元的结构也是相似的。

煤化学结构的相似性可从以下几点得到证明。

① 溶剂抽提的原料煤、抽出物和抽提残渣在工业分析、元素分析、红外光谱和 X 射线衍射等方面的性质，并未显示出本质的差别；

② 原料煤与其高真空热解馏出物的红外光谱，几乎具有相同的谱图；

③ 将煤的溶剂抽出物进一步色层分离，各分离产物亦具有相似的红外、紫外光谱。

正是由于煤的化学结构具有相似性，研究煤的平均结构单元才有意义。

（2）煤的高分子聚合物特性

煤的高分子聚合物特性表现如下：

① 相对分子质量大。煤的成因研究和溶剂抽提表明，成煤物料本身就是聚合物，如木质素相对分子质量达 11000、纤维素则高达 150000。成煤过程中出现的中间产物腐殖酸也是聚合物，相对分子质量从几千到几万。煤的相对分子质量大小尚无定论，多认为煤的相对分子质量在数千范围。

② 具有缩合结构。煤的氧化可得到苯羧酸，而苯羧酸只能由烷基苯或稠环化合物转变生成，这说明煤具有缩合芳香族结构。此外，煤的基本结构单元之间由次甲基或醚键联结为链状结构；煤的结构中存在酚羟基，也证明了煤具有缩合结构。

③ 可发生降解反应。对煤进行连续氢化，将使煤的相对分子质量变小，而且各级加氧产物具有相似的红外光谱。

④ 可发生解聚反应。原料煤及其初次热解产物、高真空热分解馏出物都具有极为相似的红外光谱，说明后两者都是煤的热解聚产物。

2. 煤的基本结构单元

煤具有聚合物特性，但与一般聚合物不同，煤解聚后得到的不是具有相同相对分子质量和单一化学结构的单体，而是不同相对分子质量、不同化学结构的一系列相似化合物的混合物。因此，构成煤聚合物的基本结构单位不称“单体”，而称“基本结构单元”。煤聚合物中大分子可大致看作由与基本结构单元有关的三个层次部分组成，即基本结构单元的核、核外围的官能团和烷基侧链以及基本结构单元之间的联结桥键。

（1）基本结构单元的核

煤的元素组成和很多性质显示，煤的基本结构单元具有芳香性。我们还不清楚基本结构单元的确切结构，但可以通过结构参数去推测和估计基本结构单元的核结构以及芳香环的缩合程度。最重要的结构参数是芳香度（包括芳碳率和芳氢率）和缩合环数。

不同煤化度煤的芳碳率 f_{ar}^{c}、芳氢率 f_{ar}^{H} 用和其他有关结构参数列于表 4－5。

由表 4－5 可见，f_{ar}^{C}、f_{ar}^{H} 随煤化度的增加而增大，但在煤中 C_{daf} 达 90% 以前增大并不显著。f_{ar}^{C} 波动于 0.7～0.8，f_{ar}^{H} 波动于 0.3～0.4，说明只有无烟煤是高度芳构化的。NMR 和 FTIR 两种方法的测定结果除个别数据偏差较大外，基本是一致的。对烟煤而言，$f_{ar}^{C}<0.8$，$f_{ar}^{H}\approx 0.33$。从 H_{ar}/C_{ar} 可知，约有 2/3 的芳碳原子处于缩合环位置，其上无氢原子。H_{al}/C_{al} 平均值约为 2，这是存在脂环的证据之一。其他方法测得芳碳率的结果也与此大致相似，如表 4－6 所示。

表 4－5 不同煤化度煤的 f_{ar}^{C}、f_{ar}^{H} 和其他有关结构参数

煤中 C/%	f_{ar}^{C}		f_{ar}^{H}		H_{ar}/C_{ar}	H_{al}/C_{al} ②	R_{min}（平均）
	NMR	FTIR①	NMR	FTIR			
75.0	0.69	0.72	0.29	0.31	0.33	1.48	2
76.6	0.75	0.75	0.34	0.33	0.36	1.78	2
77.0	0.71	0.65	0.33	0.24	0.34	1.89	2
77.9	0.38	0.49	0.16	0.14	0.42	1.32	1
79.4	0.77	0.77	0.31	0.31	0.31	1.91	3
81.0	0.70	0.69	0.31	0.34	0.34	1.45	2
81.3	0.77	0.74	0.30	0.36	0.35	2.11	3
82.0	0.78	0.73	0.36	0.32	0.34	2.14	3
82.0	0.74	0.76	0.33	0.31	0.33	1.74	3
82.7	0.79	0.73	0.32	0.29	0.31	2.34	3
82.9	0.75	0.79	0.39	0.39	0.38	1.59	3
83.4	0.78	0.69	0.33	0.29	0.32	2.31	3
83.5	0.77	0.69	0.34	0.29	0.36	2.42	3
83.8	0.54	0.56	0.18	0.16	0.31	1.69	1
85.1	0.77	0.80	0.43	0.45	0.36	1.38	3
86.5	0.76	0.78	0.33	0.42	0.36	1.75	3
90.3	0.86	0.84	0.53	0.50	0.35	1.91	6
93.0	0.95	—	0.68	—	0.23	2.06	30

注意：① 傅立叶变换红外光谱。② 脂肪氢、碳原子比。

表 4－6 各种不同方法测得的 f_a

方 法	煤中碳/%			
	80	85	90	95
X 射线衍射	0.55～0.95			
密度/(g·cm^{-3})（德莱登）	0.75	0.74	0.78	0.99
燃烧热（同上）	0.82	0.81	0.85	1.00
密度/(g·cm^{-3})（克瑞威仑）	0.72	0.75	0.79	0.96
红外光谱	≤0.72	≤0.82	≤0.96	
核磁共振（万德哈特）	0.79（C 72.5%）	0.77（C 82.5%）		>0.98（C 92.8%）
同上（怀特赫尔斯特）	次烟煤和高挥发分烟煤 0.61～0.66，无烟煤 1.00			
$KMnO_4$ 氧化（彭恩）	0.42	≥0.39～0.46		
次氯酸钠氧化（马跃）	0.40			
氟化（休斯敦）	0.69（C 77.6%）			

用各种不同方法求得的基本结构单元的缩合环数如表 4－7 所示。

表 4-7　煤结构单元的缩合环数

研究方法	煤中 C/%				发表年份
1. X 射线衍射（希尔施）	4~5	4~5	≥7	30	1954
2. X 射线衍射（纳尔逊）	≤4.0	≤4.0	≤4.0	—	—
3. 折射率（克瑞威伦）	6	9	16	31	1950S
4. NMR 和 FTIR（盖斯坦）	2	3	6	>30	1982
5. 磁化率（本田）	2	3	5	—	—
6. 氧解（丁格利）	2	2	3~5	>40	1973
7. 水解（大内公耳）	2~3(C80%~85%)	—	4.0（C 87.4%）	—	1979
8. 氢解（坂部）	—	1~5（平均 3）	—	—	—

由表 4-7 可知，NMR 和 FTIR 测得的结果与磁化率法、化学方法比较一致。在 1950 年以前，一般认为烟煤的缩合环数不小于 10，20 世纪 60 年代，以 Krevelen 为代表的观点认为，从褐煤到低挥发分烟煤，其基本结构单元约包含 20 个碳原子，即 4~5 个环；20 世纪 70 年代以后，发现煤中 C 在 70%~83% 之间时平均环数为 2，C 在 83%~90% 时平均环数增至 3~5 个，C 为 95% 时环数激增至 40 以上。

基本结构单元的核主要由不同缩合程度的芳香环构成，也含有少量的氢化芳香环和氮、硫杂环。低煤化度煤基本结构单元的核以苯环、萘环和菲环为主，中等煤化度烟煤基本结构单元的核则以菲环、蒽环和芘环为主，无烟煤阶段的基本结构单元核的芳香环数急剧增加，逐渐趋向石墨结构。

（2）基本结构单元的官能团和烷基侧链

煤的基本结构单元的外围部分主要是含氧（还有少量含硫、含氮）官能团和烷基侧链。它们随煤化度增加而逐渐减少。不同煤种烷基侧链的平均长度如表 4-8 所示。

由表 4-8 可见，烷基侧链随煤化度增加开始很快缩短，然后渐趋稳定。低煤化度褐煤的烷基侧链长达 5 个碳原子，高煤化度褐煤和低煤化度烟煤的烷基侧链碳原子数平均为 2，至无烟煤减少到 1，即主要含甲基。此外，烷基碳占总碳的比例也随煤化度增加而减少，煤中 C 为 70% 时烷基碳占总碳的 8% 左右，C 为 80% 时约占 6%，C 为 90% 时只有 3.5% 左右。

表 4-8　煤中烷基侧链的平均长度

煤中 C/%	65.1	74.2	80.4	84.3	90.4
烷基侧链平均碳原子数	5.0	2.3	2.2	1.8	1.1

（3）桥键

桥键是联结基本结构单元的化学键，确定桥键的类型和数量对了解煤的化学结构和性质十分重要。由于这些键处于煤分子中的薄弱环节，易受热作用和化学作用而裂解，而且裂解过程与产物易与某些官能团或烷基侧链交织在一起，至今尚未得到可靠的定量数据。但定性的研究结果表明，桥键一般有以下四类：

① 次甲基键。$—CH_2—$，$—CH_2CH_2—$，$—CH_2CH_2CH_2—$等。

② 醚键和硫醚键。—O—，—S—，—S—S—等。

③ 次甲基醚键和次甲基硫醚键。$—CH_2—O—$，$—CH_2—S—$等。

④ 芳香碳－碳键。$C_{ar}-C_{ar}$。

这些桥键在煤中并不是平均分布的，在褐煤和低煤化度烟煤中，主要存在前三种桥键，尤以长的次甲基键和次甲基醚键为多，中等煤化度烟煤中桥键数目最少，主要键型为$—CH_2—$和—O—，至无烟煤阶段桥键又有所增多，键型则以$C_{ar}-C_{ar}$为主。

3. 煤的相对分子质量及低分子化合物

（1）煤的相对分子质量

有关煤相对分子质量的数据小至几百，大至上百万，相差很大。理论上，“煤分子”目前在概念上还相当模糊，有的将煤降解产物的分子看作煤分子，有的将由交联键相连的高分子链看作煤分子；实践上，目前还没有直接测定煤相对分子质量的方法，也没有找到能使煤分子间的交联键选择性地进行定量分解的方法。此外，由于煤的分子大小本身并不均一，所以不同方法得到的所谓相对分子质量波动范围很大。因此，有关煤分子及相对分子质量问题还有待进一步研究。

煤分子间存在交联是可以肯定的，这从煤具有相当大的机械强度、耐热性和抗溶剂性可以证明。交联不但可以发生在分子之间，也可发生在分子内部。交联发生后，分子自身的空间构型和分子与分子之间的相对位置在一定程度上被固定。不同煤化度的煤，交联情况有所区别。中等煤化度烟煤分子间的交联程度最低，所以它有最好的熔融性，在重质芳香溶剂中具有最高的溶解度，并具有最小的机械强度。交联键有两类：

① 化学键。主要是—C—C—键和—O—键，它们与前述桥键的化学本性基本相同，但其稳定性低于桥键。

② 非化学键。包括范德华力和氢键力。对低煤化度煤来讲以氢键力为主，而高煤化度煤则以范德华力为主。

目前不少人认为烟煤分子的结构单元数目在200～400之间，相对分子质量在若干范围。例如，有研究者提出烟煤平均相对分子质量在4500左右，而有人则认为约为2500。这些说法都有一定的实验基础，但也都有待进一步核实。首先应确定煤分子的定义，查明煤的物质结构层次。将煤的基本结构单元、分子和团簇（Cluster）这三级结构层次区分开来。

（2）煤中的低分子化合物

在煤尚未发生化学反应的条件下，可得到相对分子质量在500左右或500以下的溶剂抽提物。这些化合物可溶于溶剂，加热可熔化，部分可挥发。显然，它们与煤的总体性质或煤主体结构的性质完全不同，通常称它们为煤中的低分子化合物。

低分子化合物来源于成煤植物成分（如树脂、树蜡、萜烯和甾醇等）以及成煤过程中形成的低分子聚合物。低分子化合物主要可分为两大类：含氧化合物和烃类。含氧化合物有长链脂肪酸、醇和酮。烃类主要是正构烷烃，分布范围广至C_1～C_3，甚至还有发现C_{70}的报道，此外还有少量环烷烃及多环芳烃等。

低分子化合物大体上是均匀嵌布在煤的整体结构中的。有人认为是被吸附在煤的孔隙中，也有人认为是形成固体的“溶液”。结合力有氢键力、范德华力、电子结合力等。上述几种力叠加起来比较可观，再加上孔隙结构的空间阻碍，故部分低分子化合物很难抽提，甚至在不发生化学变化的条件下根本不能完全抽提出来。

煤中低分子化合物到底有多少，目前还没有确切的答案。但一般认为其含量随煤化度加深而减少。有人认为褐煤和高挥发分烟煤中的低分子化合物约占煤有机质的10% ~23%。煤中低分子化合物虽然数量不多，但它的存在对煤的性质，如粘结性能、液化性能等影响很大。

4. 各种显微组分的化学结构

镜质组是煤中的代表性有机显微组分，以下对稳定组和丝质组的化学结构作一简单比较。稳定组的主要结构特征是H/C原子比较高、芳香度低、氧含量低。X射线衍射时表征芳香结构的衍射峰不明显，而表征非芳香结构的位于002带左侧的γ带却十分显著，表明稳定组包括更多的脂肪和脂环结构。在煤化过程中，稳定组的结构和性质逐渐向镜质组靠拢，至煤中C接近90%时，两者的差别基本消失。

丝质组包括丝质体、微粒体和粗粒体等显微煤岩成分。它们在成煤初期就发生了较深刻的变化，故在煤化过程中的变化反而不明显。如表4-9所示，微粒体的碳含量高、氢含量低、芳香度高。X射线衍射表明，与同一煤样中的镜质组和稳定组相比，丝质组表征芳香层片大小和平行定向程度的衍射峰最强。所以，无论煤化度高低，丝质组在化学结构和性质上都接近或甚至超过无烟煤。

表4-9　不同显微组分的组成和结构比较

煤中C/%	显微组分①	元素组成/%					H/C	f_{ar}^{C}②
		C	H	O	N	S		
81.5	V	81.5	5.15	11.7	1.25	0.4	0.753	0.83
	E	82.2	7.4	8.5	1.3	0.6	1.073	0.61
	M	83.6	3.95	10.5	1.35	0.6	0.563	0.91
85.0	V	85.0	5.4	8.0	1.2	0.4	0.757	0.85
	E	85.7	6.5	5.8	1.4	0.6	0.905	0.73
	M	87.3	4.15	6.7	1.35	0.6	0.566	0.92
87.0	V	87.0	5.35	5.9	1.25	0.5	0.732	0.86
	E	87.7	5.85	4.4	1.45	0.6	0.793	0.83
	M	89.1	4.2	4.7	1.4	0.6	0.561	0.93
89.0	V	89.0	5.1	4.0	1.3	0.6	0.683	0.88
	E	89.6	5.2	3.3	1.3	0.6	0.691	0.87
	M	90.8	4.1	3.2	1.3	0.6	0.537	0.94
90.0	V	90.0	4.94	3.2	1.35	0.5	0.655	0.90
	E	90.4	4.5	2.8	1.3	0.6	0.646	0.90
	M	91.5	3.65	2.6	1.35	0.6	0 514	0.95

注：① V镜质组、E稳定组、M丝质组中的微粒体；

② f_{ar}^{C}数据系用经典法求得，故偏高，供相互比较用。

5. 煤化学结构的近代概念

归纳到目前为止的研究成果，近代较多数人所接受的煤化学结构概念可以表述为：

（1）煤结构的主体是三维空间高度交联的非晶质的高分子聚合物，煤的每个大分子由许多结构相似而又不完全相同的基本结构单元聚合而成。

（2）基本结构单元的核心部分主要是缩合芳香环，也有少量氢化芳香环、脂环和杂环。基本结构单元的外围连接有烷基侧链和各种官能团。烷基侧链主要有—CH_2—、—CH_2CH_2—等。官能团以含氧官能团为主，包括酚羟基、羧基、甲氧基和羰基等，此外还有少量含低对硫官能团和含氮官能团。基本结构单元之间通过桥键联结为煤分子。桥键的形式有不同长度的次甲基键、醚键、次甲基醚键和芳香碳—碳键等。

（3）煤分子通过交联及分子间缠绕在空间以一定方式定型，形成不同的立体结构。交联键有化学键，如同上述桥键，还有非化学键，如氢键力、范德华力和电子接受力等。煤分子到底有多大，至今尚无定论，有不少人认为基本结构单元数大致在 200 ~ 400 范围，相对分子质量在若干范围。

（4）在煤的高分子聚合物结构中还较均匀地分散嵌布着少量低分子化合物，其相对分子质量在 500 左右及 500 以下。它们的存在对煤的性质尤其对低分子化合物含量较多的低煤化度煤的性质有不可忽视的影响。

（5）镜质组是煤主体的代表性显微煤岩组分，煤的化学结构实质上主要是指镜质组的结构。稳定组脂肪和脂环结构成分较多、芳香度低、氢含量高。在煤化过程中，其结构和性质逐渐趋同于镜质组，至 C 达 90% 时，两者的差别基本消失。丝质组碳含量高、氢含量低、芳香度高。随煤化度变化的幅度很小，在各种煤化度的煤中，丝质组的化学结构和性质都接近或超过无烟煤。

（6）低煤化度煤的芳香环缩合度较小，但桥键、侧链和官能团较多，低分子化合物较多，其结构无方向性，孔隙率和比表面积较大。随煤化度加深，芳香环缩合程度逐渐增大，桥键、侧链和官能团逐渐减少。分子内部的排列逐渐有序化，分子之间平行定向程度增加，呈现各向异性。煤的许多性质在中变质烟煤（肥煤和焦煤）处呈现转折点，显示煤的结构由量变引起质变的趋势。至无烟煤阶段，分子排列逐渐趋向芳香环高度缩合的石墨结构。

1. 煤的物理结构和化学结构模型都有哪些？
2. 仪器分析在煤结构研究中有什么作用？举例说明。
3. 什么是煤的结构参数？有何作用？
4. 名词解释：化学位移，化学环境，自旋裂分，X - ray 衍射图谱。
5. 名词解释：两相模型，桥键，煤的基本结构单元。

第五章　煤转化技术

第一节　煤　制　气

煤气化指煤在特定设备内，在一定温度及压力下使煤中有机质与气化剂（蒸汽或氧气）发生一系列的化学反应，将固体煤转化为含有 CO，CH_4 等可燃气体和 CO_2，N_2 等非可燃气体的过程。煤气化时，必须具备气化炉、气化剂、供给热力三个条件。其中，煤气化炉是煤气化技术的核心。煤气化技术在很大程度上决定了全系统装置能否长周期、安全、稳定地运行，也决定了成本效益。比较成熟的有 F－T（费－托）工艺、德士古工艺、shell 工艺等。相关资料很多，此处从略。

目前正在研究的技术有四喷嘴水煤浆气化技术、两段式干煤粉加压气化技术、灰融聚流化床气化技术等，这些技术正在从工业化试验装置阶段稳步进入示范厂建设阶段，有的已经投产。同时，国产煤气化炉等装备也取得突破，已成功应用于工业化生产。

第二节　煤　制　油

煤和石油都是碳氢化合物，所含化学元素基本相同。它们在化学组成上的差别是，煤的碳含量高，氢含量比石油低，氧含量比石油高。典型烟煤的氢碳比为 0.8 左右，而原油的氢碳比为 1.76 左右，汽柴油的氢碳比为 2 左右。煤液化就是根据大分子学说，让煤在高温高压条件下裂解，通过化学反应提高煤炭的氢碳原子比，降低氧碳原子比，转化成液态油（烷烃）和气态烃。根据初步测算，每 3.4～3.5 吨煤可生产 1 吨油品，如果每桶原油价格保持在 40 美元以上，工业化煤制油生产就可以实现盈利。

煤液化技术起源于德国，早在 19 世纪即已开始研究。德国是一个富煤贫油的国家，1913 年，德国化学家弗里德里希·柏吉斯（F. Bergius），研究出煤炭在高温高压条件下加氢液化反应，生成燃料的煤炭直接液化技术，并获得专利。柏吉斯因此获得 1931 年的诺贝尔化学奖。1923 年，德国化学家费歇尔（F. Fischer）和托罗普希（H. Tropsch）试验成功间接液化技术。

煤直接液化的流程是：将洗精煤送入备煤装置，粉碎成特别小的粒度，掺上供氢溶剂制成煤浆。然后在煤液化装置的高温高压环境（温度（420～480）℃，压力（17～70）MPa）以及催化剂作用下，煤的大分子结构桥键断裂，裂解成分子量相对较小的自由基碎片。由于自由基碎片是不带电子的基团，自身不稳定，需要送至加氢稳定装置，再通过一系列加氢化学反应及催化剂作用，使自由基碎片在高压氢气中加氢稳定，脱除煤中氧、氮、硫等杂原子，再经过加氢改质装置进一步提高油品质量，生成柴油、汽油、石脑油等液态油（烷烃）

和液化石油气（LPG）等产物。反应过程中产生的含硫气体、油渣、酸性水、含硫污水可经过回收装置处理后再循环利用。

煤间接液化的流程是：用煤炭干馏得到焦炭，焦炭在高温下与氧气和水蒸气反应，制得的粗煤气经变换、脱硫、脱碳制成洁净的一氧化碳与氢气混合物。合成气在催化剂作用下，经 F－T（费托）合成反应，生成烃类产品和化学品，烃类经进一步加工可以生产汽油、柴油和 LPG 等产品。间接液化根据加热温度，又分为高温合成与低温合成两类工艺。

国外煤直接液化技术主要有美国的 SRC－1、SRC－2、EDS、H－COAL、HTI 工艺，德国的 IGOR 工艺，英国的 SCE 工艺，日本的 NEDOL 工艺等。煤间接液化技术主要有南非 SASOL 公司的 F－T 合成技术，荷兰 Shell 公司的 SMDS 技术，美国 Mobil 公司的 MTG 合成技术等。这些技术虽然经过长期发展，但多数为小型实验装置，大规模工业化生产仍然缺乏经验。

第三节　煤　制　焦

煤制焦是煤炭综合利用的重要方式，早期的煤炭主要用于制焦，评价煤炭等级的指标之一是考察煤炭的出焦率高低。煤的粘结与成焦机理是炼焦工艺的重要理论基础，它始终是煤化学工作者倍加重视并倾注了大量心血的研究领域之一。但是，迄今人们对煤的粘结与成焦机理提出的多种理论仍不完善，有待进一步深入研究。

一、粘结与成焦机理概述

对于煤粘结成焦机理的研究，比较有影响的有溶剂抽提理论、物理粘结理论、塑性成焦机理、中间相成焦机理和传氢机理。

1. 溶剂抽提理论

用溶剂把煤抽提成不同的组分是一种历史悠久、应用广泛的研究煤的方法。进入 20 世纪，很多学者就煤中抽提出的各组分在成焦过程中的作用加以研究，进而阐明成焦规律。1911 年英国惠勒（R. V. Wheeler）用吡啶、氯仿抽提煤，把煤抽提后的产物分为 α，β，γ 组分。他认为 γ 组分是煤中的粘结组分，这种组分决定了煤的软化熔融程度。1916 年德国费歇尔（F. Rischer）用苯和石油醚对煤进行抽提，认为炼焦煤中抽提出来的沥青质为粘结物质，而抽提留下的残渣为不熔融和不结焦的物质。溶剂抽提理论到 20 世纪 60 年代又被重新讨论。日本城博等人用吡啶作溶剂抽提煤，并认为抽提出来的低分子组分属于粘结组分，而残留的物质则属于纤维质组分。粘结组分的数量表示煤的粘结能力的强弱，纤维质组分的强度则影响焦炭基质（或称焦炭气孔壁）的强度占粘结组分和纤维组分的相互作用，对胶质体的流动性和焦炭的质量有重要的影响。

2. 物理粘结理论

物理粘结论者认为粘结性煤中存在着粘结成分或称沥青质，当加热时这些成分熔化。煤的粘结是一种胶结过程，其粘结能力的强弱取决于粘结成分的量及其对煤中不熔的固体残留物的浸润能力，并与液相的表面张力和固相的表面性质有关。物理粘结的研究开始于 20 世纪。前苏联萨保什尼柯夫（П. М. Сапожнисов）认为粘结是软化了的煤粒与分布在其间的胶质体相互作用而结合的过程。析出的气体使胶质体和软化了的煤粒膨胀而挤紧，因而有助于粘结。20 世纪六七十年代，前苏联格列亚兹诺夫（Н. С. Грязнов）等人采用偏光显微镜和放射线摄像技术研究煤粒在加热过程中的变化时发现，受热分解后的煤粒沿着其接触表面产生界面结合。这种界面结合发生在煤粒的可熔部分与不熔固体之间。煤粒热解后生成液相，它们的相互渗透只限于煤粒表面。因为格列亚兹诺夫等人计算出，当煤停留在胶质状态的时间内，流动性最大的肥煤胶质体中液相的平均移动距离（扩散距离）只有 1.9×10^{-4}cm（1.9μm），这与热解后煤粒的大小相比是很小的。这又进一步表明，煤粒间的粘结过程，只发生在煤粒表面的分子层中。

3. 塑性成焦机理

该理论认为粘结性煤经加热后，发生解聚反应而生成偏塑性体（又称胶质体）。在此阶段出现塑性状态，发生粘结作用。当温度继续升高时，偏塑性体经裂解缩聚反应转变为半焦。半焦经进一步缩聚、产生收缩，形成裂纹，而转化为焦炭。由煤生成焦炭的核心是塑性状态的形成。

4. 中间相成焦机理

1961 年澳大利亚泰勒（G. H. Taylor）首先在火成岩侵入的煤层中发现了中间相小球体后，不少学者用相变来解释煤或沥青转化为焦炭的规律。中间相成焦机理认为在炭化时，随着加热温度升高，煤或沥青首先生成光学各向同性的胶质体，然后在其中出现液晶（又称中间相）。这种液晶在基体中经过核晶化、长大、融并、固化的过程，生成光学各向异性的焦炭。

5. 传氢理论

传氢是指流动氢的传递。从 20 世纪 50 年代开始，传氢机理首先在煤的液化中加以研究，其基本点在于选择供氢溶剂。流动氢使热解中生成的自由基稳定，就能得到尽可能多的小相对分子质量液态产品。1980 年英国马什（H. Marsh）和美国尼夫尔（R. C. Neavel）认为煤在炼焦过程中，塑性的发展是一个供氢液化过程，而传氢媒介物是由煤本身提供的。任何因素若能改变传氢媒介物的量和质，都会改变被加热煤的塑性。如在煤和粘结剂共炭化时，粘结剂就能起到传氢媒介物的作用，改善煤的塑性。

二、胶质体理论

当煤粒隔绝空气加热至一定温度时，煤粒开始软化，在表面上出现含有气泡的液膜。温度升高至（500～550）℃时，液体膜外层开始固化生成半焦，中间仍为胶质体，内部为未变化的煤，这种状态只能维持很短时间。因为外层半焦外壳上很快就出现裂纹，胶质体在气体压力下从内部通过裂纹流出。这一过程一直持续到煤粒内部完全转变成半焦为止。

粘结性煤加热到一定温度时，每个煤粒都有液相形成，许多煤粒的液体膜汇合在一起，形成粘稠状的气、液、固三相共存的混合物，此三相混合物称为胶质体。煤的此种状态即为胶质状态。能否形成胶质体，胶质体的数量和性质对煤的粘结和成焦至关重要，是煤的塑性成焦机理的核心。

1. 胶质体液相的来源

胶质体中的液相是形成胶质体的基础。胶质体液相的来源是多方面的。前苏联学者阿罗诺夫等根据煤的大分子结构学说，认为是由于煤大分子结构上的侧链和官能团受热裂解生成液体产物。他们假设在 550℃前热分解放出的挥发分主要是大分子结构上脱落下来的侧链和官能团，提出了两个指标：Σ(C＋H＋O×即总挥发分)和Σ(C＋H)/Σ(O)。如果这两个指标数值都大，表明总挥发分高和碳氢化合物比例大，能形成大量热稳定性好的液体产物，中等变质程度烟煤就是这样；如果Σ(C＋H＋O)大、但Σ(C＋H)/Σ(O)小，则表明侧链和官能团多，且氧含量高，生成较多的气态产物和较少的液体产物，故粘结性差。低变质程度烟煤的情况属于这种情况；如果Σ(C＋H＋O)低、但Σ(C＋H)/Σ(O)高，则表明侧链和官能团数量少，热解时液体产物更少，高变质程度烟煤就是如此。另一些学者则认为胶质体液体产物主要是由于煤中固有的沥青熔化而成的。如罗加指出，塑性现象取决于煤中沥青和腐殖质两部分的数量和性质。这里说的沥青是指熔化前不挥发的沥青。加热速度越快塑性现象越明显的原因，是沥青的熔化速度大大超过分解速度。

根据煤的分子结构、热解和液化机理研究的新进展，发现上述观点都不全面。阿罗诺夫的大分子结构学说过分笼统，所谓“侧链”指的是芳香核外聚合程度逐渐降低的分子成分，是一个不太准确的概念。另外，用550℃前的挥发分高低作为衡量粘结性指标不太合理，因为对粘结性起作用的主要是液态产物中的不挥发或不易挥发成分。第二种观点过分强调煤中原有的少量沥青的作用，忽视了热解中新生成的液体产物。实际上，液体产物的来源是多方面的，可能有：(1) 煤热解时结构单元之间结合比较薄弱的桥键断裂形成自由基碎片。其中一部分相对分子质量不太大，含氢较多，使自由基稳定化，形成液体产物，其中以芳香族化合物居多。有人对胶质体进行离心分离，分出液相和固相产物。(2) 在热解时，结构单元上的脂肪侧链脱落，大部分挥发逸出，少部分参加缩聚反应形成液体产物。其中以脂肪族化合物居多。(3) 煤中原有的相对分子质量低的化合物——沥青，受热熔融变为液态。(4) 残留的固体部分在液体产物中部分溶解和胶溶。胶质体随热解反应进行数量不断增加，粘度不断降低，直至出现最大流动度。当加热温度进一步提高时，胶质体的分解速度大于生成速度，因而不断转化为固体产物和煤气，直至胶质体全部固化转为半焦。

2. 胶质体的性质

在热解过程中，胶质体的液相分解、缩聚和固化而生成半焦，形成半焦的质量好坏取决于胶质体的性质。目前还没有一个能全面反映胶质体性质的指标。就胶质体的主要性质而言，有热稳定性、流动性、透气性和膨胀性。

(1) 热稳定性。可用煤的软固化温度区间来表示，它是煤粘结性的重要指标。煤开始固化温度($t_{固}$)与开始软化温度($t_{炼}$)之间的范围为胶质体温度区间(Δt)，即$\Delta t = t_{固} - t_{液}$，它表示煤粒处于胶质状态所经历的时间，也反映了胶质体热稳定性的好坏。如果温度区间大，表示胶质体停留时间长，其热稳定性好。煤粒间有充分的时间接触和相互作用，有利于煤粒间的粘结。反之，如果温度区间小，表示胶质体停留时间短，很快分解，热稳定性差，煤粒间的粘结性也差。

(2) 流动性。以煤的流动度或粘度来衡量。煤在胶质状态下的流动性，对粘结影响较大。如果胶质体的流动性差，表明胶质体液相数量少，不利于将煤粒之间或与惰性组分之间的空隙填满。所形成的焦炭就熔融差，界面结合不好，耐磨性差，因此煤的粘结性差。反之则有利于煤的粘结。

(3) 透气性。用挥发物穿透胶质体析出时，所受到的阻力来表示。透气性对煤的粘结影响很大。若透气性差，则膨胀压力大，有利于变形煤粒之间的粘结。若胶质体透气性好，气体可顺利通过胶质体，或胶质体液相量少，液相不能充满颗粒之间，气体容易析出，则膨胀压力小，不利于变形煤粒之间的粘结。

（4）膨胀性。气体由胶质体中析出时产生的体积膨胀，可用煤的膨胀度来表征。若体积膨胀不受限制，则产生自由膨胀，如测定挥发分时坩埚焦的膨胀就是这样；若体积膨胀受到限制，就会产生一定的压力，称为膨胀压力。如煤在炭化室内干馏时，就会对炉墙产生一定的压力。一般膨胀性大的煤，粘结性好，反之则较差。

各类炼焦煤的胶质体数量和性质差异较大，气煤受热后产生的液相物热稳定性差，易迅速分解成气体析出，所以其胶质体流动性较差。瘦煤受热后产生的液相物数量少，软固化温度区间最小（仅约40℃）。胶质体流动性也差，不易将煤粒间的空隙填满。因此它们形成的焦炭界面结合不好，熔融不好，耐磨性差。肥煤的液相物多，软固化温度区间最大（达140℃）。在胶质体状态下的停留时间长，煤粒熔融结合良好。焦煤的液相物较多，其胶质体的热稳定性和流动性均好，又有一定的膨胀性。这些性质均有利于煤粒之间的粘结，从而形成熔融良好、致密的焦炭。

综上所述，要使煤粘结得好，应满足下列条件：

① 液体产物数量足够多，能将固体煤粒表面润湿，并将粒子间的空隙填满；

② 胶质体应具有足够大的流动性和较宽的温度间隔；

③ 胶质体应具有一定粘度，有一定的气体生成量，能产生膨胀；

④ 粘结性不同的煤粒应在空间均匀分布；

⑤ 液态产物与固体粒子间应有较好的附着力；

⑥ 液态产物进一步分解缩合得到的固体产物和未转变为液相的固体粒子本身要有足够的机械强度。

胶质体的数量和性质主要受煤的性质和加热速度的影响，另外煤经受氧化、氢化和粒度变化等也会改变胶质体的数量和性质。胶质体性质随煤种而异，挥发分 V_{daf} 超过13% ~15%的煤，在加热时才明显出现胶质体。在一定范围内，煤中 V_{daf} 上升则胶质体增加。当 V_{daf} = 25% ~30%时，胶质体达最大值。此后，胶质体则随挥发分的上升而减少，当煤的 V_{daf} 超过35% ~40%时，胶质体消失。煤化度和岩相组成是影响胶质体的重要因素，随煤化度增加，开始软化温度逐渐升高。中等煤化度的煤热解时，煤气和煤焦油产率高，胶质体的数量多、质量好。岩相组成中的镜质组和稳定组是可溶组分，惰质组和矿物组是不熔组分，它们均影响热解液体产物的产率和组成。

三、中间相理论

为了深入掌握煤或沥青成焦的规律，人们从20世纪20年代就开始用光学显微镜研究焦炭。发现焦炭中存在着大小不一的光学各向异性组织，单用胶质体学说是不能解释其起源和成因的。进入60年代后，对炭化过程相变规律的研究日趋活跃。1961年澳大利亚的泰勒（G. H. Taylor）在研究火成岩侵入的煤田时，首先在煤层中发现了中间相小球体，并观察到它的长大、融并和最后生成镶嵌型光学组织的过程。1965年泰勒和布鲁克斯（J. D. Brooks）在研究沥青和模型有机化合物炭化时，发现了同样的球体结构。并将小球体分离出来，制成超薄片进行电子衍射测定。并从化学性质来推断球内的分子排列，认为十分相似于向列型液晶。他们进一步完善了小球体的概念，并将其作为类沥青形成各向异性碳机理的基础。自从发现小球体后，在炭化领域就出现了液晶和中间相这两个术语。英国人马什（H. Marsh）等认为在胶质体中存在液晶相（中间相），从而使胶质体理论发展到一个新阶段。

1. 液晶和中间相小球体

液晶是指一些相对分子质量较高，分子结构中碳链较长的芳烃化合物，如胆甾醇苯酸酯（$C_6H_5COC_{27}H_{45}$），它们在一定温度范围内呈现中间状态。此时，由于分子排列有特定的取向，分子运动有特定的规律，因而它具有液体的流动性和表面张力，又呈现某些晶体的光学各向异性。当温度高于液晶的上限时，液晶变成液体，上述光学性质消失，成为各向同性液体；当温度低于液晶的下限时，液晶变成晶体，失去流动性。液晶的这种转变是可逆的，是个物理过程。依其分子排列的不同，液晶有近晶液晶、向列液晶和胆甾液晶三种。炭化过程中的液晶属于向列液晶，一般的向列液晶是杆状分子平行排列，但杆状分子的中心却是没有次序的，而炭化过程中的向列液晶则是盘状分子平行排列形成分子层片，炭化过程生成的液晶往往形成球体，即中间相小球体。在球体内分子层片的取向有多种，但以布鲁克－泰勒型的结构最稳牢。这种型式的球体内分子层片通常以大致与赤道相平行的方向堆砌，所以称为叠层向列液晶。

一般，液晶的形成和消失纯属物理过程，过程是可逆的。而中间相小球体的形成，既有物理过程，又有化学变化过程，过程是不可逆的。在炭化领域用“中间相”来描述煤或沥青在热解时所出现的这种现象。

2. 中间相的形成和发展

在实验室不易观察到煤热解时小球体的形成及其变化细节，而沥青或其他可石墨化的有机模型化合物则可观察到。尽管 1980 年美国的弗里耳（J. J. Friel）等在带加热台的透射电子显微镜下观察到了煤的中间相转化过程，但绝大多数学者认为，迄今对煤的中间相转化过程的观察还不充分，在光学显微镜下还难以观察到煤炭化时的中间相小球体。为理解煤在加热时形成的中间相动态，常借助于对模型有机化合物或沥青等有关中间相的试验结果。

沥青中间相的发展大致经历下列过程：

沥青加热熔融，形成各向同性的塑性体（母体）。中间相的生成首先是在母体中形成晶核，这是一个均匀的核晶化过程，在初期是可逆的。中间相小球体一旦生成，便从周围母体中吸引组分分子而逐渐长大，此后的核晶化则成为不可逆。体系中已有的球体长大的同时，不断有新的球体产生，它们相互吸引、靠拢而发生融并，球体和母体之间的界面张力是球体融并的主要动力，融并后的球体经过重排，形成复杂结构。即使在有些中间相球体经融并形成将近 200μm 的大球时，周围还会不断有新的球体生成。当炭化温度进一步提高或炭化时间延长时，体系内分子的聚合持续发生，整个体系粘度逐渐升高，并常有气体产生，这些气体会推动处于半塑性状态的中间相，使中间相产生形变，形变的程度和范围与此时中间相的流动性有关。体系即将固化时的粘度、气体的产生和流动，对于所形成焦炭的光学组织和体积密度都有很大影响。当融并后的中间相（或称整体中间相）达到固化，就形成具有各种类型的光学各向异性炭。总之，中间相的发展是个复杂而多阶段的过程。

炭化体系内生成中间相的两个重要条件是：（1）单分子大于 1000 原子质量单位（或是约 500 原子质量单位的单体分子二叠化）；（2）这些分子具有形成平面的性能。只有能形成平面状的大分子浓度达到临界条件时，才可能发生中间相的核晶化。中间相小球体长大和融并的主要条件则是母体分子具有适当的化学缩聚活性和体系较低的粘度。

煤的组成比沥青复杂得多，煤中还含有相当数量的惰性组分、矿物质和非碳元素（如

O、N、S等)，煤化度也各不相同，煤的炭化过程中间相转变情况因此要比沥青复杂得多。沥青在加热时，基本上成为流体；而不同煤化度的煤因其平均相对分子质量和化学组成有很大差别，在炭化过程中呈现不同的状态，体系的粘度和分子的化学缩聚活性也大不相同。

3. 中间相形成和发展的基本要素

从原始物料的条件对中间相发展的影响来看，煤中惰性组分、矿物质、非碳元素和分子层的原始有序化程度低，对中间相发展起阻碍作用。马什认为，中间相的发展作为一个化学和物理过程，必须具备三个基本要素：

(1) 化学缩聚活性。煤热解时会产生自由基，它们之间很容易缩聚成相对分子质量较大的物质。如它们的相对分子质量大小和平面度合适，则对中间相的晶核形成很有利，这是小球体生成的初始条件。没有这种缩聚活性，不可能生成中间相，但是如果缩聚活性太大，会在短时间内无规则地迅速提高相对分子质量，并使稠环芳香层之间发生交联，同样不能形成和发展中间相。只有化学缩聚活性适中，缩聚过程才能延迟到较高温度区，未反应分子能起到类似“溶剂”的作用，使体系保持低粘度，以保证液晶有足够时间成长和融并，才有可能产生和发展中间相。例如：低变质程度气煤的化学缩聚活性太强，形成的中间相小球体尺寸过小，难于用光学显微镜发现，且易于生成难石墨化的各向同性炭。而焦油沥青、溶剂精制煤、高芳烃石油沥青、页岩油的渣油及热裂化的渣油其平均相对分子质量约为300～500，相对分子质量适中，是形成中间相的理想组分。

(2) 流动性。炭化系统的流动性，能使热解产物的分子顺利进行热扩散，使之移动到合适位置，发生缩聚，随后又使缩聚的大分子转移到合适的位置，进行平行的有序化的堆砌。从而为生成小球体提供条件。流动性还能使小球体不断地吸收母体流动相的基质而长大。

当球体融并后，由于球内分子移动，严重地减低了原来球中结构分子堆积有序化程度，且导致焦炭或合成石墨的缺陷和多晶性。因此，小球体内应有一定的流动性，这对于内部分子的重新排列、球体变形、球体间的融并、融并后分子有序化以及消除结构缺陷等都是有利的。对于冶金焦，系统的流动性太大，使各向异性的发展过强，会导致焦炭抗机械破坏和抗破坏的能力降低，容易产生裂纹，故要求系统的流动性适中；对于针状焦，因要求其光学组织的尺寸尽可能细而长，故一般要求系统的流动性高。

(3) 流动温度区间。中间相的生长有一个过程，要求流动性较高的系统保持一定的时间。当系统恒速升温时，流动温度区间大，则液态分解产物增多，使中间相体有足够的时间发展，长得较大；反之，中间相体不能发展或只能形成小的中间相体。

上述三要素归根结底还是受煤本身结构和非碳元素含量的控制。通常，有良好结焦性的煤在炭化时能符合这三要素，即既有较低的化学缩聚活性，又有适中的流动性和较宽的流动温度区间。

此外，温度、加热速度、恒温时间、压力等因素也影响着中间相的形成和发展。英国的帕特里克（J. W. Patrick）研究发现，提高炭化升温速度，有利于中间相转化，可以使焦炭的光学组织尺寸变大。适当增大炭化压力，可使常压下作为挥发物逸出的小分子留在体系内参加反应，有利于减小体系的粘度，从而促进中间相的长大和融并。煤中的非碳原子多，会使中间相层片之间产生广泛的交联键，促使中间相迅速转化，对生成各向异性碳是有妨碍的。

四、半焦的收缩与裂纹的形成

当半焦从550℃加热到1000℃时，半焦内的有机质进一步热分解和热缩聚。热分解主要发生在缩合芳环上热稳定性高的短侧链和联竿芳环间的桥键上。分解产物以相对分子质量小的气态产物，以 CH_4 和 H_2 为主，无液态产物生成。越到结焦后期，所析出的气态产物的相对分子质量越小，在750℃后几乎全部是 H_2。缩合芳环周围的氢原子脱落后，产生的游离键使固态产物之间进一步热缩聚。从而使碳网不断增大，排列趋于致密。由于成焦过程中半焦和焦炭内各点的温度和升温速度不同，致使各点的收缩量不同，由此产掌内应力，当内应力超过半焦和焦炭物质的强度时，就会形成裂纹。由热缩聚引起碳网不断增大和由此而产生焦炭裂纹，是半焦收缩阶段的主要特征。

拉祖莫娃对不向温度下加热的固体残留物进行了 X－射线衍射研究，碳网尺寸见表5－1。

表5－1　不同热解温度下固体残留物碳网的尺寸

处理温度/℃	碳网尺寸/nm	
	焦　煤	气　煤
原煤（室温）	1.7	1.6
300	1.7	1.6
400	2.1	1.9
500	2.4	2.2
600	2.6	2.4
700	—	3.0
800	3.8	3.5
1100	4.6	3.7

评定烟煤炼焦过程中胶质体固化生成半焦后收缩程度的指标为半焦收缩系数，是煤的塑性成焦机理中的重要参数。半焦收缩不均一，它取决于半焦继续析出气体和分子重新排列的进程。可以用高温膨胀仪或半焦收缩仪来测定半焦的收缩系数 α，即：

$$\alpha = \frac{1}{L_0} \cdot \frac{\Delta L}{\Delta T}(℃^{-1}) \qquad (5-1)$$

式中：L_0——半焦试样的起始长度，mm；

ΔL——单位温度区间内半焦长度变化值，mm；

ΔT——单位温度区间，℃。

在实际测定时，一般先测出半焦试样随温度增高的长度变化曲线，然后将其微分。即求得 α 值与温度变化的关系，得到随炼焦温度升高的半焦收缩速率曲线。曲线一般呈现两个收缩峰，第一个峰在500℃附近，此时发生半焦的第一次收缩，导致焦炭产生一次裂纹网；第二个峰在750℃左右，显示半焦的第二次收缩，它使焦块产生二次裂纹网。这两个收缩峰对焦炭块度和强度有决定性的影响。

煤在焦炉炭化室内是层状结焦，处于不同结焦阶段的相邻各层的温度不同，其收缩速度也不同。从炉墙到炭化室中心之间，是各层温度逐渐降低的焦炭层、半焦层和胶质层。由于焦炭和半焦层两侧的温差，使其出现弯曲的趋势，高温侧的凸曲面上呈现拉应力，低温侧的凹曲面上呈现压应力。这种弯曲趋势在（500～600）℃时发展较快，（600～600）℃趋于缓慢，700℃后又加剧，超过900℃时则完全停止。因此，焦炭和半焦层内承受着不断变化的应力，当应力超过焦炭多孔体强度时，便产生裂纹。垂直于炭化室内热流方向的焦炭裂纹称横裂纹，平行于热流方向的称纵裂纹。焦炭和半焦层的有些部位呈拉应力，有些部位呈压应力的情况。

不同煤种在炼焦过程中，其半焦收缩动态和裂纹生成过程往往差异较大。烟煤的第一收缩峰随煤化度降低而增大，高煤化度烟煤的再固化温度高，第一收缩峰低。第二收缩峰与煤化度关系不大。气煤半焦开始收缩的温度最低，在刚开始生成很薄的半焦层中就开始形成裂纹（500℃），并因最高收缩速度而最终收缩量很大。应力主要由于内部的收缩引起，应力超过本层焦炭多孔体强度就会产生纵裂纹，故气煤焦炭的纵裂纹最多、最宽和最深，焦块瘦长易碎。肥煤半焦与气煤半焦类似，不同点在于当它的收缩速度最大时，半焦层已比较厚、气孔壁也稍厚、韧性也好些，所以裂纹较少，且横裂纹多一些。焦煤半焦和瘦煤半焦在较高温度下才呈现最大收缩速度。此时半焦层已相当厚，焦炭气孔壁较厚，最大收缩速度和最大收缩量都低于前两种煤。所以焦煤焦炭的裂纹少、块度大、强度高。而瘦煤因熔融性、粘结性差，且层面间易撕裂，故瘦煤焦炭的耐磨性差。

五、焦炭的光学组织

煤在干馏过程中除析出一部分焦炉煤气和煤焦油外，大部分残留下来转化成焦炭。煤中活性组分在干馏时软化熔融并形成连续性较好的气孔壁。煤中惰性组分在干馏过程中有的未见变化，有的变化很小，与软化熔融的活性组分一道残留在焦炭气孔壁中。用偏反光显微镜在油浸或干物镜下（放大倍数多为400～600倍）所观察到的焦炭气孔壁部分的组织，称为焦炭光学组织。因煤种和干馏条件的不同，由活性组分所形成的焦炭孔壁显示出不同的光学性质。焦炭的光学组织自20世纪60年代开始被用来作为评价焦炭结构和性质。因此，在测定和评定方法、光学组织与焦炭各种性质的关系和改善焦炭光学组织的途径等方面进行了广泛的研究，并取得一定成果。

1. 光学各向同性组织和光学各向异性组织

焦炭的光学形态是其微观结构在光学上的反映，焦炭的气孔壁是高碳物质，其基本结构单元由碳原子的六元环层片组成。从晶体光学的角度来看，根据层片定向程度的不同，气孔壁的光学组织分为各向同性组织和各向异性组织。光学各向同性组织对应着结构上的均质体，碳骨架的碳网平面呈随机定向杂乱无章的排列。光学各向异性组织对应着结构上的非均质体，碳网平面具有不同程度的有序定向和平行堆积。为了在镜下更好地观察焦炭的光学性质，在显微镜正交偏光下，于试板孔中插入石膏试板。对于光学各向异性组织，当层片处于消光位时，呈紫红色；层片与试板插入方向垂直为黄色；层片与试板插入方向平行为蓝色。光学各向同性组织，在转动载物台360°时，总呈现紫红色。因此，每个单元中层片的大致定向可通过石膏试板的相对关系而估计出来。

2. 焦炭光学组织的镜下特征

中间相成焦机理揭示了焦炭孔壁中各向异性组织的形成过程。煤干馏至塑性状态时，出现了显微镜下可观测的小球体。这些小球体的尺寸会逐渐长大，并最终聚集形成冶金焦中呈现各向异性的光学组织。此中间相小球体的大小、数量及其在焦炭中所占比例，决定着焦炭的性质。将有代表性的焦样粉碎至（0.071～1.0）mm 制成粉焦光片，在偏光显微镜下采用数点法定量（有效点数在300～500点以上），就可测得各光学组织的百分含量（体积）。煤在炭化时所形成的光学组织类型于半焦时已基本完成。由半焦至焦炭或继续升温至1500℃，只能使焦炭的各向异性程度有所增强，而不会改变光学组织本身。也就是说，决定焦炭某些性质的光学组织结构是在煤软化熔融状态时形成，并于再固化时定形的。焦炭各种光学组织在镜下有着不同的特征：

（1）各向同性组织。结构致密、表面平坦均匀、气孔边缘平滑，为焦炭光学组织中无光学活性的组织。转动载物台时无明暗交替的消光现象，干涉色为一级红色。

（2）各向异性组织。形态不同和等色区尺寸大小不等，具有不同光学活性的组织。转动载物台时，干涉色呈交替变化，这是各单元碳网平面与光片表面夹角不同所造成的。将镜下消光性相同、等色区尺寸相近和形态相似的划分为同一类型光学组织。

① 镶嵌状组织。粒状镶嵌状组织为具有不同结构定位的粒状物镶嵌在一起的组织。根据粒状等色区尺寸划分为细粒镶嵌状组织（粒状物直径<1.0μm）、中粒镶嵌状组织（粒状物直径>1.0～5.0μm）、粗粒镶嵌状组织（粒状物直径>5.0～10.0μm），旋转载物台时粒状物交替出现红、黄、蓝色。

② 纤维状组织。比镶嵌状组织具有更强的各向异性。呈现不同程度的拉长形状，有的呈平行线状配列。根据等色区尺寸不同，分为不完全纤维状组织（宽<10.0μm，长>10.0～30.0μm），似向一个方向流动的组织；完全纤维状组织（宽<10.0μm，长>30.0μm），多呈束状平行排列的组织。旋转载物台时交替出现红、黄、蓝色。

③ 片状组织。条带较宽且界面清晰、各向异性很强、彩色鲜艳。等色区尺寸长及宽均大于10.0μm。旋转载物台时交替出现红、黄、蓝色。

（3）丝质及破片状组织。焦炭中的丝质状组织仍保持着煤中丝质组的特征。破片状组织无一定形态，一般颗粒界面清晰，大多呈光学各向同性。干涉色为一级红，多无消光现象。但也存在具有各向异性的丝质及破片状组织。

（4）其他组织。

① 热解炭。系焦炉煤气中的烃类化合物在通过赤热焦炭时产生气相热解，沉积在焦炭气孔或裂隙周围的含碳物。多呈镶边状，也可见有粗粒镶嵌状。旋转载物台时交替出现红、黄、蓝色。

② 基础各向异性组织。即由高煤化度的贫煤或无烟煤所形成的组织。一般等色区尺寸与焦炭颗粒尺寸相近。旋转载物台时交替出现红、黄、蓝色，但轮廓分明，无熔融现象。

3. 焦炭光学组织的命名和分类

目前关于焦炭孔壁各光学组织的划分尚无统一分类。所用术语也不尽相同，比较一致的意见是：将由炼焦煤中活性组分所形成的焦炭光学组织划分为各向同性组织、粒状镶嵌组织、纤维状组织和片状组织，而将由煤中惰性组分所产生的焦炭光学组织划分为丝质状组织和破片状组织。目前经常被我国一些研究者参照采用的焦炭光学组织分类方案有帕特里克方案、杉村秀彦方案和马什方案，在粒状镶嵌组织的尺寸划分上存在着一定差异。

对粒状镶嵌组织划分得细一些还是划分得粗一些，这要根据工作的目的。主要还应考虑焦炭光学组织与机械性质之间的关系。

4. 煤岩显微组分与焦炭光学组织的关系

焦炭光学组织的组成主要与煤的变质程度和煤岩显微组分有关。对各变质程度煤的镜质组与焦炭光学组织的关系进行了深入研究，发现低变质程度煤的镜质组（反射率 <0.8%）多形成具有各向同性的焦炭。随炼焦煤变质程度加深，焦炭中各向同性组织急剧减少，粒状镶嵌组织含量明显增多。当煤的镜质组反射率达 1.6% 时，焦炭中纤维状组织含量达最高值，且片状组织含量也开始明显增多。高变质程度煤的镜质组（反射率 >2.0%），虽然没有中间相的变化过程，但仍保持加热前镜质组的各向异性光学效应，形成焦炭中的基础各向异性组织。半镜质组成焦后基本上是各向同性的，颗粒的轮廓略有变化。

稳定组在炼焦煤中含量一般较少，在低、中变质阶段，挥发分却很高，炭化后残留在焦炭中的数量很少。由于量少而分散，对它进行深入研究受到一定限制。在加热过程中其光学性质发展的行径，不似镜质组的光学性质发展有丰富的实验基础。稳定组对其共生的镜质组起软化剂作用，对其共生的丝质组不起软化剂作用，成焦后按其原来形状形成气孔。实际上，在焦炭中观察不到明确的稳定组所对应的焦炭光学组织。丝质组在焦炭中都是各向同性的。

迈什（R. J. Marshall）把镜质组的反射率与焦炭光学组织之间的对应关系制成表 5－2。不同的煤中镜质组反射率分布不同，因此所得焦炭光学组织也不可能是一种类型，而是多种类型的组合。其相互之间关系复杂，多采用统计方法研究。

表 5－2　煤岩显微组分与焦炭显微结构之间的对应关系

焦炭显微结构	相应的煤岩显微组分
炭化后的焦炭显微结构：	活性显微组分：
各向同性	镜质组反射率 <0.75%
镶嵌结构	镜质组反射率 <0.75% ～1.5%
粒状流动结构	镜质组反射率 1.1% ～1.6% 和角质体
片状结构	镜质组反射率 1.4% ～2.0%
基础各向异性	镜质组反射率 >2.0%
惰性组分：	
有机惰性物	惰性组分：
矿物质	类半丝质体、类丝质体、碎片体
其他	矿物质
沉积炭	

5. 影响焦炭光学组织组成的因素

决定焦炭光学组织组成主要是煤的内在因素，即煤的煤化度和煤岩组成，其次是加工条件，如加热方式、添加物等。

（1）煤的煤化度。影响焦炭光学组织组成的因素中，首先是煤化过程中的变质程度。镜质组和稳定组受变质作用的影响较灵敏。随着炼焦煤变质程度提高，焦炭中各向同性组织逐渐减少，各向异性组织逐渐增多，尺寸大的组织单元增多。可见，焦炭光学组织中各向同性和各向异性的各种类里组织的比例，首先决定于煤的变质程度。

（2）煤岩组成。稳定组挥发分高，在煤中含量又少，残留在焦炭中的数量极少，对焦炭的光学组织组成影响不大。丝质组在炼焦过程中数量变化不大，往往与焦炭中的丝质破片状含量相对应。煤的变质程度和煤岩组成不同，其焦炭的光学组织组成发生较大的变化。

（3）热加工条件。热加工条件也影响焦炭的光学组织组成。用同一种煤，分别在试验焦炉和坩埚炉内制得焦炭，它们的光学组织组成不同。

（4）添加物。添加活性物质，如焦油沥青、石油沥青等，使胶质体粘度降低，易形成较大的各向异性组织或增加镶嵌状组织。添加惰性物质，如焦粉等，能使焦炭的各向异性组织尺寸变小。

6. 焦炭光学组织的应用

（1）推断炼焦煤性质。当炼焦条件相同时，焦炭光学组织与煤质密切相关，即用不同煤化度的煤所炼制的焦炭中存在着与之相对应的光学组织结构。因此，可由焦炭各光学组织的含量推断煤的变质程度和惰性组分含量，也可用来判断配合煤中煤牌号相同而产地不同煤的差异。

（2）了解焦炭反应性。焦炭与 CO_2 反应过程中，各光学组织有不同的反应程度。对高炉的解剖试验研究证实，高炉冶炼过程中存在着碱金属的富集和循环。碱金属对焦炭中的碳熔反应具有催化作用，会使焦炭与 CO_2 反应速率成倍增加。因此，焦炭各光学组织的反应性还应考虑碱金属的影响。焦炭未吸碱时，各向同性组织最易与 CO_2 发生反应，各光学组织的反应性依下列顺序依次减弱：各向同性组织、丝质状组织、破片状组织、细粒镶嵌状组织、粗粒镶嵌状组织、纤维状组织。焦炭吸碱后，各光学组织的反应性趋于一致。

由于焦炭的光学组织与焦炭反应性间关系密切，因此可以以各光学组织为自变量，焦炭反应性及反应后强度为因变量，通过多元回归分析，建立用焦炭光学组织预测焦炭反应性的相关式。

（3）预测焦炭机械强度。优质冶金焦的光学组织主要由粗粒镶嵌组织、纤维状组织以及少量片状组织、适量的丝质状和破片状组织组成，这说明焦炭机械强度与其光学组织间存在着有机联系。因此，根据半焦或焦炭的光学组织含量与焦炭机械强度指标间的关系，可建立相关方程来预测焦炭机械强度。

（4）观察煤的改质效果。往煤中加入某些有机物料，如石油沥青、煤焦油沥青、煤液化产品或溶剂萃取物等炼焦时，可使所形成的焦炭的各向异性组织含量增加或使各向异性等色区尺寸增大，从而对煤起到改质作用。通过焦炭光学组织含量变化，可了解各类添加物对煤料的改质能力。这一研究为劣质煤的利用提供了方向。

（5）观察沥青在型焦中的赋存状态。冷压型焦多由不粘结煤添加沥青类粘结剂压制而成。型煤经氧化或炭化后，可通过光学显微镜观察到沥青类添加物形成的光学组织及其在型焦内的分布状态，用于判断粘结剂的有效性。

（6）检验高炉喷吹煤粉的燃烧效果。高炉瓦斯灰、瓦斯泥及由风口所取的喷吹物样品中主要含有煤粉、焦末、渣及铁。这些物质可在光学显微镜下按其光学性质进行分辨及定量，所得结果经处理后，可计算喷吹煤粉的燃烧率。

对焦炭光学组织的深入研究，也推动了煤岩学的进一步发展。在对焦炭光学组织进行定量时，观察到焦炭中的丝质状和破片状组织含量经常低于该煤中惰性组分含量。由此说明，煤中惰性组分内存在着部分可以转化为各向同性组织或各向异性组织的活性惰性组分。

第四节 煤制碳素材料

煤炭不仅是一种重要的能源，而且也是一种重要的有机化工原料和高炭物料的重要原料。随着“洁净空气法”的实施及环保呼声不断高涨，将煤炭这种复杂的碳氢化合物转化为各种材料，是高效利用煤和减轻煤化工对环境污染的有效途径。利用煤的芳烃结构、高碳含量和多孔性，可以用煤及煤液制得高附加值的特殊制品和高碳材料，如芳烃单体、芳香工程塑料、高温耐热塑料、液晶高聚物、功能高聚物、碳－碳复合材料、碳纤维及其他炭素材料等。这些高性能、高附加值的新产品给煤炭利用带来历史性的变革，形成了煤化学学科的新分支。

一、煤制高碳物料

煤制高碳物料一般指由煤及其衍生物经热加工制得的炭和石墨制品、活性炭和炭黑等高附加值炭素物料。煤及其衍生物可通过固相炭化、液相炭化和气相炭化方法制取各种高碳物料。例如：用固相炭化方法可制得活性炭等活性材料；用液相炭化方法可制取针状焦、改性沥青粘结剂、沥青焦、煤沥青基碳纤维、中间相炭微珠、各向同性石墨、各种类型的石墨电极、炭电极、电极糊等炭素糊类产品和高炉炭块等炭质耐火材料；用气相炭化方法制取炭黑和热解炭等。煤制高碳物料可广泛应用于冶金、化工、电子、机械、核能、宇航等各个领域，高碳物料的各种优异功能使其成为新材料的佼佼者。本节主要介绍煤制沥青基碳纤维和中间相炭微珠。

1. 煤沥青基碳纤维

煤沥青基碳纤维原料来源丰富、生产成本较低，它具有优良的力学性能和耐热性，用其制成增强复合材料可广泛用作飞机的结构材料，在宇航飞船、人造卫星和导弹上也有许多应用：在汽车、遣船、体育用品、医疗器材与设备和电子音响等方面，碳纤维都有广泛的用途。

沥青基碳纤维的制造过程包括：原料沥青的调制、熔融纺丝、不熔化处理、炭化、石墨化和碳纤维后处理等六个工序。根据原料调制方法和碳纤维性能的不同，目前煤沥青基碳纤维可分为通用级各向同性沥青碳纤维以及高性能级的中间相沥青基碳纤维和预中间相沥青基碳纤维等三类。三类不同性能的煤沥青基碳纤维在制造工艺的区别主要在原料沥青的调制工序。其他五个工序的基本原理与方法类似。各个制备工序简述如下：

(1) 原料沥青的调制

① 各向同性沥青的调制。目的是使沥青组分的相对分子质量分布均匀化并且分布范围变窄，使沥青流变性能符合纺丝的要求。调制方法有三种：热处理法（先除去沥青的低沸点组分，再在添加剂下热处理）、溶剂抽提法（用溶剂将沥青的可溶成分抽提出来，再添加缩合促进剂热处理）、共聚合法（在沥青中添加烃类聚合物共聚，再除去低沸点组分）。

② 中间相沥青的调制。中间相沥青的调制包括提纯和缩聚两步，以达到：一次 QI（喹啉不溶物）为痕量；两次 QI 为 50% ~65%；呈塑性流动，粘度在 (1 ~ 20) Pa · s 范围；相对分子质量分布合适并不含低沸点组分。提纯可用蒸馏法或萃取法：通过蒸馏提取高纯度澄清油或用喹啉或吡啶萃取获得喹啉可溶分或吡啶可溶分。缩聚是提纯所得纯净原料通过缩聚

制取中间相沥青，通常在（350～450）℃下进行热缩聚，缩聚过程中必须进行连续的强烈搅拌。

③ 预中间相沥青的调制。分为氢化和减压热处理两个工序。先将煤沥青在四氢喹啉等供氢溶剂存在下进行液相氢化，以制备氢化沥青。这一工序的目的是降低预中间相沥青的软化点和粘度，并因氢化沥青中具有部分氢化的多环结构，而使可纺性与石墨化性均有较大改善。氢化沥青进一步快速升温后维温一段时间，并进行减压蒸馏，获得次生 QI 为 0% ～ 90% 的预中间相沥青。预中间相沥青是光学各向同性的，但它在施加剪切应力（例如纺丝）后，即转变为光学各向异性。因此，预中间相沥青基碳纤维是光学各向异性碳纤维。

（2）原料沥青的熔融纺丝。熔融沥青的纺丝可用喷射法或离心法生产短纤维，也可用挤压法生产连续长丝。连续挤出的沥青纤维缠卷在纺丝装置的绕丝筒上，在收丝装置的张力牵伸下纤维直径减小到（10～15）μm。此时用热空气向纤维表面喷吹，进一步除去纤维表面上的低沸点成分，并使纤维表面轻度氧化生成不熔化表层。

（3）沥青纤维的不熔化处理。沥青纺丝所得的沥青纤维一般必需经过不熔化处理。不熔化又称预氧化，实质是将沥青纤维表面层由热塑性转变为热固性，从而变为不熔化的沥青纤维，防止在炭化的升温过程中软化变形。常用的预氧化方法是在一定温度和处理时间内的轻度氧化，有气相氧化、液相氧化和混合氧化等方法。

（4）沥青纤维的炭化。不熔化碳纤维在高纯 N_2 的保护下，在（1000～2000）℃高温下炭化（0.5～25）min。炭化炉有卧式、立式和二者优点相结合的 L 式、多用 L 式炉子。

（5）沥青碳纤维的石墨化。石墨化是在高纯氩气的保护下，在（2500～3000）℃温度下进行，停留时间约数 10s 到 1min。石墨化后使炭化纤维转化为具有类似石墨结构的纤维，具有更高的强度与弹性模量。

（6）碳纤维的后处理。由于碳纤维主要用于生产复合材料，为提高碳纤维和基体间的粘结力，还需进行碳纤维的表面后处理。可使用表面清洁法、空气氧化法、液相氧化法和表面涂层法等后处理方法，达到消除碳纤维的表面杂质，增加其表面能、引入具有极性的活性官能团等，以改善碳纤维的表面性质。

2. 中间相碳微珠

采用各种方法从中间相沥青基质中分离制备的微米级中间相球体称为中间相碳微珠（MCMB）。1973 年 H. Honda 等首先从沥青中间相中通过溶剂选择分离出 MCMB，它是具有极大开发潜力和应用前景的新型碳材料。

MCMB 可用溶剂分离法、乳化法和离心分离法等方法制敢。不同方法制取的 MCMB 其形状、颗粒大小和尺寸分布均有差异。理想的分离方法是希望能控制 MCMB 的粒度及其分布，以满足不同用途的要求。MCMB 的组成取决于原料种类和制取条件，由乳化法制取的 MCMB 具有较高的碳含量和较低的杂原子含量。

MCMB 由高相对分子质量的缩合稠环芳烃构成，它呈层状结构、由定向的缩聚芳烃堆集而成。在 MCMB 的周边存在许多定向的芳烃的边缘基团，使 MCMB 表面具有极高的活性，并且 MCMB 具有相对大的导电性，用作电极时具有很高的放电能力。浓硫酸可以和 MCMB 发生磺化反应，磺化 MCMB 具有离子交换能力。

MCMB 可制备密度高达 1.9g/cm^3、抗压强度高达 196MPa 的高密高强碳材料。由 MCMB 制取的高密高强各向同性碳材料可用于机械密封、电火花加工、冶金模具、半导体制造容器和核石墨方面。MCMB 可用做高性能液相色谱柱填料。由 MCMB 可制备比表面积高达 (3000～5000)m^2/g 的超高表面积活性炭，它是应用前景广泛的新型吸附材料。MCMB 可用做锂两次电池电极，催化剂载体、阳离子交换剂和改质粘结剂沥青等。此外，MCMB 基石墨可用做锂离子电池负极的内芯材料，功能复合材料和表面修饰材料等。

二、煤制活性材料

煤的表面化学性质活泼，是个孔隙率高、内表面积大、主要由碳组成的物质。煤的化学结构使它们能够制各成活性材料，从气相或液相中优先吸附有机物质和其他非极性化合物。因而煤制活性材料可广泛应用于工业废气和空气的净化、气体混合物的分离、溶剂回收、溶剂脱色和水的净化等方面。此外，煤制活性材料在有机合成、食品、医药、军工及高科技产业等方面也有许多的应用。煤制活性材料有活性炭、炭分子筛、活性煤和活性焦等，本节主要介绍煤制活性炭和炭分子筛。

1. 煤制活性炭

以特定煤种或配煤为原料，经炭化及活化工艺可制成煤质活性炭。常规煤质活性炭可分为煤质成型活佳炭（含球形炭和柱状炭）和煤质无定型活性炭（含破碎炭和粉炭）两大类。若按产品性能和生产工艺又可细分为 80 多种。

成品活性炭的生产过程为：原料煤经粉碎、研磨后加入煤焦油等粘结剂，煤料进行混合和混捏后挤压成型，再经炭化和活化工序最后得到柱状等成型活性炭。球状活性炭的成型工序采用团球设备造球后，经干燥及约 300℃的低温热处理、再炭化和活化制得。无定形活性炭与成型活性炭生产过程的主要区别是，前者的原料煤经破碎筛选符合块度要求的无烟煤块或硬质烟煤块，不经成型工序直接炭化、活化、筛分后得到块状或粉状（筛分、研磨所得）无定形活性炭。

活性炭生产过程的成型目的是使产品具有一定的形状，可采用模压法制造块状或饼状等压块炭，也可采用挤压造粒方法制造柱状或煤球状成型炭，或转盘造球后生产球状活性炭。炭化和活化是两个最关键的环节。炭化是在约 600℃下进行的干馏过程，其目的是基本除去煤中的挥发分，使炭固定下来初步形成炭的孔隙结构；活化目的是进一步扩大炭化产物的细孔容积、调整孔径及孔隙分布。活化方法有气体活化法、化学药品活化法和两者的联合活化法三类。活化设备有竖式炉、回转炉、耙式炉、多管炉和沸腾炉等。

气化活化法的实质是：炭化所得的物料在（800～900)℃高温下焙烧，并同时通入空气、水蒸气、氧和二氧化碳等氧化性气体进行活化，通过碳的氧化烧失而形成活性炭的内部孔隙。气体活化法所得活性炭的吸附能力取决于氧化性气体的化学性质和浓度、反应温度、活化程度以及碳化物中灰成分的种类与数量等。

化学药品活化法的实质是：将未炭化的含碳原料在液体活化剂中浸泡混合，干燥后一般加热到（500～700)℃进行焙烧活化。活化剂多采用对原料起脱水和侵蚀作用的药品，如 $ZnCl_2$，H_3PO_4，H_2SO_4，$CaCl_2$，NaOH，K_2S 和 K_2SO_4 等。由于活化剂可使原料中碳氢化合物中的氢和氧以水的形态分解脱离。这样，不仅改变了通常的热解反应过程，而且显著降低了活化温度。如 $ZnCl_2$ 法的活化温度为（500～600)℃，H_3PO_4 法的活化温度仅为（300～350)℃，且产品收率高，容易通过调节活性炭的孔径分布和比孔容积而调整产品结构，并生产出多种不同用途的产品。

泥炭、褐煤、烟煤和无烟煤都可作为活性炭的原料。煤制活性炭对煤质的基本要求是：低灰（$A_d \leqslant 10\%$）、低硫（$S_t < 0.5\%$）、挥发分含量和粘结性适当。根据需要，可选择不同煤种或配煤生产不同性能的活性炭。一般说来，高煤化度煤结构致密，制得活性炭微孔系统较发达，中孔较少，适用于气相吸附和脱除小分子物质；低煤化度煤结构较疏松，制得活性炭中孔系统较发达、而微孔的容积较小，适于脱色，脱 H_2S 和水中大分子化合物。

煤制活性炭的微观结构是微晶质碳，它主要由石墨状微晶，以及部分单一网平面状炭和非组织碳（又称无序碳）三部分构成。活性炭兼有物理吸附和化学吸附作用，物理吸附主要取决于活性炭的孔隙结构，而化学吸附则取决于活性炭的表面化学结构。活性炭的物理吸附量由其有效表面积而不是总表面积决定，也就是由炭的平均孔隙半径及中孔和微孔的数目。活性炭的孔隙由大孔（>20nm）、中孔（>2～20nm）和微孔（<2nm）构成。活性炭按不同用途，对其孔隙结构和孔径分布要求各异。活性炭用于吸附时，微孔起主导作用，因而微孔的发达程度决定活性炭的吸附性能。如为气相吸附，中孔可按毛细凝聚机理吸附物质蒸汽。若是液相吸附，中孔对分子直径大的吸附质有选择吸附作用。大孔的主要作用是作为分子扩散通道，当活性炭作为催化剂载体时，催化剂分子主要沉积于大、中孔内。活性炭的表面化学结构则由其表面化学组成、表面氧化物和表面官能团的性质及数量，以及活性炭中灰分的吸附作用等所决定。可通过活化过程的工艺控制，添加非碳元素和活性炭的氧化、醇洗、碱处理等后处理方法，使活性炭表面改性而改善其表面性质。

随着科技的发展，煤制活性炭不断出现新的品种和新的应用范围。例如：以超低灰煤为原料制备的高强度、高吸附性能、大、中孔发达的无定形破碎炭；炭分子筛；煤沥青基中间相超高表面积活性炭和煤沥青基纤维状活性炭等。这些新品种的活性炭在其吸附容量、吸附能力和吸附速度等方面都有显著提高，更高效地应用在化工、环保、医疗、卫生、生物工程和军工等重要领域。

2. 煤制炭分子筛

煤制炭分子筛是含有特别发达的细孔和亚细孔（孔直径<0.8nm）的炭质吸附剂。它的孔隙结构不同于活性炭，主要是微孔结构，孔径比较均一，微孔孔径分布在（0.3～1）nm的狭窄范围内。炭分子筛（CMS）是非极性吸附剂，对原料气的干燥要求不高。由于原料便宜，因此CMS的价格低廉，且CMS的炭质稳定，耐热和耐化学品的性能较好。

CMS不是高结晶体，它是由一些非常小的微晶组成。在这些微晶中，碳原子呈三角形键接，微晶本身呈交联状。CMS中的微孔就是由相邻的微晶底面所产生，因而它具有狭缝状的入口，其孔腔为平板状，在平板的两个平行平面之间吸附气体分子。狭缝的尺寸不等，取决于制备原料和炭化温度。CMS的吸附分离是基于动力学效应，因为其孔径分布可使不同气体以不同速度扩散，从而达到气体的分离目的。倒如：氧和氮在CMS微孔（0.4nm）的吸附速度相差很大，氧大于氮约400倍，当分离浓缩空气中的氮时，在给定的吸附时间[约（1～2）min]内，氧气首先被CMS选择吸附，从而可获得95%～99%的纯氮。

使用泥炭、褐煤、烟煤和无烟煤都可制备CMS，但因煤种及其性质不同，制备工艺各有差别。CMS的一般制备工艺如下：煤→粉碎到约200目→在煤的燃点附近用空气氧化（对低挥发分、粘结性煤）→氧化煤→加煤焦油或纸浆等粘结剂挤压成型→在900～1000℃氮保护下高温炭化→堵孔或开孔处理，以调整孔结构。

制备工艺中碳化是关键，碳化温度、升温速度、终温和恒温时间对CMS的孔径大小、吸附性能和吸时选择性影响很大。煤种不同，碳化工艺也不同。堵孔或开孔是调节细孔结构的重要步骤。可用 CO_2，H_2O 等气体活化开孔；也可应用加热［(1200～1800)℃］缩孔法、碳沉积法（浸渍烃类或树脂等，热解后析出炭）和同时利用活化反应与碳沉积作用的综合法等。CMS 可作为吸附剂用于气体的吸附与分离。例如：可用作空气的分离制氮，用在焦炉煤气和冶金燃气中回收与精制氢。CMS 可作为择形催化剂载体和催化剂载体；可用于气相色谱中作为固定相；还可用于酿制食品、酒类的除味；水果的保鲜和原子反应堆稀有气体的保持等方面。

第五节 其他重要的煤转化技术

一、煤的快速热解

煤的快速热解是指升温速度远远高于常规升温速度（<10℃/min 或 1～3℃/min）时煤的热解，升温速度可达每分钟几百、几千甚至几亿度。在快速热冲击下，热解过程将发生极大变化，气体析出温度范围大幅度地提高和加宽。这主要是由于加热速度远远超过了气体从煤粒内部向外扩散逸出的速度。煤化度越低，快速加热的影响越显著。当褐煤快速加热时，加热速度由 1℃/s 人提高到 10^4℃/s，气体析出温度范围由（400～840)℃移向（860～1700)℃。更重要的是，在快速加热下，最终失重率明显超过煤的工业分析所测得的挥发分产率，并改变了挥发产物的组成，特别是一次焦油和气态烃的产率大幅度增加，而且产品品种可通过控制热解过程进行调节。这正是煤快速热解新工艺的理论基础。

1. 固体热载体快速热解法

（1）西方石油公司法

西方石油公司法以热焦屑作热载体，将煤粉喷入由燃烧气流挟带的热循环半焦的稀气流内，在 2s 内将煤加热至高温［(530～620)℃］，升温速度约为 17000℃/min。热焦和煤气在旋风分离器中分开，部分热焦循环作热载体。在燃烧器内烧去一部分焦粉以提高温度，为热解反应供热。该法可以产油或产气模式进行。产油的最佳温度区间是（560～580)℃。高挥发分烟煤在此温度下的油产率可约达干煤的 35%（质量分数），比铝甑干馏的油产率高一倍以上。伴生气体可达约 6.5%（质量分数），氨水产率仅为 1.7%（质量分数）。但所得油类是很重的焦油状物质，其中约含 20%～30%（质量分数）的沥青质和 5%～10%（质量分数）的苯不溶树脂状物质。如欲将这种油用作燃料或化工原料，需对其进行催化或加氢提质。

温度超过约 600℃时，产油逐渐减少，产气逐渐增多。产气模式最佳操作温度是 870℃。此时，平均气体产率将达到占原始干煤的 30%（质量)，只有约 10%（质量）的煤转化为重焦油。典型的气体组成是：$H_2$26.8%，CO30.0%，$CO_2$8.5%，$CH_4$22.4%，$>C_1$ 的烃类 12.3%（主要为 C_2H_4）。

（2）美国食品机械公司的 COGas 法

COGas 法是使煤连续通过三个反应器与逆向流动的热气流相遇而发生快速阶梯热解。此法比西方石油公司法的产气模式的升温速度慢，处理温度高，焦油产率低，焦油产率的变化与煤化度的夫系很大。由于沥青质和树脂状物质在较高温度下热分解，因此该法所得焦油的流动性比西方石油公司法的好得多。

（3）鲁奇 - 鲁尔煤气法（L - R 法）

L - R 法是将煤与热半焦在搅拌反应器中混合。其核心是固体热载体循环系统，此外还有气体产物系统和烟气系统。多余的热焦粉在排出前经废热回收。对高挥发分烟煤可以得到 30%（质量）的焦油产率。如与电站或气化装置联合，将半焦加以利用，则优越性更加突出。

（4）大连理工大学固体热载体快速热解法

大连理工大学在 L - R 法的基础上，开发了具有我国特色的固体热载体快速热解法。该法适用于褐煤、油页岩和低变质程度烟煤，干馏温度（500 ~ 650）℃。干馏焦油产率 4% ~14%，粗汽油产率为 0.5% ~0.8%，煤气产率为（90 ~ 190）m^3/t，此为中等发热量煤气，可用作城市煤气。半焦反应性好，可作无烟燃料。

2. 加氢闪急热解法

此法是用氢挟带煤通过适当预热的压力反应管，在 900℃左右和 5MPa 下对烟煤进行 1s 的加氢闪急热解。可将煤中 95% 的有机碳转变为 CH_4 和其他烃类气体。该法产品产率和组成与操作条件关系很大，两次加氢裂解和固体残渣的加氢气化，可以提高气体产率。在有利于液态产物生成的温和条件下，只能使煤的 30% ~50%（质量）转化。

加氢闪急热解的最佳产油温度约为 550C。其他条件固定时，油产率随氢压几乎呈线性增加。但过快反应产生的油类和低温焦油相似，只有把反应时间至少延长为数秒时才能得到大部分由苯属烃构成的轻油。总过程分为两步：第一步先形成粘稠的焦油状物质（反应时间过短时即停留在这一步）；第二步为将焦油状物质经气相加氢裂化为气体、较轻的油类和碳质残渣。

在 600℃以上进行的加氢气化反应（大部分 CH_4 均通过碳的加氢产生）仅仅是加氢闪急热解的一个补充，是脱挥发分后的残渣加氢气化。它不影响一次分解过程，也不影响二次加氢和挥发物的加氢裂化。但这种残渣加氢气化的反应速度比常规的煤焦加氢气化快，其原因是由于新生成的脱挥发分后的残渣更加活泼。实验表明，两段加氢热解是由煤获得高产率的化学原料的有效方法。

3. 等离子热解煤制乙炔法

由于石油化工的发展，早期的“焦炭 - 电石 - 乙炔化学”路线多年来已被乙烯化学路线所取代。但是，随着近年来石油价格的上涨和资源的短缺，对乙炔化学的兴趣又在逐渐增加。许多国家在积极研究和开发用等离子体裂解煤制乙炔的新工艺。由于乙炔的 H/C 原子比为 1，与煤的 H/C 比最接近，所以从煤裂解制乙炔应该是最合理的路线，这是煤的快速高温热解的一个极端情况。该法是使氩、氢或氩 - 氢混合物，通过电弧或射频场发生离解和离子化形成等离子体，然后将超细煤送入等离子体内。因产生等离子体的方式不同，所以加煤点的温度介于（2000 ~ 15000）℃之间。此法也可通入蒸气，以气化模式进行，称为等离子气化，目的是制造 $CO + H_2$ 合成气。

为了达到高温和高速的加热目的，等离子体是一种比较理想的途径。等离子是离子化的分子或原子，电弧温度估计在（8000 ~ 50000）℃，速度为（1500 ~ 3000）m/s。只需几毫秒就可把煤加热到 1250℃以上。

等离子热解主要产生乙炔和少量炭黑，这是因为在约 1250℃以上时，乙炔在热力学上比其他烃类更稳定。反应产物需快速冷却以免生成的乙炔分解为碳和氢。目前，此法的乙炔产率可高达35%（质量，daf煤），能耗与电石法乙炔相近。

二、煤制洁净燃料

煤炭是我国的主要能源，它在我国一次能源的产量和消费中都达到约75%。而传统的燃煤技术对环境造成严重的污染，它是我国大气污染的主要来源：全国城市的烟尘80%来自燃煤；排入大气、造成酸雨即SO_2，90%来自燃煤。此外，燃煤排放大量的NO_x和CO_2，也是大气污染的元凶。因此，要经济高度发展，又能保持良好的生态环境，就必须十分重视洁净煤的生产和大力发展清洁、高效、低污染的洁净煤技术。

作为煤制洁净燃料广义上应包括：洗选脱灰、脱硫的洗精煤、型煤、水煤浆和超纯煤等。本节主要介绍水煤浆与超纯煤。

1. 水煤浆

煤水混合物（CWM）又称水煤浆（CWS）和煤水燃料（CWF），它是一种以煤代油的洁净流体燃料。CWS一般由62%～70%的煤粉，29%～37%的水及约1%的化学添加剂，经过一定的加工工艺而制得。水煤浆具有良好的流动性，可以像油一样泵送、储存和雾化燃烧。水煤浆的热值相当于燃料油的一半，两吨水煤浆可代替一吨燃油。水煤浆可在工业锅炉、电站锅炉和工业窑炉中作为油或气的代用燃料，也可在德士古气化炉中代原料造气，生产合成氨。此外，水煤浆还可远距离管道运输，缓解铁路运输的紧张状况。

由于煤在制浆过程中脱去了大部分的灰分和硫分，并且煤的粒度只有数十微米。因此，水煤浆的着火温度低（约比同种煤低100℃），点火容易、燃烧稳定与完全，热效率高达98%以上。烟气中的SO_2、NO_x、烟尘排放量和排烟黑度等均明显低于燃油时的排放量，并低于环保要求的排放标准。

衡量水煤浆质量的主要参数是浓度、表观粘度、稳定性、流变性、煤浆灰分和热值等。研究表明，煤化度、煤的化学性质、表面性质、煤岩成分和煤中矿物质等对煤的制浆性和煤浆质量均有显著影响。褐煤内在水分高，所得煤浆浓度低，不宜制浆。在高挥发分烟煤中，气煤、弱粘煤成浆性较好，其次是不粘煤和长焰煤。主焦煤和瘦煤疏水性最好，成浆性也最好，但到无烟煤阶段成浆性有所降低。我国气煤储量多，就地开发水煤浆代油有很好的发展前景。煤的亲水性越好，煤的成浆性越差。孔隙度大、接触角小和丝炭含量高的煤种，所制煤浆粘度高，流动性差；煤化度不同、煤表面含氧官能团、O/C原子比和最高内在水分等不同，对水煤浆的流变性影响很大。煤中矿物质对煤的成浆性影响显著，其中可溶性矿物和粘土类矿物降低煤的成浆性，但高密度矿物有助于获得高浓度煤浆。煤的表面电动电位越高，越易制得高浓度水煤浆。

目前，我国已用气煤、弱粘煤、焦煤等煤种制备出优质水煤浆，并根据我国煤质特点开发出不同煤种、不同水分、不同灰分和不同热值的水煤浆系列产品，如：低灰高浓度水煤浆、低灰中高浓度水煤浆、高灰中低浓度无添加剂水煤浆等。

水煤浆中约1%的化学添加剂是研究开发的技术诀窍。它是一种既亲水又亲煤的表面活性剂，其作用是降低水煤浆表观粘度，增加煤浆稳定性。所选用的化学添加剂一般可分为三类：（1）阴离子型表面活性剂；（2）非离子型表面活性剂；（3）高分子化合物及无机盐类。我国已开发出具有中国特色的低成本、低污染腐殖酸类、木质素类、萘系和焦油系列水煤浆添加剂，并建成总能力为1500t/a的两座添加剂厂。

我国水煤浆的研究始于1982年，虽然开发起步较晚，但进展较快，制浆技术已达国际水平。目前我国已有六个制浆厂，总生产能力达1Mt/a，其中25%供出口，并建成三个水煤浆实验研究中心和工批示范应用工程。在水煤浆的制备技术、储运技术和燃烧技术都取得重大进展，已全面进入商业示范阶段。我国除自行设计与扩建制浆厂外，还引进了瑞典与日本的制浆生产线。

2. 超纯煤

超纯煤（Ultra - Clean Coal）是指煤炭经物理或化学方法深度脱灰后，其灰分含量 <1 ~ 0.3% 的超低灰煤。超纯煤可制各超纯水煤浆（UCCSF）代替柴油用于燃气轮机和低速柴油机，也可用来生产无灰冶金焦；生产电极炭、炭黑、燃料添加剂等。使用超纯煤可防止环境污染。

制备超纯煤主要有化学洗煤和物理洗煤两类方法。化学洗煤主要用 HCl - HF - HCl 或 NaOH - HCl 等化学药品溶解煤中矿物质，此法存在成本过高和污染过大等缺点；物理脱灰方法主要是利用油的混合物团聚脱灰，主要有丁烷、正戍烷、正庚烷、正已烷等油团聚技术。超纯煤与超纯水煤浆技术，国外已进入中试与工业试生产阶段。我国的超纯煤和超纯水煤浆（又称精细水煤浆）尚处于实验研究开发阶段。

超纯水煤浆比常规水煤浆具有更严格的质量指标：除灰分要求 <1% 外，粒度要求更细；最大粒度要求 <15 ~ 20μm，平均粒度为（5 ~ 10）μm；剪切粘度小于101Pa · s。此外，还有高灰熔点和低 Na，K 含量的要求。为此，还应考虑选择某些添加剂以提高煤浆的灰熔点。

1. 煤转化的新技术有哪些？主要是利用了煤的什么性质？
2. 煤的热解技术有什么特点？举例说明。
3. 简介等离子体催化转化煤制取乙炔的工艺，分析其特点和发展前景。
4. 简评 F - T 工艺在煤化工发展中的意义及在当前的价值。
5. 简介水煤浆和超纯煤的用途及其制备方法。

参考文献

[1] 郭崇涛主编．煤化学．北京：冶金工业出版社，1992
[2] 陶铸主编．煤化学．北京：冶金工业出版社，1984
[3] 朱之培，高晋生著．煤化学．上海：上海科学技术出版社，1984
[4] 钟蕴英等编．煤化学．北京：中国矿业大学出版社，1989
[5] 编写组．中国冶金百科全书炼焦化工卷．北京：冶金工业出版社，1992
[6] 武汉地质学院煤田教研室．煤田地质学．北京：地质出版社，1981
[7] 杨起，韩德馨．中国煤田地质学．北京：煤炭工业出版社，1979
[8] 白尚显，唐文俊主编．燃料手册．北京：冶金工业出版社，1994
[9] 黑色冶金工业标准汇编．焦化产物及其试验方法．北京：中国标准出版社，1995

［10］周师庸编著．实用煤岩学．北京：冶金工业出版社，1985

［11］郭树才编著．煤化工工程．北京：冶金工业出版社，1991

［12］张亚云主编．应用煤岩学基础．北京：冶金工业出版社，1990

［13］郭树才主编．煤化工工艺学．北京：化学工业出版社，1992

［14］［美］埃利奥特编．孙拼等译．煤利用化学（下册）．北京：化学工业出版社，1991

［15］许晓海编．炼焦化工手册．北京：冶金工业出版社，1999

［16］张家埭编．碳材料工程基础．北京：冶金工业出版社，1992

［17］应卫勇编著．煤基合成化学品．北京：化学工业出版社，2010

［18］贺永德主编．现代煤化工技术手册．北京：化学工业出版社，2004

［19］虞继舜主编．煤化学．北京：冶金工业出版社，2009

第二部分

煤 分 析

第六章　煤炭检验

第一节　概　　述

煤炭是我国的重要能源。随着社会生产的发展，煤炭及煤化工产品在国民经济中的地位越来越重要，其质量直接影响国民经济的发展和人民生活水平的提高。“十一五”期间，煤炭及煤化工产品获得了前所未有的发展机遇，拥有广阔的发展前景，这也对煤炭及煤化工产品的质量提出了更高的要求。学习煤炭及煤化工产品的分析检测技术是保证其质量的前提和手段。

煤炭及煤化工产品的分析检测技术是一门实践性很强的重要专业课程，其主要内容包括原料、中间产品、产品中有关组分含量的测定，主要涉及煤炭、焦炭、焦油、煤气、废水等方面的分析检测。学生通过对煤炭及煤化工产品分析检测技术的学习，可掌握相关分析检测的基本原理、基本操作，为今后从事有关工作打下良好的基础。

一、常用的分析方法

1. 化学分析法

利用被测物质和某试剂发生化学反应为基础的分析方法，称为化学分析法。按实验方法的不同，可将化学分析法分为重量分析法和容量分析法。

（1）重量分析法。重量分析法是通过称量物质在化学反应前后的质量变化来测定其含量的方法。该法先经过化学反应及一系列操作步骤使试样中的待测组分转化为另一种纯的具有固定化学组成的化合物，再通过称量该化合物的质量，从而计算待测组分的含量。

（2）容量分析法。容量分析法是将被测试样制成溶液后滴加已知浓度的试剂（标准溶液），根据反应完全时所消耗标准溶液的体积，计算出被测组分的含量。这类分析方法又称为滴定分析法。

根据不同反应类型，容量分析法又可分为酸碱滴定法、沉淀滴定法、配位滴定法和氧化还原滴定法。

重量分析法和容量分析法通常用于高含量或中含量组分的测定。对于样品中微量杂质的检测和快速分析，化学分析法往往不能满足要求，而需要用仪器分析法。

化学分析法所用的仪器简单、操作方便、结果准确、应用范围广泛，是煤炭及煤化工产品分析检测中最基本的方法。

2. 仪器分析法

仪器分析法是指采用比较复杂或特殊的仪器设备，通过测定能表征物质的某些物理或物理化学性质来确定其化学组成和含量的一类分析方法。由于这类方法是以物质的物理或物理化学性质的测定为基础，所以也称为物理或物理化学分析法。

按照测定过程中观测到的物质的性质，仪器分析法分为光学分析法、电分析化学法、色谱法、质谱法等。

（1）光学分析法。根据物质发射的辐射能或辐射能与物质的相互作用而建立起来的分析方法称为光学分析法。它分为许多种类。

① 原子光谱法。包括原子发射、原子吸收和原子荧光光谱法。是根据原子外层电子跃迁所产生的光谱进行分析的方法。

② 分子光谱法。包括红外吸收、可见和紫外吸收、分子荧光和拉曼散射等方法。分别是根据分子的转动光谱及振动光谱、电子光谱、荧光光谱和拉曼光谱进行分析的方法。

③ X 射线光谱法。包括 X 射线发射、吸收、衍射和荧光光谱法，以及电子探针等。是根据原子内层电子跃迁产生的光谱进行分析的方法。

④ 核磁共振波谱法。在强磁场存在下，某些元素原子核的能量由于原子核本身具有的磁性质，将分裂成两个或两个以上量子化的能级。电子也具有类似的情况。吸收适当频率的电磁辐射，可在所产生的磁诱导能级间发生跃迁。研究原子核对射频辐射吸收的方法称为核磁共振波谱法。

（2）电化学分析法。根据物质溶液的电化学性质来确定物质含量的方法称为电化学分析法。具体可分为以下几种。

① 电导法。以电池的电导作为具体测定对象的方法称为电导法。常见的有电导分析法和电导滴定法。

② 电位分析法。用一个指示电极和一个参比电极与试液组成化学电池，根据电池电动势来进行分析的方法，称为电位分析法。常见的有直接电位法和电位滴定法。

③ 库仑分析法。是通过测定被分析物质定量进行某一电极反应，或者它与某一电极反应的产物定量进行化学反应所消耗的电量来进行定量分析的方法。包括控制电位库仑分析法和库仑滴定法。

④ 极谱法和伏安法。是用微电极电解被测物质的溶液，根据所得到的电流—电压极化曲线来测定电解电流与被测物质浓度的关系，从而进行分析的方法。根据所用指示电极的不同，可分为两种：一种是用液态电极，如滴汞电极，其电极表面作周期性连续更新，称为极谱法；另一种是用固定或固态电极作指示电极，如石墨等，称为伏安法。

（3）色谱法。色谱分析法是一种物理分离方法，该法以混合物中各组分在互不相溶的两相（固定相与流动相）中吸附能力、分配系数或其他亲和作用性能的差异作为分离依据。当混合物中各组分随着流动相流动时，在固定相与流动相之间进行反复多次的分布，使吸附能力、分配系数或其他亲和作用性能不同的各组分，在移动速度上产生差异，从而得到分离。

按流动相的状态分类，用气体作为流动相的称为气相色谱，用液体作为流动相的称为液相色谱。

按分离过程的作用原理分类，色谱法可分为吸附色谱法、分配色谱法、离子交换色谱法、凝胶色谱法等。

（4）质谱法。质谱法是一种物理分析法。当试样在离子源中电离后，产生各种带正电荷的离子，在加速电场作用下，形成离子束射入质量分析器。在质量分析器中，由于受磁场的作用，入射的离子束改变运动的方向。当离子的速度和磁场的强度不变时，离子作等速圆周运动，其轨迹与质荷比大小有关。各种离子会按其质荷比的大小分离，据此记录质谱图，根据谱线的黑度或相应离子流的相对强度，可进行定量分析。

二、煤炭及煤化工产品的用途

1. 煤炭

煤炭不仅是工业、农业和人民生活不可缺少的燃料，而且还是冶金、化工、医药等多种工业的重要原料，素有“工业粮食”之称。作为能源，煤燃烧可以得到电能、热能。在世界历史上，揭开工业文明篇章的瓦特蒸汽机就是由煤驱动的。煤燃烧后的残渣可作为建筑材料。作为化工原料，煤炼焦可以得到焦炭、焦油和焦炉煤气，气化可以得到煤气，加氢液化可以得到液体燃料，轻度氧化可以得到腐殖酸和芳香羧酸，卤化则得到润滑油和有机氟化物等重要物质。据统计，在我国能源消费中，煤炭约占整个能源消费的65%，以煤炭作为主要能源的格局在今后一个较长的时期内不会改变。随着近代科学技术的发展和新工艺、新方法的应用，煤炭的用途和综合利用价值将会越来越大。

2. 焦炭

焦炭是煤炼焦的主要产品之一。它是炼焦过程中的固体残留物，呈银灰色，除含有机成分外，尚含有水分和灰分。焦炭主要用于高炉炼铁，高炉用焦量占焦炭总产量的90%以上，此外焦炭还用作电炉、发生炉的原料，生产电石和发生炉煤气，还可作锅炉燃料。

3. 炼焦化学产品

煤在炼焦时，有75%左右变成焦炭，还有25%左右生产多种化学产品及煤气，如煤焦油、氨、萘、硫化氢、氰化氢及粗苯等化学产品。

氨可用于制取硫酸铵和无水氨；煤气中所含的氢可用于制造合成氨，合成甲醇、双氧水、环已烷等，合成氨可进一步制成尿素、硝酸铵和碳酸铵等化肥。

硫化氢是生产单斜硫和元素硫的原料。氰化氢可用于制取黄血盐。

粗苯和煤焦油经加工后可得到二硫化碳、苯、甲苯、二甲苯、三甲苯、古马隆、酚、萘、蒽和吡啶盐基及沥青等。这些产品是生产农药、合成纤维、合成橡胶、塑料、油漆、燃料、药品、炸药、耐辐射材料、耐高温材料及国防工业的重要原料。

第二节　煤的工业分析

煤的工业分析包括水分、灰分和挥发分产率以及固定碳四个项目，用作评价煤质的基本依据。根据煤的水分和灰分的测定结果，可以大致了解煤中有机质或可燃物的百分含量。根据煤的挥发分产率可了解煤中有机质的性质，煤的挥发分产率（V_{daf}）又是煤分类的主要指标。通常水分、灰分及挥发分产率均为直接测定，固定碳则以差减法得出。

一、煤的水分及其测定

1. 煤中水分的存在形态及其测定意义

（1）煤中水分的存在形态

煤中的水分是煤炭的组成部分。它与煤的变质程度、组成结构有关。煤的变质程度不同，水分变化也不同，一般泥炭的水分最大，为 40% ~50% 或以上；褐煤次之，为 10% ~40% 或以上；烟煤水分最低；无烟煤的含水量又有增加的趋势。

煤中水分按结合状态可分为游离水和化合水两大类。游离水以吸附、附着等机械方式与煤结合，化合水以化合方式同煤中的矿物质结合。煤的工业分析只测定游离水，它在 105℃ 下干燥即可失去。

游离水按其存在状态又分为外在水分和内在水分。煤的外在水分是指吸附在煤颗粒表面上的水分，在实际测定中是指煤样达到空气干燥状态所失去的那部分水。煤的外在水分很容易蒸发，只要将煤样放在空气中自然干燥，直至煤表面的水蒸气压和空气相对湿度平衡即可。煤的内在水分是指吸附在煤颗粒内部毛细孔中的水，在实际测定中是指煤样达到空气干燥状态时保留下来的那部分水。内在水分在常温下不能失去，只有加热到一定温度（105℃）才能失去。内在水分与煤的内表面积即煤的变质程度有关，煤的变质程度越浅，其内表面积越大，内在水分也越高。

本节中水分的测定包括原煤样的全水分（或接收煤样的水分）和分析煤样的水分两种。接收煤样的水分是指煤在收到状态时的全水分；分析煤样的水分是指煤样与周围空气温度和湿度达到平衡时保留的水分，即（105 ~110)℃烘烤所失去的水分。

（2）水分测定的意义

① 水分是一项重要的煤质指标，煤中的水分与煤的变质程度和煤的结构有关；

② 煤中的水分不利于工业利用，它对运输、使用和贮存都有一定影响。在煤炭贸易上，煤的水分是一个重要的计质和计价指标。

③ 煤质分析中，煤的水分是进行不同基的煤质分析结果换算的基础数据。

2. 煤中水分的测定原理

（1）间接法。将已知质量的煤样放在一定温度的烘箱或专用微波炉内进行干燥，根据煤样蒸发后的质量损失计算煤的水分。煤中水分的间接测定方法有充氮干燥法、空气干燥法及微波干燥法。煤中水分测定大多采用间接法。

（2）直接法。将已知质量的煤样放在圆底烧瓶中，与甲苯共同煮沸。煤中的水分与甲苯一并蒸出，分馏出的液体收集在水分测定管中并分层，量出水的体积（mL）。以水的质量占煤样质量的百分数作为水分含量。

3. 煤的全水分测定

我国国家标准 GB/T 211 规定，煤中全水分的测定主要有三种方法。其中，在氮气流中干燥的方式（方法 A1 和方法 B1）适用于所有煤种；在空气流中干燥的方式（方法 A2 和方法 B2）适用于烟煤和无烟煤；微波干燥法（方法 C）适用于烟煤和褐煤。以方法 A1 作为仲裁方法。

（1）方法简介

① 方法 A1（在氮气流中干燥）和 A2（在空气流中干燥）。

方法基本相同。仅干燥气流不同。统称为两步法。

一定量的粒度小于 13mm 的煤样，在温度不高于 40℃ 的环境下干燥到质量恒定，再将煤样破碎到粒度小于 3mm，于（105 ~110)℃下，在氮气流（或空气流）中干燥到质量恒定。根据煤样两步干燥后的质量损失计算出全水分。

② 方法 B1（在氮气流中干燥）和 B2（在空气流中干燥）。

方法基本相同。仅干燥气流不同。统称为一步法。

称取一定量的粒度小于6mm（或小于13mm）的煤样，于（105～110)℃下，在氮气流（或空气流）中干燥到质量恒定。根据煤样干燥后的质量损失计算出全水分。

③ 方法C（微波干燥法）

称取一定量的粒度小于6mm的煤样，置于微波炉内。煤中水分子在微波发生器的交变电场作用下，高速振动产生摩擦热，使水分迅速蒸发。根据煤样干燥后的质量损失计算出全水分。

（2）测定步骤

① 方法A（两步法）

Ⅰ外在水分的测定（方法A1和A2，空气干燥）。

在预先干燥和已称量过的浅盘内迅速称取小于13mm的煤样（500±10)g（称准至0.1g)，平摊在浅盘中，于环境温度或不高于40℃的空气干燥箱中干燥到质量恒定（连续干燥1h，质量变化不超过0.5g)，记录恒定后的质量（称准至0.1g)。对于使用空气干燥箱干燥的情况，称量前需使煤样在实验室环境中重新达到湿度平衡。

外在水分的计算公式如下：

$$M_f = \frac{m_1}{m} \times 100 \tag{6-1}$$

式中：M_f——煤样的外在水分，%；

m_1——称取的小于13mm煤样的质量，g；

m——煤样干燥后的质量损失，g。

Ⅱ 内在水分的测定（方法A1，通氮干燥）。

立即将测定外在水分的煤样破碎到粒度小于3mm，在预先干燥和已称量过的称量瓶内迅速称取（10±1)g煤样（称准至0.001g)，平摊在称量瓶中。

打开称量瓶盖，放入预先通入干燥氮气并已加热到（105～110)℃的通氮干燥箱中，氮气每小时换气15次以上，烟煤干燥1.5h，褐煤和无烟煤干燥2h。

从干燥箱中取出称量瓶，立即盖上盖，在空气中放置约5min，然后放入干燥器中，冷却到室温（约20min)，称量（称准至0.001g)。

进行检查性干燥，每次30min，直到连续两次干燥煤样的质量减少不超过0.01g或质量增加时为止。在后一种情况下，采用质量增加前一次的质量作为计算依据。内在水分在2%以下时，不必进行检查性干燥。

按式（6-2）计算内在水分：

$$M_{inh} = \frac{m_3}{m_2} \times 100 \tag{6-2}$$

式中：M_{inh}——煤样的内在水分，%；

m_2——称取的煤样质量，g；

m_3——煤样干燥后的质量损失，g。

Ⅲ 内在水分的测定（方法A2，空气干燥）。除将通氮干燥箱改为空气干燥箱外，其他操作步骤与通氮干燥法相同。

按式（6－3）计算内在水分：

$$M_t = M_f + \frac{100 - M_f}{100} \times M_{inh} \tag{6-3}$$

式中：M_t——煤样的全水分，%；

M_f——煤样的外在水分，%；

M_{inh}——煤样的内在水分，%。

如试验证明，按 GB/T 212—2008 测定的一般分析试验煤样水分（M_{ad}）与按上述内在水分测定方法测定的内在水分（M_{inh}）相同，则可用前者代替后者；而对某些特殊煤种，按上述内在水分测定方法测定的全水分会低于按 GB/T 212 测定的一般分析试验煤样水分，此时应用两步法测定全水分并用一般分析试验煤样水分代替内在水分。

② 方法 B（一步法）

Ⅰ 方法 B1（通氮干燥）

在预先干燥和已称量过的称量瓶内迅速称取粒度小于 6mm 的煤样（10～12）g（称准至 0.001g），平摊在称量瓶中。

打开称量瓶盖，放入预先通入干燥氮气并已加热到（105～110）℃的通氮干燥箱中，烟煤干燥 2h，褐煤和无烟煤干燥 3h。

从干燥箱中取出称量瓶，立即盖上盖，在空气中放置约 5min，然后放入干燥器中，冷却到室温（约 20min），称量（称准至 0.001g）。

进行检查性干燥，每次 30min，直到连续两次干燥煤样的质量减少不超过 0.01g 或质量增加时为止。在后一种情况下，采用质量增加前一次的质量作为计算依据。

Ⅱ 方法 B2（空气干燥）

粒度小于 13mm 煤样的全水分测定方法：

在预先干燥和已称量过的浅盘内迅速称取粒度小于 13mm 的煤样（500±10）g（称准至 0.1g），平摊在浅盘中。将浅盘放入预先加热到（105～110）℃的空气干燥箱中，在鼓风条件下，烟煤干燥 2h，无烟煤干燥 3h。将浅盘取出，趁热称量（称准至 0.1g）。进行检查性干燥，每次 30min，直到连续两次干燥煤样的质量减少不超过 0.5g 或质量增加时为止。在后一种情况下，采用质量增加前一次的质量作为计算依据。

粒度小于 6mm 煤样的全水分测定方法：

除将通氮干燥箱改为空气干燥箱外，其他操作步骤同方法 B1（通氮干燥）。

按式（6－4）计算煤中全水分：

$$M_t = \frac{m_1}{m} \times 100 \tag{6-4}$$

式中：M_t——煤样的内在水分，%；

m——称取的煤样质量，g；

m_1——煤样干燥后的质量损失，g。

③ 方法 C（微波干燥法）

按微波干燥水分测定仪说明书进行准备和调节。

在预先干燥和已称量过的称量瓶内迅速称取粒度小于 6mm 的煤样（10～12）g（称准至

0.001g)，平摊在称量瓶中。打开称量瓶盖，放入测定仪的旋转盘的规定区内。关上门，接通电源，仪器按预先设定的程序工作，直到工作程序结束。打开门，取出称量瓶，立即盖上盖，在空气中放置约5min，然后放入干燥器中，冷却到室温（约20min)，称量（称准至0.001g)。如果仪器有自动称量装置，则不必取出称量。

结果计算同方法B或从仪器的显示器上直接读取全水分值。

(3) 水分损失补正

如果在运送过程中煤样的水分有损失，则按式（6－5）求出补正后的全水分值：

$$M_t' = M_1 + \frac{100 - M_1}{100} \times M_t \qquad (6-5)$$

式中：M_t'——煤样的全水分，%；

M_1——煤样在运送过程中的水分损失百分率，%；

M_t——不考虑煤样在运送过程中的水分损失时测得的全水分，%。

当 M_1 大于1%时，表明煤样在运送过程中可能受到意外损失，则可不补正，但测得的水分可作为试验室收到煤样的全水分。在报告结果时，应注明“未经水分损失补正”，并将容器标签和密封情况一并报告。

(4) 方法的精密度

全水分测定结果的重复性要求见表6－1规定。

表6－1 全水分测定结果的重复性要求

全水分（M_t）/ %	重复性限 / %
<10	0.4
≥10	0.5

4. 空气干燥煤样水分的测定

我国国家标准（GB/T 212）规定空气干燥煤样水分的测定主要有两种方法。其中，在氮气流中干燥的方式（方法A）适用于所有煤种；在空气流中干燥的方式（方法B）仅适用于烟煤和无烟煤。在仲裁分析中遇到有用空气干燥煤样水分进行校正以及基的换算时，应用方法A测定空气干燥煤样的水分。以方法A作为仲裁方法。

(1) 方法A（氮气干燥法）

① 方法提要。称取一定量的空气干燥煤样，置于（105～110)℃干燥箱中，在干燥氮气流中干燥到质量恒定。然后根据煤样的质量损失计算出水分的质量分数。

② 分析步骤。在预先干燥和已称量过的称量瓶内称取粒度小于0.2mm的空气干燥煤样（1.0±0.1)g（称准至0.0002g)，平摊在称量瓶中。打开称量瓶盖，放入预先通入干燥氮气并已加热到105～110℃的干燥箱中（在称量瓶放入干燥箱前10min开始通氮气，氮气流量以每小时换气15次为准）。烟煤干燥1.5h，褐煤和无烟煤干燥2h。从干燥箱中取出称量瓶，立即盖上盖，放入干燥器中冷却至室温（约20min）后称量。进行检查性干燥，每次30min，直到连续两次干燥煤样质量的减少不超过0.001g或质量增加时为止。在后一种情况下，采用质量增加前一次的质量为计算依据。水分小于2%时，不必进行检查性干燥。

（2）方法 B（空气干燥法）

① 方法提要。称取一定量的空气干燥煤样，置于（105 ~ 110）℃干燥箱内，于空气流中干燥到质量恒定。根据煤样的质量损失计算出水分的质量分数。

② 分析步骤。在预先干燥并已称量过的称量瓶内称取粒度小于 0.2mm 的空气干燥煤样（1.0 ±0.1）g（称准至 0.0002g），平摊在称量瓶中。打开称量瓶盖，放入预先鼓风并已加热到（105 ~ 110）℃的干燥箱中（预先鼓风是使温度均匀。将装有煤样的称量瓶放入干燥箱前 3 ~ 5min 就开始鼓风）在持续鼓风的条件下，烟煤干燥 1h，无烟煤干燥（1 ~ 1.5）h。从干燥箱中取出称量瓶，立即盖上盖，放入干燥器中冷却至室温（约 20min）后称量。进行检查性干燥，每次 30min，直到连续两次干燥煤样的质量减少不超过 0.001g 或质量增加时为止。在后一种情况下，采用质量增加前一次的质量为计算依据。水分小于 2% 时，不必进行检查性干燥。

（3）甲苯蒸馏法

① 方法提要。称取一定量的空气干燥煤样于圆底烧瓶中，加入甲苯共同煮沸。分馏出的液体收集在水分测定管中并分层，量出水的体积（mL）。以水的质量占煤样质量的百分数作为水分含量。

② 分析步骤。称取 25g 粒度小于 0.2mm 的空气干燥煤样（称准至 0.0001g），移入干噪的圆底烧瓶中，加入约 80mL 甲苯。为防止喷溅，可放适量碎玻璃片和小玻璃球。安装好水分测定仪。在冷凝管中通入冷却水。加热蒸馏瓶使溶液达到沸腾状态，控制加热速度，使冷凝管口滴下冷凝液滴数为每秒 2 ~ 4 滴。连续加热，直到馏出液清澈并在 5min 内不再有细小水泡出现为止。取下水分测定管，冷却至室温，读取水的体积（mL），再按校正后的体积由回收曲线上查得煤样中水的实际体积 V。

回收曲线的绘制：用微量滴定管准确量取 0，1mL，2mL，3mL，…，10mL 蒸馏水，分别放入水分测定仪中，每瓶各加入 80mL 甲苯，然后按上述步骤进行蒸馏。根据水的加入量和实际蒸出的体积绘制回收曲线。更换试剂时，需重新作回收曲线。

（4）结果计算

① 方法 A 和方法 B 测定空气干燥煤样的水分按式（6 -6）计算：

$$M_{ad} = \frac{m_1}{m} \times 100 \tag{6-6}$$

式中：M_{ad}——空气干燥煤样的水分，%；

m——称取的空气干燥煤样的质量，g；

m_1——煤样干燥后失去的质量，g。

② 甲苯蒸馏法测定空气干燥煤样的水分按式（6 -7）计算：

$$M_{ad} = \frac{Vd}{m} \times 100 \tag{6-7}$$

式中：M_{ad}——空气干燥煤样的水分，%；

V——由回收曲线图上查得的水的体积，mL；

d——水的密度，20℃时取 1.00mL；

m——称取的空气干燥煤样的质量，g。

(5) 水分测定的精密度

水分测定结果的重复性要求见表6-2规定。

表6-2 水分测定结果的重复性要求

水分 (M_{ad})/%	重复性限/%
<5.00	0.20
≥500，≤1000	0.30
>1000	0.40

二、煤的灰分测定

1. 煤中灰分的来源及测定意义

煤中的灰分不是煤的固有成分，而是煤中所有可燃物质完全燃烧以及煤中矿物质在一定温度下产生一系列分解、化合等复杂反应后剩下的残渣。灰分常称为灰分产率。煤中矿物质的来源有3种：①原生矿物质。即成煤植物中所含的无机元素，一般含量较少。②次生矿物质。它是在成煤过程中由外界混入或与煤伴生的矿物质，一般含量也较少。③外来矿物质。它是煤炭开采和加工处理中混入的矿物质。原生矿物质和次生矿物质总称为内在矿物质，二者通常很难用选煤方法除去。外来矿物质可用选煤方法除去。

灰分是降低煤炭质量的物质，在煤炭加工利用的各种场合下都带来有害的影响，因此测定煤的灰分对于正确评价煤的质量和加工利用等都有重要意义。例如：①灰分是煤炭贸易计价的主要指标；②在煤炭洗选工艺中，灰分是评价精煤质量和洗选效率的指标；③在炼焦工业中，灰分是评价焦炭质量的重要指标；④锅炉燃烧中，根据灰分计算锅炉热效率，考虑排渣工作量等；⑤在煤质研究中，根据灰分可以大致计算煤的发热量和矿物质等。

我国国家标准（GB/T 212—2001）规定煤中灰分测定包括两种方法——缓慢灰化法和快速灰化法（包括方法A和方法B）。其中，缓慢灰化法为仲裁法。

2. 测定原理

称取一定量的空气干燥煤样，放入马弗炉或灰分快速测定仪中，匀速加热到(815±10)℃，灰化并灼烧到质量恒定。以残留物的质量占煤样质量的百分数作为灰分产率。

煤在燃烧过程中发生如下化学反应：

$$2SiO_2 \cdot Al_2O_3 \cdot 2H_2O \xrightarrow{\triangle} 2SiO_2 + Al_2O_3 + 2H_2O\uparrow$$

$$CaSO_4 \cdot 2H_2O \xrightarrow{\triangle} CaSO_4 + 2H_2O\uparrow$$

$$4FeS_2 + 11O_2 \xrightarrow{\triangle} 2Fe_2O_3 + 8SO_2\uparrow$$

$$CaCO_3 \xrightarrow{\triangle} CaO + CO_2\uparrow$$

$$CaO + SO_3 \xrightarrow{\triangle} CaSO_4$$

(1) 缓慢灰化法。称取一定量的空气干燥煤样，放入低于100℃的马弗炉中，在30min内升温至500℃，并在此温度下保温30min，再升至（815±10)℃，灼烧1h至质量恒定。以灰渣的质量占煤样质量的百分数为灰分产率。原理如下：

① 炉温在100℃以下开始实验，30min 后升至500℃从而防止煤样爆燃；

② 在500℃停留30min，使煤中硫化物在碳酸盐分解之前就完全氧化并排出，避免生成硫酸钙，减少灰中固定硫的量。

③ 灰化过程中始终保持良好的通风状态，使硫氧化物一经生成就及时排出，减少 CaO 与硫氧化物的接触机会，因此要求高温炉装有烟囱，或将炉门开启一小缝，使炉内空气自然流通。

④ 在815℃灼烧足够长的时间，以保证碳酸盐分解完全及 CO 全部驱出。

（2）快速灰化法

① 快速灰分测定仪法（方法 A）。将装有煤样的灰皿放在预先加热至（815 ± 10）℃的灰分快速测定仪的传送带上，煤样自动送入仪器内完全灰化，然后送出。以残留物的质量占煤样质量的百分数作为煤样的灰分。

② 马弗炉法（方法 B）。将装有煤样的灰皿由炉外逐渐送入预先加热至（815 ± 10）℃的马弗炉中灰化并灼烧至质量恒定。以残留物的质量占煤样质量的百分数作为煤样的灰分。

3. 测定步骤

（1）缓慢灰化法

① 在预先灼烧至质量恒定的灰皿中，称取粒度小于0.2mm 的空气干燥煤样（1.0 ± 0.1）g（称准至0.0002g），均匀地平摊在灰皿中，使其每平方厘米的质量不超过0.15g。

② 将灰皿送入炉温不超过100℃的马弗炉恒温区中，关上炉门并使炉门留有15mm 左右的缝隙。在不少于30min 的时间内将炉温缓慢升至500℃，并在此温度下保持30min。继续升温到（815 ± 10）℃，并在此温度下灼烧1h。

③ 从炉中取出灰皿，放在耐热瓷板或石棉板上，在空气中冷却5min 左右，移入干燥器中冷却至室温（约20min）后称量。

④ 进行检查性灼烧，每次20min，直至连续两次灼烧后的质量变化不超过0.0010g 为止。以最后一次灼烧后的质量为计算依据。灰分低于15.00% 时，不必进行检查性灼烧。

（2）快速灰化法

① 快速灰分测定仪法（方法 A）

将快速灰分测定仪预先加热至（815 ± 10）℃。

开动传送带并将其传送速度调节到17mm/min 左右或其他合适的速度（对于新的快速灰分测定仪，应对不同煤种进行与缓慢灰化法的对比试验。根据对比试验结果及煤的灰化情况，调节传送带的传送速度）。

在预先灼烧至质量恒定的灰皿中，称取粒度小于0.2mm 的空气干燥煤样(0.50 ± 0.01)g（称准至0.0002g），均匀地摊平在灰皿中，使其每平方厘米的质量不超过0.08g。

将盛有煤样的灰皿放在快速灰分测定仪的传送带上，灰皿即自动送入炉中。

当灰皿从炉内送出时，取下，放在耐热瓷板或石棉板上，在空气中冷却5min 左右，移入干燥器中冷却至室温（约20min）后称量。

② 马弗炉法（方法 B）

在预先灼烧至质量恒定的灰皿中，称取粒度小于0.2mm 的空气干燥煤样（1.0 ± 0.1）g

（称准至 0.0002g），均匀地平摊在灰皿中，使其每平方厘米的质量不超过 0.15g。将盛有煤样的灰皿预先分排放在耐热瓷板或石棉板上。

将马弗炉加热到（815±10）℃，打开炉门，将放有灰皿的耐热瓷板或石棉板缓慢地推入马弗炉中，先使第一排灰皿中的煤样灰化。待（5～10）min 后煤样不再冒烟时，以不大于 2cm/min 的速度把其余各排灰皿顺序推入炉内炽热部分（若煤样着火发生爆燃，试验失败应重做）。

关上炉门，在（815±10）℃温度下灼烧 40min。

从炉中取出灰皿，放在空气中冷却 5min 左右，移入干燥器中冷却至室温（约 20min），称量。

进行检查性灼烧，每次 20min，直到连续两次灼烧后的质量变化不超过 0.0010g 为止。以最后一次灼烧后的质量为计算依据。如遇检查性灼烧时结果不稳定，应改用缓慢灰化法重新测定。灰分低于 15.00% 时，不必进行检查性灼烧。

4. 结果计算

空气干燥煤样的灰分按式（6-8）计算：

$$A_{ad}=\frac{m_1}{m}\times 100 \tag{6-8}$$

式中：A_{ad}——空气干燥煤样的灰分，%；

m——称取的空气干燥煤样的质量，g；

m_1——煤样灼烧后残留物的质量，g。

5. 灰分测定的精密度

灰分测定结果的重复性和再现性要求见表 6-3 规定。

表 6-3 灰分测定结果的重复性和再现性要求

灰分（A_{ad}）/ %	重复性限 / %	再现性临界差 / %
<15.00	0.20	0.30
15.00～30.00	0.30	0.50
>30.00	0.50	0.70

三、挥发分的测定

挥发分是煤炭分类的主要指标，根据挥发分可以大致判断煤的变质程度。此外，根据煤的挥发分和焦渣特征可初步判断煤的加工利用性质和热值的高低。因此，测定煤的挥发分在工业应用上和煤质研究方面都有重要意义。

1. 测定原理

煤的挥发分测定是把煤样放在隔绝空气的容器中，在一定的高温条件下加热一定时间，煤中分解出来的液体（蒸气状态）和气体产物减去煤中所含的水分，即为挥发分。剩下的焦渣为不挥发物。煤的挥发分不是煤中固有的物质，而是特定条件下受热分解的产物，应称为煤的挥发分产率。该测定是规范性很强，其结果受加热温度、加热时间、所用坩埚的大小、形状、材质及坩埚盖的密封程度等影响。改变任何一种试验条件，都会对测定结果带来影响。

煤的挥发分测定应注意：①高温炉的热电偶和毫伏计要定期校正；②定期测量高温炉的恒温区，坩埚必须放在恒温区内；③每次试验最好放同样数目的坩埚，以保证坩埚及其支架的热容量基本一致；④坩埚与盖必须配合严密；⑤试样放入炉内，要保证炉温在3min内升到（900±10）℃，全部试验过程中，炉温不三超过（900±10）℃。

煤的挥发分测定有复式法和单式法两种，目前我国多采用复式法。

2. 方法提要

称取一定量的空气干燥煤样，放在带盖的瓷坩埚中，在（900±10）℃下，隔绝空气加热7min，以减少的质量占煤样质量的百分数，减去该煤样的水分含量作为煤样的挥发分。

3. 测定步骤

① 在预先用900℃温度灼烧至质量恒定的带盖瓷坩埚中，称取粒度小于0.2mm的空气干燥煤样（1.00±0.01）g（称准至0.0002g），然后轻轻振动坩埚，使煤样摊平，盖上盖，放在坩埚架上。（褐煤和长焰煤应预先压饼，并切成约3mm的小块。）

② 将马弗炉预先加热至920℃左右。打开炉门，迅速将放有坩埚的架子送入恒温区，立即关上炉门并计时，准确加热7min。坩埚及架子放入后，要求炉温在3min内恢复至（900±10）℃，此后保持在（900±10）℃，否则此次试验作废。加热时间包含温度恢复时间。

③ 从炉中取出坩埚，放在空气中冷却5min左右，移入干燥器中冷却至室温（约20min）后称量。

4. 焦渣特征分类

测定挥发分所得焦渣的特征，按下列规定加以区分。

（1）粉状。全部是粉末，没有相互粘着的颗粒。

（2）粘着。用手指轻碰即成粉末或基本上是粉末，其中较大的团块轻轻一碰即成粉末。

（3）弱粘结。用手指轻压即成小块。

（4）不熔融粘结。以手指用力压才裂成小块，焦渣上表面无光泽，下表面稍有银白色光泽。

（5）不膨胀熔融粘结。焦渣形成扁平的块，煤粒的界线不易分清，焦渣上表面有明显银白色金属光泽，下表面银白色光泽更明显。

（6）微膨胀熔融粘结。用手指压不碎，焦渣的上、下表面均有银白色金属光泽，但焦渣表面具有较小的膨胀泡（或小气泡）。

（7）膨胀熔融粘结。焦渣上、下表面均有银白色金属光泽，明显膨胀，但高度不超过15mm。

（8）强膨胀熔融粘结。焦渣上、下表面均有银白色金属光泽，焦渣高度大于15mm。

通常用上列序号作为各种焦渣特征的代号。

5. 结果计算

（1）空气干燥煤样的挥发分

$$V_{ad}=\frac{m_1}{m}\times 100-M_{ad} \tag{6-9}$$

式中：V_{ad}——空气干燥煤样的挥发分，%；

m——称取的空气干燥煤样的质量，g；

m_1——煤样干燥后失去的质量，g；

M_{ad}——空气干燥煤样的水分，%。

（2）空气干燥基挥发分换算成干燥基挥发分、干燥无灰基挥发分及干燥无矿物质基挥发分

① 干燥基挥发分

$$V_d = \frac{V_{ad} \times 100}{100 - M_{ad}} \tag{6-10}$$

② 干燥无灰基挥发分

$$V_{daf} = \frac{V_{ad} \times 100}{100 - M_{ad} - A_{ad}} \tag{6-11}$$

当空气干燥煤样中碳酸盐二氧化碳质量分数为2%～12%时，则

$$V_{daf} = \frac{V_{ad} - (CO_2)_{ad}}{100 - M_{ad} - A_{ad}} \times 100 \tag{6-12}$$

当空气干燥煤样中碳酸盐二氧化碳质量分数大于12%时，则

$$V_{daf} = \frac{V_{ad} - [(CO_2)_{ad} - (CO_2)_{ad(焦渣)}]}{100 - M_{ad} - A_{ad}} \times 100 \tag{6-13}$$

式中：V_{daf}——干燥无灰基挥发分，%；

$(CO_2)_{ad}$——空气干燥煤样中碳酸盐二氧化碳的质量分数，%；

$(CO_2)_{ad(焦渣)}$——焦渣中二氧化碳对煤样量的质量分数，%。

③ 干燥无矿物质基挥发分

$$V_{dmmf} = \frac{V_{ad} \times 100}{100 - M_{ad} - MM_{ad}} \tag{6-14}$$

当空气干燥煤样中碳酸盐二氧化碳质量分数为2%～12%时，则

$$V_{dmmf} = \frac{V_{ad} - (CO_2)_{ad}}{100 - M_{ad} - MM_{ad}} \times 100 \tag{6-15}$$

当空气干燥煤样中碳酸盐二氧化碳质量分数大于12%时，则

$$V_{dmmf} = \frac{V_{ad} - [(CO_2)_{ad} - (CO_2)_{ad(焦渣)}]}{100 - M_{ad} - MM_{ad}} \times 100 \tag{6-16}$$

式中：V_{dmmf}——干燥无矿物质基挥发分，%；

MM_{ad}——空气干燥煤样中矿物质的质量分数，%。

6. 挥发分测定的精密度

挥发分测定结果的重复性和再现性要求见表6－4规定。

表 6－4　挥发分测定结果的重复性和再现性要求

挥发分/%	重复性限（V_{ad}）/%	再现性临界差（V_d）/%
<20.00	0.30	0.50
20.00~40.00	0.50	1.00
>40.00	0.80	1.50

四、固定碳的计算

固定碳是煤炭分类、燃烧和焦化中的一项重要指标。煤的固定碳随变质程度的加深而增加。在煤的燃烧中，利用固定碳来计算燃烧设备的效率；在炼焦工业中，根据它来预计焦炭的产率。

煤的固定碳含量一般是根据测定煤样的水分、灰分和挥发分按下式算出：

$$FC_{ad} = 100 - (M_{ad} + A_{ad} + V_{ad}) \tag{6-17}$$

式中：FC_{ad}——空气干燥煤样的固定碳，%；
M_{ad}——空气干燥煤样的水分，%；
A_{ad}——空气干燥煤样的灰分，%；
V_{ad}——空气干燥煤样的挥发分，%。

工业上通常用干燥基固定碳，其结果也可按式（6－18）计算：

$$FC_d = 100 - A_d - V_d \tag{6-18}$$

式中：FC_d——干燥煤样的固定碳，%；
A_d——干燥煤样的灰分，%；
V_d——干燥煤样的挥发分，%。

五、出口煤的工业分析方法——仪器法

本方法规定了出口煤中水分、灰分和挥发分的联合测定方法及固定碳的计算。该法适用于出口煤工业分析项目的成批检验。测定范围如下：水分，0.20%~27.90%；灰分（干燥基），6.00%~19.60%；挥发分（干燥基），1.00%~50.80%。

1. 方法提要

采用微机控制的热重分析仪或自动工业分析仪，自动分析程序，仪器即按规定的程序和测量条件，将分析煤样置于仪器的坩埚中，然后依顺序测定水分、挥发分和灰分，并计算出水分、挥发分、灰分和固定碳的结果。

2. 试剂和材料

氮气（纯度>99.5%，水分含量≤1.9mg/L）；氧气（纯度>99.9%）。

坩埚（用熔融硅制成，配有磨砂玻璃坩埚盖；或用陶瓷制成，配有坩埚盖）。

3. 仪器和设备

热重分析仪：包括炉、控制设备、天平、记录仪、供气装置及排气装置等。

（1）炉。应设计成由适当的耐热和绝缘材料包围的形式，以使炉膛的所有部分温度均

匀并具有最小的自由空间。同时，应能以50℃/min的速度从室温快速加热至950℃。

（2）控制设备。用于监测炉膛内的温度，并将其保持在每步测定的规定范围内。每步测定的规定温度范围如下：

测定项目	温度/℃
水分	104～110
挥发分	930～970
灰分	700～750

（3）天平。由用于测定水分、挥发分和灰分的内置式天平与仪器的必要部分组成，感量为0.0001g。

（4）供气装置。用于充入干燥吹扫气或反应气。每步测定的气体及其流速如下：

测定项目	气体	流速/(炉体积/min)
水分	氮气	2～4
挥发分	氮气	2～4
灰分	氧气	0.4～0.8

4. 测定步骤

（1）准备工作。打开仪器炉盖，将预先加热并灼烧至质量恒定的坩埚放入坩埚托盘上，于已称量的坩埚中加入约1g分析煤样，称量（准确至0.0001g）。开启仪器自动分析程序，仪器即按规定的程序和测量条件，依顺序测定水分、挥发分和灰分。

（2）水分的测定。在104～110℃、通氮气条件下，加热不带盖坩埚内已称重的分析煤样，仪器按设定程序在测定过程中以3min间隔重复称量其质量，当连续两次称量质量之差达到仪器规定的偏差之内时，仪器自动终止测试。

（3）挥发分的测定。水分测定完毕后，加坩埚盖，仪器按设定程序以50℃/min的速度将炉温快速升至（950±2）℃并在保持该炉温7min期间等间隔称重，炉内通氮气保持原环境。

（4）灰分的测定。挥发分测定完毕后，仪器按设定程序将炉温从950℃降至600℃，取下坩埚盖，并将炉内环境改成氧气，然后逐渐升温至750℃开始灰分测定。仪器按固定的间隔称量不带盖坩埚和试样的总质量，直至其达到恒重时终止测试。

5. 结果计算

（1）水分的计算

$$M_{ad}=\frac{m-m_1}{m}\times 100 \qquad (6-19)$$

式中：M_{ad}——空气干燥煤样的水分，%；

m——称样量，g；

m_1——水分测试干燥后试样的质量，g。

（2）挥发分的计算

$$V_{ad}=\frac{m_1-m_2}{m}\times 100 \qquad (6-20)$$

式中：V_{ad}——空气干燥基挥发分，%；

m_2——挥发分测试加热后试样的质量，g。

（3）灰分的计算

$$A_{ad}=\frac{m_3-m_4}{m}\times 100 \qquad (6-21)$$

式中：A_{ad}——空气干燥基灰分，%；

m_3——坩埚和灰残渣的总质量，g；

m_4——空坩埚的质量，g。

（4）固定碳的计算

$$FC_{ad}=100-(M_{ad}+V_{ad}+A_{ad}) \qquad (6-22)$$

式中：FC_{ad}——空气干燥基固定碳，%；

6. 精密度

（1）重复性。按下式计算所测水分、挥发分和灰分的重复性区间：

水　分　$I(r)=0.20+0.012X$　(6-23)

挥发分　$I(r)=0.29+0.014X$　(6-24)

灰　分　$I(r)=0.07+0.020X$　(6-25)

式中：$I(r)$——重复性区间，%；

X——每个指标的两个重复性结果的平均值，%。

（2）再现性 按下式计算所测水分、挥发分和灰分的再现性区间：

水　分　$I(R)=0.24+0.034X$　(6-26)

挥发分　$I(R)=0.62+0.047X$　(6-27)

灰　分　$I(R)=0.14+0.023X$　(6-28)

式中：$I(R)$——再现性区间，%；

X——每个指标的两个再现性结果的平均值，%。

第三节　煤的元素分析

煤中除含有部分矿物质和水之外，其余都是有机物质。煤中有机质主要由碳、氢、氧、氮、硫五种元素组成。其中，以碳、氢、氧为主，三者总和占有机质的95%以上，氮和硫的含量较少，氮的含量变化范围不大，硫的含量则随着原始成煤物质和成煤时的沉积条件不同而有很大的差异。

煤的元素分析是指对煤中碳、氢、氮、硫四种元素含量的测定和对煤中氧元素含量计算。煤的元素组成的不同，反映了煤的变质程度。随着煤中碳含量的增加，煤的变质程度逐渐加深。与之对应，煤中氢和氧的含量则随煤的变质程度的加深而显著下降。因此，很早就把元素组成作为煤炭科学分类的指标之一。例如，中国煤炭分类标准中把 H_{daf} 作为划分无烟煤小类的指标之一。

氧是煤中主要元素之一。氧在煤中存在的总量和形态直接影响着煤的性质。

煤的元素组成还可以用来计算煤的发热量，估算和预测煤的低温干馏产物。在煤作为动力燃料时，常常需要原煤的元素组成数据，以便为锅炉设计和燃烧过程中计算燃料煤的理论烟气量、空气消耗量和热平衡时使用。

本节主要讲述煤中碳、氢、氮、硫的测定和氧的计算方法。

一、碳、氢的测定

煤中碳和氢的测定标准方法，经典的主要有重量法和电量－重量法，而 ISO 标准、英国标准和日本标准较多采用高温燃烧法，常用的还有库仑法。此处介绍后两种方法。

1. 高温燃烧法

又称舍菲尔德法，是由高温燃烧测硫的方法发展而来。该法的特点是需要试剂少、测定所需时间较短、燃烧管内容物填充简单，但该法必须有能保持 1350℃ 的高温炉和相应的耐高温瓷管、瓷舟。

方法原理：

煤样在 1350℃ 的高温和氧气流中燃烧，煤中的碳和氢完全转化为二氧化碳和水。用一保持温度约 800℃ 的银丝卷吸收燃烧时产生的二氧化硫和氯。在这种条件下，煤中的氮不生成氧化物而以氮气形式析出。用适当的吸收剂吸收二氧化碳和水，根据吸收剂的增量，计算煤中碳和氢的含量。

2. 库仑法

该法使用库仑碳、氢测定仪进行分析。方法原理如下：

一定量的煤样在 800℃、有催化剂存在的条件下，在氧气流中燃烧。煤样中氢燃烧生成的水由 $Pt-P_2O_5$ 电解池吸收并电解。煤样中碳燃烧生成的二氧化碳与氢氧化锂反应，根据电解偏磷酸所消耗的电量，分别计算煤样中氢和碳的含量。煤样中硫和氯对碳测定的干扰，在燃烧管内由高锰酸银热分解产物除去。氮氧化物对测定的干扰，由粒状二氧化锰除去。

库仑碳、氢测定仪采用控制电流库仑分析法。反应生成的水进入 $Pt-P_2O_5$ 电解池与五氧化二磷反应生成偏磷酸。电解偏磷酸，当电解电流降至终点电流时，终止电解。电解过程中电流的大小和电解过程耗费的时间被记录下来，并转换为数字信号。软件对电解过程所消耗的电量进行积分，并实时将该电量积分值换算为氢和碳的质量（mg）显示出来。试验结束时，显示氢和碳的百分含量，并将测定结果计算为空气干燥基和干基形式；在无空气干燥煤样水分时，计算结果为总氢值和空气干燥基碳。

二、氮的测定

煤中氮含量的测定方法，最常用的是半微量凯氏法和半微量蒸汽定氮法。

1. 半微量凯氏法

（1）方法原理

称取一定量的空气干燥煤样，加入混合催化剂和硫酸，加热分解，氮轩化为硫酸氢铵。加入过量的氢氧化钠溶液，把氨蒸出并吸收在硼酸溶液中，用硫酸标准溶液滴定。根据硫酸的用量，计算煤中氮的含量。

主要化学反应如下：

$$煤 + H_2SO_4(浓) \rightarrow NH_4HSO_4 + N_2(极少) + CO_2 + H_2O + SO_2 + SO_3 + Cl_2 + H_3PO_4$$

（2）分析步骤

① 在薄纸上称取粒度小于0.2mm的空气干燥煤样0.2g（称准至0.0002g）。把煤样包好，放入50mL凯氏瓶中，加入混合催化剂2g和浓硫酸5mL。然后，将凯氏瓶放入铝加热体的孔中，并用石棉板盖住凯氏瓶的球形部分。在瓶口插入一短颈玻璃漏斗，防止硒粉飞溅。在铝加热体的中心小孔中放热电偶。接通放置铝加热体电炉的电源，缓缓加热到350℃左右，保持此温度，直到溶液清澈透明，漂浮的黑色颗粒完全消失为止。遇到分解不完全的煤样时，可将煤样研细至0.1mm以下，再按上述方法消化，但必须加入高锰酸钾或铬酸酐(0.2~0.5)g，分解后如无黑色粒状物，表示消化完全。

② 将溶液冷却，用少量蒸馏水稀释后，移至250mL凯氏瓶中。用蒸馏水充分洗净原凯氏瓶中的剩余物，洗液并入250mL凯氏瓶，使溶液体积约为100mL。然后将盛有溶液的凯氏瓶放在蒸馏装置上。

③ 将直形玻璃冷凝管的上端与凯氏球连接，下端用橡皮管与玻璃管相连，直接插入一个盛有20mL硼酸溶液和1~2滴混合指示剂的锥形瓶中，管端插入溶液并距瓶底约2mm。

④ 往凯氏瓶中加入25mL混合碱溶液，然后通入蒸汽进行蒸馏。蒸馏至锥形瓶中溶液体积达到80mL左右为止。此时硼酸溶液由紫色变成绿色。

⑤ 拆下凯氏瓶，并停止供给蒸汽，取下锥形瓶，用水冲洗插入硼酸溶液中的玻璃管，洗液收入锥形瓶中。用硫酸标准溶液滴定吸收溶液至溶液由绿色变成钢灰色即为终点。由硫酸用量计算煤中氮的含量。

⑥ 用0.2g蔗糖代替煤样进行空白试验，试验步骤与煤样分析相同。

注：每日在煤样分析前冷凝管须用蒸汽进行冲洗，待馏出物体积达（100~200）mL后，再正式放入煤样进行蒸馏。

（3）分析结果的计算

空气干燥煤样中氮（N_{ad}）的质量分数（%）按式（6-29）计算：

$$N_{ad} = \frac{c(V_1 - V_2) \times 0.014}{m} \times 100 \tag{6-29}$$

式中：c——硫酸标准溶液的浓度，$mol \cdot L^{-1}$；

M——分析煤样的质量，g；

V_1——硫酸标准溶液的用量，mL；

V_2——空白试验时硫酸标准溶液的用量，mL；

0.014——氮的毫摩尔质量，g/mmol。

（4）氮测定的精密度 氮测定结果的重复性和再现性要求见表6-5规定。

表 6-5　氮测定结果的重复性和再现性要求

重复性限（N_{ad}）/ %	再现性临界差（N_d）/%
0.08	0.15

2. 半微量蒸汽定氮法

该法适用于无烟煤、烟煤和焦炭。

（1）方法原理

一定量的煤或焦炭试样，在有氧化铝作为催化剂和疏松剂的条件下，于1050℃下通入水蒸气，试样中的氮及其化合物全部还原成氨。生成的氨经过氢氧化钠溶液蒸馏，用饱和硼酸溶液吸收后，由标准硫酸溶液滴定，根据标准硫酸溶液的消耗量来计算氮含量。

（2）实验仪器

专用的半微量蒸汽定氮仪装置。

（3）试验准备

① 水解管的填充：先将（1～3）mm 厚的硅酸铝棉填充在水解管的细径端（出口端），放入做好的镍铬丝支架，在支架的另一端填充（1～3）mm 厚的硅酸铝棉。

② 水解炉恒温区测定：将高温水解炉及其控温装置按规定安装，并将水解管水平安应在水解炉内，通电升温。待温度达到1050℃并保温10min后，按常规恒温区测定方法，项定在（1050±5）℃的温度区域，记下恒温区位置。

③（450～500）℃和（750～800）℃区域测定：按上述方法测定（450～500）℃和(750～800)℃区域的位置。

④ 套式加热器工作温度确定：将一支测量范围为（0～200）℃的水银温度计放入套式加热器底部，周围充填硅酸铝棉。通电缓慢升温，待温度达到125℃时，调节控温旋钮，使温度保持在（125±5）℃约30min，记下控温旋钮的位置，即为工作温度的控制位置。

⑤ 水蒸气发生量确定：将水蒸气发生装置的圆底烧瓶内加入蒸馏水并与冷凝器连接接通冷凝水。通电升温至圆底烧瓶内的蒸馏水沸腾，调节控温旋钮，使水蒸气发生量控制在每30min 馏出（100～120）mL 冷凝水，记下控温旋钮的位置，即为工作温度的控制位置。

（4）测定步骤

① 水解炉通电升温，塞紧水解管入口端带进样杆的橡皮塞，调节氦气流量为50mL/min。

② 从蒸馏瓶侧管管口加入氢氧化钠溶液约150mL，并用橡皮塞塞紧侧管管口，接通冷凝水，套式加热器通电升温，并使温度稳定在（125±5）℃。氢氧化钠溶液每天更换一次。

③ 当温度升到500℃左右时，通入水蒸气，水解炉炉温达到1050℃后，空蒸30min。

④ 称取空气干燥煤样0.1g（称准到0.0002g），并与0.5g 氧化铝充分混合后，转移至瓷舟内。对于挥发分较高的烟煤，在混合后的试样上应覆盖一层氧化铝（0.3～0.5）g。

⑤ 在吸收瓶中加入20mL 饱和硼酸溶液和3～4 滴混合指示剂，接在冷凝管出口端，使冷凝管出口端没入硼酸溶液。

在保持上述水蒸气流和氦气流的条件下，用推棒将石英托盘推到热解管的预热段，撤回推棒，打开预热开关。

⑥ 将瓷舟（一种舟状盛具）放入燃烧管内的石英或刚玉托盘上，塞紧带进样杆的橡皮

塞，以（100～120）mL/30min 冷凝水的速度通入水蒸气。先将试样推到（450～500）℃区域，停留5min，然后推到（750～800）℃区域，停留5min，最后推到1050℃恒温区，停留25min。

⑦ 取下吸收瓶并用水冲洗硼酸溶液中的玻璃管内外，洗液收入吸收瓶中。

⑧ 试验结束后，停止通入氦气和水蒸气，将托盘拉回到低温区。

⑨ 以硫酸标准溶液滴定吸收溶液到由绿色变为钢灰色。由硫酸标准溶液的用量来计算煤中氮的含量。

注：每天在煤样分析之前，须对蒸馏装置用水蒸气进行清洗（空蒸）30min 或待锥形瓶内馏出物体积达到（100～150）mL后，再进行正式试验。

⑩ 试验结束后，关冷凝水、氦气，关闭所有电器开关，将蒸馏瓶内的碱液倒出，并把蒸馏瓶洗净。

（5）空白试验

① 更换试剂或仪器设备后，应进行空白试验。

② 用石墨代替煤或焦炭试样，按上述测定步骤进行空白试验。

（6）结果计算。试样中氮的质量分数 N_{ad}(%) 按式（6－30）计算：

$$N_{ad}=\frac{0.014c(V-V_0)}{m}\times 100 \tag{6-30}$$

式中：V——试样测定消耗硫酸标准溶液的体积，mL；

V_0——空白试验消耗硫酸标准溶液的体积，mL；

c——硫酸标准溶液的浓度，mol/L；

m——试样的质量，g；

0.014——氮的毫摩尔质量，g/mmol。

取重复测定的平均值，结果修约至0.01%。

（7）方法的精密度。本方法测定氮的精密度同表6－5。

三、氧的计算

空气干燥煤样中氧的质量分数 O_{ad}（%）按式（6－31）计算：

$$O_{ad}=100-M_{ad}-A_{ad}-C_{ad}-H_{ad}-N_{ad}-S_{t,ad}-(CO_2)_{ad} \tag{6-31}$$

式中：M_{ad}——空气干燥煤样中水分的质量分数，%；

A_{ad}——空气干燥煤样中灰分的质量分数，%；

C_{ad}——空气干燥煤样中碳的质量分数，%；

H_{ad}——空气干燥煤样中氢的质量分数，%；

N_{ad}——空气千燥煤样中氮的质量分数，%；

$S_{t,ad}$——空气干燥煤样中全硫的质量分数，%；

$(CO_2)_{ad}$——空气干燥煤样中碳酸盐二氧化碳的质量分数，%。

四、硫的测定

所有的煤中都含有数量不等的硫。不同形态的硫对煤质有不同的影响，在选煤时脱硫效果也不相同。因此，除测定全硫外，还需测定各种形态的硫。煤中的硫可分为有机硫和无机硫两大类。其中，无机硫又可分为硫化物硫、硫酸盐硫和微量的元素硫；有机硫含量较低，组成很复杂，主要由硫醚或硫化物（R－S－R′）、二硫化物（R－S－S－R′）、硫醇类化合物（R－SH）、噻吩类杂环硫化物（如噻吩、苯并噻吩等）、硫醌化合物等组分或官能团所构成。

煤中全硫的测定方法很多，有艾士卡法、高温燃烧中和法、库仑滴定法（或称碘量法）、高温燃烧红外光谱法和弹筒法等。此处介绍前两种方法。

1. 艾士卡法

艾士卡法是德国人艾士卡于1874年制定的一个经典方法，迄今仍是各国通用的测定煤中全硫的标准方法。该法的特点是准确度高，适用于成批测定，缺点是步骤繁琐、耗时。

（1）基本原理

煤样与艾士卡试剂（Na_2CO_3 和 MgO 的质量比为 1∶2 的混合物，简称艾氏剂）均匀混合后在高温下进行半熔，煤中各种形态的硫都转化成可溶于水的硫酸钠和硫酸镁。用水浸取后，在一定酸度下滴加氯化钡溶液，使可溶性硫酸盐全部转化为硫酸钡沉淀，然后根据硫酸钡的质量，计算出煤中的全硫含量。主要化学反应如下：

① 煤样的氧化作用

$$煤 + O_2 \rightarrow CO_2 + H_2O + N_2 + SO_2 + SO_3 + \cdots$$

② 硫氧化物被固定

$$2Na_2CO_3 + 2SO_2 + O_2(空气) \rightarrow 2Na_2SO_4 + 2CO_2$$

$$Na_2CO_3 + SO_3 \rightarrow Na_2SO_4 + CO_2$$

$$2MgO + 2SO_2 + O_2(空气) \rightarrow 2MgSO_4$$

$$MgO + SO_3 \rightarrow MgSO_4$$

③ 硫酸盐的转化作用

$$CaSO_4 + Na_2CO_3 \rightarrow CaCO_3 \downarrow + Na_2SO_4$$

④ 硫酸盐的沉淀作用

$$MgSO_4 + Na_2SO_4 + 2BaCl_2 \rightarrow 2BaSO_4 \downarrow + 2NaCl + MgCl_2$$

（2）试验步骤

① 在30mL瓷坩埚内称取粒度小于0.2mm的空气干燥煤样（1.00±0.01）g（称准至0.0002g）和艾氏剂2g（称准至0.1g），混合均匀，再用1g（称准至0.1g）艾氏剂覆盖在煤样上面。全硫含量在5%～10%时，称取0.5g煤样，全硫含量大于10%时，称取0.25g煤样。

② 将装有煤样的坩埚移入通风良好的马弗炉中，在（1～2）h内从室温逐渐加热到（800～850）℃，并在该温度下保持（1～2）h。

③ 将坩埚从马弗炉中取出，冷却到室温。用玻璃棒将坩埚中的灼烧物仔细搅松、捣碎。如发现有未烧尽的煤粒，应继续灼烧30min，然后把灼烧物转移到400mL烧杯中。用热水冲

洗坩埚内壁，将洗液收入烧杯，再加（100～150）mL 刚煮沸的蒸馏水，充分搅拌。如果此时尚有黑色煤粒漂浮在液面上，则本次测定作废。

④ 用中速定性滤纸倾泻法过滤，用热水冲洗 3 次，然后将残渣转移到滤纸中，用热水仔细清洗至少 10 次，洗液总体积为（205～300）mL。

⑤ 向滤液中滴入 2～3 滴甲基橙指示剂，用盐酸溶液中和并过量 2mL，使溶液呈微酸性。将溶液加热至沸腾，在不断搅拌下缓慢滴加氯化钡溶液 10mL，并在微沸状况下保持约 2h，溶液最终体积约为 200mL。

⑥ 溶液冷却或静置过夜后用致密无灰定量滤纸过滤，并用热水洗至无氯离子为止（硝酸银溶液检验无浑浊）。

⑦ 将带有沉淀的滤纸转移至已知质量的瓷坩埚中，低温灰化滤纸后，在温度为（800～850）℃的马弗炉内灼烧（20～40）min，取出坩埚，在空气中稍加冷却后放入干燥器中冷却到室温后称量。

⑧ 每配制一批艾氏剂或更换其他任何一种试剂时，应进行 2 个以上空白试验（除不加煤样外，全部操作步骤同煤样测定）。硫酸钡沉淀的质量极差不得大于 0.0010g，取算术平均值作空白值。

（3）结果计算

测定结果按式（6－32）计算：

$$S_{t,ad}=\frac{(m_1-m_2)\times 0.1374}{m}\times 100 \tag{6－32}$$

式中：$S_{t,ad}$——一般分析煤样中全硫的质量分数，%；

m_1——硫酸钡的质量，g；

m_2——空白试验中硫酸钡的质量，g；

0.1374——由硫酸钡换算为硫的系数；

m——煤样的质量，g。

（4）方法的精密度

艾士卡法全硫测定的重复性和再现性要求见表 6－6 规定。

表 6－6　艾士卡法全硫测定的重复性和再现性要求

全硫质量分数（S_t）/%	重复性限（$S_{t,ad}$）/%	再现性临界差（$S_{t,d}$）/%
≤1.50	0.10	0.10
1.50（不含）～4.00	0.20	0.20
>4.00	0.30	0.30

2. 库仑滴定法

（1）原理

煤样在催化剂作用下，于空气流中燃烧分解，煤中的硫生成硫氧化物，其中二氧化硫被碘化钾溶液吸收，以电解碘化钾溶液所产生的碘进行滴定，根据电解所消耗的电量计算煤中全硫的含量。

（2）试验准备

① 将管式高温炉升温至1150℃，用另一组铂铑－热电偶高温计测定燃烧管中高温带的位置、长度及500℃的位置。

② 调节送样程序控制器，使煤样预分解及高温分解的位置分别处于500℃和1150℃处。

③ 在燃烧管出口处充填洗净、干燥的玻璃纤维棉，在距出口端（80～100）mm处充填厚度约3mm的硅酸铝棉。

④ 将程序控制器、管式高温炉、库仑积分器、电解池、电磁搅拌器和空气供应及净化装置组装在一起，燃烧管、活塞及电解池之间连接时应口对口紧接，并用硅橡胶管密封。

⑤ 开动抽气和供气泵，将抽气流量调节到1000mL/min，然后关闭电解池与燃烧管间的活塞，若抽气量能降到300mL/min以下，则证明仪器各部件及各接口气密性良好，可以进行测定；否则检查仪器各个部件及其接口情况。

（3）仪器标定

① 标定方法：使用有证煤标准物质，按以下方法之一进行测硫仪标定。

多点标定：用硫含量能覆盖被测样品硫含量范围的至少3个有证煤标准物质进行标定。

单点标定：用与被测样品硫含量相近的标准物质进行标定。

② 标定程序

按水分测定法测定煤标准物质的空气干燥基水分，计算其空气干燥基全硫$S_{t,ad}$标准值。

按煤样测定步骤，用被标定仪器测定煤标准物质的硫含量。每一标准物质至少重复测3次，以平均值为煤标准物质的硫测定值。

将煤标准物质测定值和空气干燥基标准值输入测硫仪（或仪器自动读取），生成校正系数。

注：有些仪器可能需要人工计算校正系数，然后再输入仪器。

③ 标定有效性核验：另外选取1～2个煤标准物质或者其他控制样品，用被标定的测硫仪按照下述步骤测定其全硫含量。若测定值与标准值（控制值）之差在标准值（控制值）的不确定度范围（控制限）内，说明标定有效，否则应查明原因，重新标定。

（4）测定步骤

① 将管式高温炉升温并控制在（1150±10）℃。

② 开动供气泵和抽气泵并将抽气流量调节到1000mL/min。在抽气下，将电解液加电解池内，开动电磁搅拌器。

③ 在瓷舟中放入少量非测定用的煤样，按下述步骤进行终点电位调整试验。如试验结束后库仑积分器的显示值为0，应再次测定，直至显示值不为0。

④ 在瓷舟中称取粒度小于0.2mm的空气干燥煤样（0.050±0.005）g（称准至0.0002g），并在煤样上盖一薄层三氧化钨。将瓷舟放在送样的石英托盘上，开启送样程控制器，煤样即自动送进炉内，库仑滴定随即开始。试验结束后，库仑积分器显示出硫的质量（mg）或质量分数，或由打印机打印。

（5）标定检查

仪器测定期间应使用煤标准物质或者其他控制样品定期（一般每测定10～15次后）对测硫仪的稳定性和标定的有效性进行核查。如果煤标准物质或者其他控制样品的测定值超出标准值的不确定度范围（控制限），应按上述步骤重新标定仪器，并重新测定自上次检查以来的样品。

（6）结果计算

当库仑积分器最终显示数为硫的质量（mg）时，全硫质量分数按式（6-33）计算：

$$S_{t,ad}=\frac{m_1}{m}\times 100 \tag{6-33}$$

式中：$S_{t,ad}$——一般分析煤样中全硫质量分数，%；

m_1——库仑积分器显示值，mg；

m——煤样的质量，mg。

（7）方法的精密度

库仑滴定法全硫测定结果的重复性和再现性要求见表6-7规定。

表6-7　库仑滴定法测定煤中全硫结果的重复性和再现性要求

全硫质量分数（S_t）/%	重复性限（$S_{t,ad}$）/%	再现性临界差（$S_{t,d}$）/%
≤1.50	0.05	0.15
1.50（不含）~4.00	0.10	0.25
>4.00	0.20	0.35

第四节　煤的性质分析

煤的性质分析内容丰富，本节仅简单介绍热值、热稳定性、结渣性分析。

一、热值测定

测定可燃物的热值（发热量），国内外目前均采用氧弹型热量计，并对传统技术做了两方面的改进。一是将计算机与热量计联机，提高了测定的自动化程度，能完成自动充水、自动测温、自动点火、自动计算并打印结果。完成每个样品测定时间仅为10min；二是方法上的改进，主要针对恒温式热量计，围绕着冷却校正公式、缩短试验周期、简化操作而进行。自动热量计具有操作简便、快速、结果准确度高等特点，现已得到广泛的应用。

1. 氧弹法测定热值的基本原理

将一定量的试样放在充有过量氧气的氧弹内燃烧，放出的热量被一定量的水吸收，根据水温的升高来计算试样的发热量（热值）。准确测得试样发热量需解决两个问题：一是预先知道仪器量热系统（包括氧弹、水筒及其中的水、搅拌器和温度计等）的热容量。可由已知热值的基准物标定仪器；二是解决量热系统与外界热交换的问题。可通过控制水套（即外筒）的温度消除量热系统与周围环境的热交换，或经过计算对热交换所引起的误差进行校正。

2. 测定步骤（恒温式热量计法）

① 按使用说明书安装调节热量计。

② 在燃烧皿中称取粒度小于0.2mm的空气干燥煤样（0.9~1.1）g（称准到0.0002g）。燃烧时易于飞溅的试样，可用已知质量的擦镜纸包紧再进行测试，或先在压饼机中压饼并切

成（2～4）mm 的小块使用。不易燃烧完全的试样，可先在燃烧皿底铺上一个石棉垫，或用石棉绒作衬垫（先在皿底铺上一层石棉绒，然后用手压实）。石英燃烧皿不需任何衬垫。如加衬垫仍燃烧不完全，可提高充氧压力至 3.2MPa，或用已知质量和热值的擦镜纸包裹称好的试料并用手压紧，然后放入燃烧皿中。

③ 取一段已知质量的点火丝，把两端分别接在两个电极柱上，弯曲点火丝接近试样注意与试样保持良好接触或保持微小的距离（对易飞溅和易燃的煤），并注意勿使点火丝挂触燃烧皿，以免形成短路而导致点火失败，甚至烧毁燃烧皿。同时还应注意防止两电极间以及燃烧皿与另一电极之间发生短路。

当用棉线点火时，把棉线的一端固定在已连接到两电极柱上的点火丝上（最好夹紧在点火丝的螺旋中），另一端搭接在试样上。根据试样点火的难易，调节搭接的程度。对于易飞溅的煤样，应保持微小的距离。

往氧弹中加入 10mL 蒸馏水。小心拧紧氧弹盖，注意避免燃烧皿和点火丝的位置因受震动而改变，往氧弹中缓缓充入氧气，直至压力到（2.8～3.0）MPa，充氧时间不得少于 15s。如果不小心充氧压力超过 3.3MPa，停止试验，放掉氧气后，重新充氧至 3.2MPa 以下。当钢瓶中氧气压力降到 5.0MPa 以下时，充氧时间应酌量延长，压力降到 4.0MPa 以下时，应更换新的氧气钢瓶。

④ 往内筒中加入足够的蒸馏水，使氧弹盖的顶面（不包括突出的进、出气阀和电极）淹没在水面下（10～20）mm。每次试验时用水量应与标定热容量时一致（相差 1g 以内）。水量最好用称量法测定；如用容量法，则需对温度变化进行补正。注意恰当调节内筒水温，使终点时内筒比外筒温度高 1K 左右，以使终点时内筒温度出现明显下降。外筒温度应尽量接近室温，相差不得超过 1.5K。

⑤ 把氧弹放入装好水的内筒中，如氧弹中无气泡冒出，则表明气密性良好，即可把内筒放在外筒的绝缘架上；如有气泡出现，则表明漏气，应找出原因，加以纠正，重新充氧。然后接上点火电极插头，装上搅拌器和量热温度计，并盖上外筒的盖子。温度计的水银球（或温度传感器）对准氧弹主体（进、出气阀和电极除外）的中部，温度计和搅拌器均不得接触氧弹和内筒。靠近量热温度计的露出水银柱的部分（使用玻璃水银温度计时），应另悬一支普通温度计，用于测量露出柱的温度。

⑥ 开动搅拌器，5min 后开始计时和读取温度（t_0）并立即通电点火。随后记下外筒温度（t_j）和露出柱温度（t_e）。外筒温度至少精确到 0.05K，内筒温度借助放大镜精确到 0.001K。读取温度时，放大镜中线和水银柱顶端应位于同一水平上，以避免视差对读数的影响。每次读数前，应开动振荡器振动（3～5）s。

⑦ 观察内筒温度（注意：点火后 20s 内不要把身体的任何部位伸到热量计上方）。如在 30s 内温度急剧上升，则表明点火成功。点火后 1′40″时读取内筒温度（$t_{1'40''}$），精确到 0.01K 即可。

⑧ 接近终点时，开始按 1min 间隔读取内筒温度。读温前开动振荡器，准确到 0.001K。以第一个下降温度作为终点温度（t_n）。试验主要阶段到此结束（一般热量计由点火到终点的时间为（8～10）min。对一台具体的热量计，可根据经验恰当掌握）。

⑨ 停止搅拌，取出内筒和氧弹，开启放气阀，放出燃烧废气，打开氧弹，仔细观察弹筒和燃烧皿内部，如果有试样燃烧不完全的迹象或有炭黑存在，此次试验应作废。量出未烧

完的点火丝长度，以便计算实际消耗量。

用蒸馏水充分冲洗氧弹内各部分、放气阀、燃烧皿内外和燃烧残渣，把全部洗液（共约100mL）收集到一个烧杯中待测硫使用。

3. 结果计算

① 弹筒发热量。按式（6－34）计算空气干燥煤样的弹筒发热量$Q_{b,ad}$。

$$Q_{b,ad}=\frac{EH[(t_n+h_n)-(t_0+h_0)+C]-(q_1+q_2)}{m} \tag{6-34}$$

式中：$Q_{b,ad}$——空气干燥煤样的弹筒发热量，J/g；

E——热量计的热容量，J/K；

q_1——点火热，J；

q_2——添加物如包纸等产生的总热量，J；

m——试样的质量，g；

H——贝克曼温度计的平均分度值，使用数字显示温度计时，$H=1$；

h_0——t_0的毛细孔径修正值，使用数字显示温度计时，$h_0=0$；

h_n——t_n的毛细孔径修正值，使用数字显示温度计时，$h_n=0$；

C——冷却校正值，绝热式热量计法中$C=0$。

其中，点火热校正按以下方法计算。

Ⅰ 在熔断式点火法中，应由点火丝的实际消耗量（原用量减掉残余量）和点火丝的燃烧热计算试验中点火丝放出的热量。

Ⅱ 在棉线点火法中，首先算出所用一根棉线的燃烧热（剪下一定数量适当长度的棉线，称出它们的质量，然后算出一根棉线的质量，再乘以棉线的单位热值），然后确定每次消耗的电能热。

$$电能产生的热量(J)=电压(V)\times电流(A)\times时间(s)$$

二者放出的总热量即为点火热。

② 高位发热量。按式（6－35）计算空气干燥煤样的恒容高位发热量$Q_{gr,ad}$：

$$Q_{gr,ad}=Q_{b,ad}-(94.1S_{b,ad}+aQ_{b,ad}) \tag{6-35}$$

式中：$Q_{gr,ad}$——空气干燥煤样的恒容高位发热量，J/g；

$Q_{b,ad}$——空气干燥煤样的弹筒发热量，J/g；

$S_{b,ad}$——由弹筒洗液测得的煤的含硫量，%；当全硫含量低于4.00%时，或发热量大于14.60MJ/kg时，用全硫代替$S_{b,ad}$；

94.1——空气干燥煤样中每1，00%硫的校正值，J；

a——硝酸生成热校正系数；当$Q_{b,ad}\leqslant16.70$MJ/kg，$a=0.0010$；当16.70MJ/kg＜$Q_{b,ad}\leqslant25.10$MJ/kg时，$a=0.0012$；当$Q_{b,ad}>25.10$MJ/kg时，$a=0.0016$。

加助燃剂后，应按总释放量考虑。

在需要测定弹筒洗液中硫含量$S_{b,ad}$的情况下，把洗液煮沸（2～3）min，取下稍冷却后，以甲基橙为指示剂，用氢氧化钠标准溶液滴定，以求出洗液中的总酸量，然后按式(6－36)计算出弹筒洗液硫含量$S_{b,ad}$(%)：

$$S_{b,ad}=\left(\frac{cV}{m}-\frac{aQ_{b,ad}}{60}\right)\times 1.6 \qquad (6-36)$$

式中：c——氢氧化钠标准溶液的物质的量浓度，mol/L；

V——氧化钠溶液的体积，mL；

60——相当于1mmol硝酸的生成热，J；

m——称取试样的质量，g；

1.6——将每摩尔硫酸$\left(\frac{1}{2}H_2SO_4\right)$转换为硫的质量分数的转换因子。

此处对硫的校正方法中，略去了对煤样中硫酸盐的考虑。这对绝大多数煤来说影响不大，因煤的硫酸盐硫含量一般很低。但有些特殊煤样，硫酸盐硫的质量分数可达0.5%以上。根据实际经验，煤样燃烧后，由于灰的飞溅，一部分硫酸盐硫也随之落入弹筒，因此无法利用弹筒洗液来分别测定硫酸盐硫和其他硫。遇此情况，为求高位发热量的准确，只有另行测定煤中的硫酸盐硫或可燃硫，然后作相应的校正。关于发热量大于14.60MJ/kg的规定，在用包纸或掺苯甲酸的情况下，应按包纸或掺添加物后放出的总热量来掌握。

4. 热容量和仪器常数标定

发热量测定的准确度，关键在于标定热容量所能达到的准确度，以及热容量标定条件与发热量测定条件的一致性。做好热容量的标定工作是保证获得准确发热量测定结果的基础。标定热容量所用的基准物质，是经过国家计量部门检定并标明热值的纯度很高的苯甲酸。

① 标定原理

在充有过量氧气的氧弹中燃烧一定量已知热值的苯甲酸，由点火后产生的总热量（包括苯甲酸的燃烧热、点火丝产生的热量和生成硝酸放出的热量）和内筒水温升高的温度（经过校正），求出量热系统的温度每升高1K所需要的热量，单位为J/K。

标定热容量时的试验条件应同测定发热量时一致，如：相同的内筒装水量（相差不得超过1g）、同一个氧弹、相近的终点温度（相差不超过5℃）等。

② 标定步骤

Ⅰ 在不加衬垫的燃烧皿中称取经过干燥和压片的苯甲酸，苯甲酸片的质量以（0.9～1.1)g为宜。苯甲酸应预先研细并在盛有浓硫酸的干燥器中干燥3d或在（60～70)℃烘箱中干燥（3～4)h，冷却后压片。苯甲酸也可以在燃烧皿中熔融后使用。熔融可在（121～126)℃的烘箱中放置1h，在酒精灯的小火焰上进行，放入干燥器中冷却后使用。熔体表面出现的针状结晶，应用小刷刷掉，以防燃烧不完全。

Ⅱ 根据所用热量计的类型（恒温式或绝热式），按照发热量测定的相应步骤准备氧弹和内、外筒，然后点火和测量温升。在使用恒温式热量计的情况下，开始搅拌5min后准确读取一次内筒温度（t_0），经10min后再读取一次内筒温度（t_0），随后即按发热量测定步骤点火，记下外筒温度（t_j）和露出柱温度（t_e），并继续进行到得出终点温度（t_n），然后再继续搅拌10min并记下内筒温度（t_n），试验即告结束。打开氧弹，注意检查内部，如发现有炭黑存在，试验应作废。

注：在使用绝热式热量计的情况下，步骤同绝热式热量计法。

③ 热容量 E 的计算

$$E=\frac{Qm+q_1+q_n}{H[(t_n+h_n)-(t_0+h_0)+C]} \tag{6-37}$$

式中：Q——苯甲酸的标准热值，J/g；

m——苯甲酸的用量，g；

q_1——点火热，J；

q_n——硝酸的生成热，J，$q_n = Q_m \times 0.0015$；

C——冷却校正值，绝热式热量计法中 $C=0$。

④ 热容量的标定

一般应进行 5 次重复试验。计算 5 次重复试验结果的平均值（$\overline{E}$）和标准差 s。其相对标准差不应超过 0.20%；若超过 0.20%，再补做一次试验，取符合要求的 5 次结果的平均值（修约至 1J/K）作为该仪器的热容量。若任何 5 次结果的相对标准差都超过 0.20%，则应对试验条件和操作技术仔细检查并纠正存在的问题后，重新进行标定，舍弃已有的全部结果。

⑤ 热容量标定的有效期

热容量标定有效期为 3 个月，超过此期限时应重新标定。遇到下列情况时，应立即重测：

Ⅰ 更换量热温度计；

Ⅱ 更换热量计大部件，如氧弹头、连接环（由厂家供给的或自制的相同规格的小部件如氧弹的密封圈、电极柱、螺母等不在此列）；

Ⅲ 标定热容量和测定发热量时的内筒温度相差超过 5K；

Ⅳ 热量计经过较大搬动之后。

如果热量计热系统没有显著改变，重新标定的热容量值与前一次的热容量值相差不应大于 0.25%，否则，应检查试验程序，解决问题后再重新进行标定。

缺乏确切的物理定义或偏离经典方法的高度自动化的热量计应增加标定频率，必要时，应每天进行标定。

5. 结果表述

弹筒发热量和高位发热量的结果计算到 1J/g。取高位发热量的两次重复测定的平均值，按数字修约规则修约到最接近的 10J/g 的倍数。按 J/g 或 MJ/kg 的形式报告。

6. 方法精密度

热值测定结果的重复性和再现性要求见表 6-8 规定。

表 6-8　热值测定结果的重复性和再现性要求

	重复性限	再现性临界差
高位发热量 $Q_{gr,ad}$（折算到同一水分基）/(J/g)	120	300

7. 低位发热量的计算

① 恒容低位发热量

工业上是根据煤的收到基低位发热量进行计算和设计的。煤的收到基恒容低位发热量的计算方法如式（6-38）：

$$Q_{\mathrm{net,V,ar}} = (Q_{\mathrm{gr,ad}} - 206H_{\mathrm{ad}}) \times \frac{100 - M_{\mathrm{ar}}}{100 - M_{\mathrm{ad}}} - 23M_{\mathrm{t}} \tag{6-38}$$

式中：$Q_{\mathrm{net,V,ar}}$——煤的收到基恒容低位发热量，J/g；

$Q_{\mathrm{gr,ad}}$——煤的空气干燥基恒容高位发热量，J/g；

M_{ar}——煤的收到基全水分，%；

M_{ad}——煤的空气干燥基水分，%；

H_{ad}——煤的空气干燥基氢含量，%。

② 恒压低位发热量

由弹筒发热量算出的高位发热量和低位发热量都属恒容状态，在实际工业燃烧中则是恒压状态，严格地讲，工业计算中应使用恒压低位发热量。如有必要，恒压低位发热量可按式（6-39）计算：

$$Q_{\mathrm{net,p,ar}} = [Q_{\mathrm{gr,ad}} - 212H_{\mathrm{ad}} - 0.8(Q_{\mathrm{ad}} + N_{\mathrm{ad}})] \times \frac{100 - M_{\mathrm{ar}}}{100 - M_{\mathrm{ad}}} - 24.4M_{\mathrm{t}} \tag{6-39}$$

式中：$Q_{\mathrm{net,p,ar}}$——煤的收到基恒压低位发热量，J/g；

Q_{ad}——煤的空气干燥基氧含量，%；

N_{ad}——煤的空气干燥基氮含量，%。

其中，

$$Q_{\mathrm{ad}} + N_{\mathrm{ad}} = 100 - M_{\mathrm{ad}} - A_{\mathrm{ad}} - C_{\mathrm{ad}} - H_{\mathrm{ad}} - S_{\mathrm{t,ad}} \tag{6-40}$$

8. 自动氧弹热量计

多数自动氧弹热量计都是在温度测量、试验过程控制和结果计算方面实现了自动化。有些仪器还可自动充内筒水、自动充氧气、自动升降氧弹等，但都与经典的氧弹量热法原理相同。少数类型的仪器，如无水热量计或动态快速热量计，在一定程度上对经典原理有所偏离，其精密度和准确度及稳定性可能比经典方法稍差，但只要满足以下要求，均可用于煤的热值测定。

① 原则上按照国家相关标准的规定制作热量计及其零部件，并按标准要求测量温度、进行试验过程控制和进行结果计算。

② 每次试验均能给出详细的参数，包括温升（点火温度、终点温度）、冷却校正值（恒温式）、热容量、样品质量、点火热及其他附加热（添加物热）等，以及计算高位、低位发热量时所用的相关参数等。总之，所有的自动计算结果均可人工验证，所用的计算公式在仪器的说明书中给出。

③ 发热量测定与热容量标定的条件应尽可能一致，应将未受控的热交换对测定结果的影响降至最小。

④ 热量计的测量精密度和准确度应符合标准要求：5 次苯甲酸测定结果的相对标准偏差不超过 0.2%；标准煤样的测定结果与标准值之差均应在规定的不确定度范围内；或用苯甲酸作为样品进行 5 次热值测定，其平均值与标准热值之差不超过 50J/g。

⑤ 如果热量计的量热系统没有显著的改变，重新标定的热容量值与前一次的热容量值

相差不大于0.25%。

使用自动氧弹热量计时，按照仪器操作说明书进行试验。其中，称取试样、准备各氧弹等均与手动操作法一致。试验结束后，需核对输入的参数，确定无误后再报告结果。

另外，在安装调试自动氧弹热量计时，应核对仪器自动计算的结果是否正确、某些结构或材料是否符合标准的要求，最好用不同类型的标准煤样检查仪器的测量准确度。对于偏离经典原理的热量计，应加大热容量标定的频率，必要时，每天进行标定。

二、煤的热稳定性测定方法

煤的热稳定性是指煤在高温燃烧或气化过程中对热的稳定性程度，也就是煤块在高温作用下保持原来粒度的性质。热稳定性好的煤在燃烧或气化过程中不破碎或破碎较少，热稳定性差的煤在燃烧或气化过程中迅速裂成小块或爆裂成煤粉。由于细粒度煤的增多，轻则增加炉内的阻力和带出物，降低气化和燃烧效率，重则破坏整个气化过程，甚至造成停炉事故。因此使用块煤作为气化原料时，应预先测定其热稳定性，以便选择合适的煤种或改变操作条件，来尽量减小因热稳定性差对气化过程的影响，使运转正常。因此煤的热稳定性是生产、科研及设计单位确定气化工艺、技术、经济指标的重要依据之一。

煤的热稳定性测定方法的测定条件是，依据煤加入煤气发生炉内首先进入干燥层表面，煤突然受热而发生不同程度的破裂，干燥层以下是干馏层，其表面温度一般在（800～900）℃，煤主要在干馏层受热破裂。经过反复试验，确定试验温度为850℃，受热时间为30min。

1. 方法提要

量取（6～13）mm粒度的煤样，在（850±15）℃的马弗炉中隔绝空气加热30min，称量，筛分，以粒度大于6mm的残焦质量占各级残焦质量之和的百分数作为热稳定性指标TS_{+6}；以（3～6）mm和小于3mm的残焦质量分别占各级残焦质量之和的百分数作为热稳定性辅助指标TS_{3-6}、TS_{-3}。

2. 测定步骤

① 按煤样制备方法的规定制备（6～13）mm粒度的空气干燥煤样约1.5kg，仔细筛去小于6mm的粉煤，然后混合均匀，分成两份。

② 用坩埚从两份煤样中各取500cm^{3}煤样，称量（称准到0.01g）并使两份质量一致（±1g）。将每份煤样分别装入5个坩埚，盖好坩埚盖并将坩埚放在坩埚架上。

③ 迅速将装有坩埚的架子送入已升温到900℃的马弗炉恒温区内，关好炉门，将炉温调到（850±15）℃，使煤样在此温度下加热30min。煤样刚送入马弗炉时，炉温可能下降，此时要求在8min内炉温恢复到（850±15）℃，否则测定作废。

④ 从马弗炉中取出坩埚，冷却到室温，称量每份残焦的总质量（称准到0，01g）。

⑤ 将孔径6mm和3mm的筛子和筛底盘叠放在振筛机上，把称量后的一份残焦倒入6mm筛子内，盖好盖并将其固定。

⑥ 开动振筛机，筛分10min。

⑦ 分别称量筛分后粒度大于6mm、（3～6）mm及粒度小于3mm的各级残焦的质量（称准至0.01g）。

⑧ 将各级残焦的质量相加，与筛分前的总残焦质量相比，二者之差不应超过±1g，否

则测定作废。

3. 结果计算

煤的热稳定性指标和辅助指标按式（6－41）计算：

$$TS_{+6}=\frac{m_{+6}}{m}\times 100 \qquad (6-41a)$$

$$TS_{-3}=\frac{m_{-3}}{m}\times 100 \qquad (6-41b)$$

$$TS_{3\sim 6}=\frac{m_{3\sim 6}}{m}\times 100 \qquad (6-42)$$

式中：TS_{+6}——煤的热稳定性指标，%；

$TS_{3\sim 6}$、TS_{-3}——煤的热稳定性辅助指标，%；

m——各级残焦质量之和，g；

m_{+6}——粒度大于6mm的残焦质量，g；

$m_{3\sim 6}$——粒度为（3～6）mm的残焦质量，g；

m_{-3}——粒度小于3mm的残焦质量，g。

计算两次重复测定各级残焦指标的平均值。

将各级残焦指标的平均值按数据修约规则修约到小数点后一位，作为最后结果报告。

4. 精密度

各项指标的两次重复测定的差值都不超过3.0%。

三、煤的结渣性测定方法

煤的结渣性是指煤在气化或燃烧过程中，煤灰受热软化、熔融而结渣的性能的量度。以在规定条件下，一定粒度的煤样燃烧后，大于6mm的渣块占全部残渣的质量百分数表示。

煤的结渣性是反应煤灰在气化和燃烧过程中成渣的特性。

在气化、燃烧过程中，煤中的碳与氧反应，放出热量产生高温使煤中的灰分熔融成渣。渣的形成一方面使气流分布不均匀，易产生风洞，造成局部过热，给操作带来一定的困难，结渣严重时还会导致停产；另一方面由于结渣后煤块被熔渣包裹，煤中碳未完全燃烧就排出炉外，增加了碳的损失。为了使生产正常运行，避免结渣，往往通入适量的水蒸气，但这样又会降低反应层的温度，使煤气质量和气化效率下降。因此，煤的结渣性对于用煤单位和设计部门都是不可忽视的重要指标。煤的结渣性测定方法是模拟工业发生炉的氧化层反应条件。煤在氧化层的反应方程式如下：

$$C+O_2\rightarrow CO_2+393.3\text{kJ/mol}$$

此时煤中的灰在反应所产生的高温作用下发生软化和局部熔融而结渣。实验室以大于6mm的渣块占总灰渣质量的百分数来评价煤的结渣性的强弱。

1. 方法提要

将（3～6）mm粒度的试样装入特制的气化装置中，用木炭引燃，在规定鼓风强度下使其气化（燃烧）。待试样燃尽后停止鼓风，冷却，将残渣称量和筛分，以大于6mm的渣块质量百分数表示煤的结渣性。

2. 试样的制备

① 按煤样制备方法的规定，制备粒度为（3～6）mm 的空气干燥试样 4kg 左右。

② 挥发分焦渣特征小于或等于 3 的煤样以及焦炭不需要经过破粘处理。

③ 挥发分焦渣特征大于 3 的煤，按下列方法进行破粘处理。

将马弗炉预先升温到 300℃；量取煤样 800cm^3（同一鼓风强度重复测定用样量）放入铁盘内，摊平，使其厚超过铁盘高的 2/3；打开炉门，迅速将铁盘放入炉内，立即关闭炉门；待炉温回升到 300℃以后，恒温 30min。然后将温度调到 350℃，并在此温度下到挥发物逸完为止；打开炉门，取出铁盘，趁热用铁丝搅动煤样，使之松动，并倒在振筛机上过筛，遇到大于 6mm 的焦块时，轻轻压碎，使其全部通过 6mm 筛子。取（3～6）mm 粒度备用。

3. 测定步骤

① 取试样 400cm^3，并称量（称准到 0.01g）。

② 将试样倒入气化套内，摊平，将垫圈装在空气室和烟气室之间，用锁紧螺筒固紧。

③ 称取约 15g 木炭，放在带孔铁铲内，在电炉上加热至灼红。

④ 开动鼓风机，调节空气针形阀，使空气流量不超过 2m^3/h。再将铁漏斗放在仪器顶盖位置处，把灼红的木炭从顶部倒在试样表面上，取下铁漏斗，摊平，拧紧顶盖，再仔细调节空气流量，使其达到规定值，开始计时。

⑤ 在测定过程中，随时观察空气流量是否偏离规定值，并及时调节，从与测压孔的压力计读出料层最大阻力，并记录。

⑥ 从观测孔观察到试样燃尽后，关闭鼓风机。记录反应时间。

⑦ 气化套冷却后取出全部灰渣，称其质量。

⑧ 将 6mm 筛子和筛底叠放在振筛机上，然后把称量后的灰渣全部转移到 6mm 筛子上，盖好筛盖。

⑨ 开动振筛机，振动 30s，然后称出粒度大于 6mm 渣块的质量。

⑩ 每个试样在 0.1m/s、0.2m/s 和 0.3m/s（相应于空气流量分别为 2m^3/h、4m^3/h 、6m^3/h）三种鼓风强度下分别进行重复测定。

以鼓风强度为 0.2m/s 和 0.3m/s 进行测定时，应先使风量在 2m^3/h 下保持 3min，再调节到规定值。

4. 结果计算

结渣率按式（6－43）计算：

$$C_{\mathrm{lin}} = \frac{m_1}{m} \times 100 \qquad (6-43)$$

式中：C_{lin}——结渣率，%；

m_1——粒度大于 6mm 渣块的质量，g；

m——总灰渣质量，g。

5. 精密度

每一试样按 0.1m/s，0.2m/s，0.3m/s 三种鼓风强度进行重复测定，两次重复测定结果的差值不得超过 ±5.0%。

第五节　煤的显微煤岩类型分析

显微煤岩类型是指在显微镜下所见煤的显微组分的天然组合。不同的类型反映了煤的地质成因、煤相、原始植物和煤的化学工艺性质的差别。因此，显微煤岩类型的测定，对研究煤的沉积环境、煤岩变化、煤层对比以及煤的可选性和炼焦工艺性质等方面都有实际意义。

该方法只适用于在烟煤和无烟煤的块煤光片和粉煤光片上测定显微煤岩类型的体积分数。

一、方法提要

在反光显微镜目镜中放入20点网格片，在油浸物镜下观察粉煤光片或块煤光片。根据各种显微组分组（或显微组分）和矿物在网格交点下的数量来鉴定显微煤岩类型、显微矿化类型和显微矿质类型，用数点法统计每种类型的体积分数。

二、试样准备

煤样和试样按煤岩分析样品的制备方法制备。

三、测定步骤

1. 测定前的准备

把相应规格的20点网格片放入显微镜目镜中，调节显微镜为克勒照明方式，把待测定的试样压平后放在装有移动尺的载物台上，加浸油到光片表面上，并使之准焦。

2. 在粉煤光片上的测定

从试样的一端开始，观察视域中落到煤粒上的网格交点数目。若一个视域中煤粒上的交点数目小于10个，则为无效点，同时使推动尺前进一个步长；如果煤粒上的交点数目大于或等于10个；该视域应验收为有效点。然后根据表6－9的规定确定有效测点的显微煤岩类型。当落在矿物上的交点数在表6－9的规定范围内时，按表6－10的规定确定显微煤岩类型；超过表6－9给定的界限时，按表6－11的规定确定显微煤岩类型；大于表6－11中上限时为显微矿质类型。

表6－9　显微煤岩类型中矿物上的允许交点数

煤粒上的交点总数	粘土、石英、碳酸盐矿物上的交点数	硫化物矿物上的交点数
16～20	3	0
11～15	2	0
10	1	0

鉴定完一个视域（即一个测点）之后，按预订方向和步长移动试样，继续观察下一个视域，直至500个以上的测点均匀布满全片为止。点距和行距为0.4～0.6mm。

当20点网格交点落在某一显微组分的空腔（不是矿物）或原生裂隙上时，按落在该种显微组分上处理；

表 6－10 显微煤岩类型判别标准

显微煤岩类型	落在显微组分组上的交点数（不含矿物上的交点）
微镜煤	所有交点都在镜质体上
微壳煤	所有交点都在壳质体上
微惰煤	所有交点都在惰质体上
微亮煤	所有交点都在镜质体和壳质体上，每组至少有一点
微暗煤	所有交点都在惰质体和壳质体上，每组至少有一点
微镜惰煤	所有交点都在镜质体和惰质体上，每组至少有一点
微三合煤	所有交点都在镜质体、壳质体和惰质体上，每组至少有一点

表 6－11 显微矿化类型判别标准

煤粒上的交点总数	落在粘土、石英、碳酸盐矿物上的交点数	落在硫化物矿物上的交点数	落在硫化物矿物的复矿质煤中其他矿物上的交点数	
			硫化物矿物交点为 1 个时	硫化物矿物交点为 2 个时
19～20	4～11	1～3	1～7	
17～18	4～10	1～3	1～6	
16	4～9	1～3	1～5	1～3
14～15	3～8	1～2	1～4	1～2
12～13	3～7	1～2	1～3	1
11	3～6	1～2	1～2	
10	2～5	1	1	

当 20 点网格某一点落在不同显微组分或矿物的边界上时，按上述相关规定处理；

当 20 点网格交点落在两个不同的煤粒上时，选大于或等于 10 个交点的煤粒作测定点。

3. 在块煤光片上测定

当必须在块煤光片上测定时，除按在粉煤光片上测定显微某一裂隙规定进行外，布置测线应垂直层理，在测定面积为 25mm×25mm 范围内，点距为（0.2～0.4）mm，行距为（3～5）mm，总点数不应少于 500 点。

4. 显微煤岩类型测定

显微煤岩类型测定也可与显微组分组的测定联合进行。

四、结果表述

显微煤岩类型、显微矿化类型和显微矿质类型的体积分数以其统计的测点数占总有效测定点数的百分数来表示，计算结果取小数点后两位，修约至小数点后一位。

五、精密度

显微煤岩类型测定结果重复性见表 6－12 规定，再现性临界差不应超过重复性的 1.5 倍。

表 6－12　显微煤岩类型测定结果重复性要求

某种显微煤岩类型的体积分数（P）/%	重复性限/%
$P \leqslant 10$	2.0
$10 < P \leqslant 30$	3.0
$30 < P \leqslant 60$	4.0
$60 < P \leqslant 90$	4.5
$P > 90$	4.0

六、显微煤岩类型和显微组分组联合测定

1. 测定步骤

按上述测定步骤的规定测定显微煤岩类型的同时，用 20 点网格片中某一邻近中心的固定交点，测定显微组分组和矿物的体积分数。

2. 测点统计的规定

① 当 20 点网格的固定交点和其他的 9 个以上交点落在某一煤粒上时，除统计显微类型外，同时统计固定交点下的显微组分组(或矿物)，并计入两者相对应的栏目中（见表 6－13），对每个试样，这种联合测点的总数应大于 500 点。

② 当视域中一粒煤上落有 10 个以上交点，但确定显微组分的固定交点不在煤粒上时，这种测点称为“单独的显微煤岩类型”，只作显微煤岩类型的统计。

③ 当确定显微组分的固定交点落在一粒煤上，但落在任一煤粒上的总交点不足 10 个时，这种测点称为“单独的显微组分”，只作显微组分组的统计。

④ 当 20 点网格交点同时落在两个煤粒上，其中一个煤粒上有 10 个以上的交点，而确定显微组分的固定交点却落在另一个煤粒上时，分别称作“单独的显微煤岩类型”和“单的显微组分”统计。

3. 结果表述

联合测定结果填入表 6－13 和表 6－14 内。

表 6－13　显微煤岩类型和显微组分组联合测定记录表

显微煤岩类型	镜质组	壳质组	惰质组	粘土矿物	石英	碳酸盐矿物	硫化物矿物	其他矿物	单独的显微煤岩类型	合计
单独的显微组分	82	1	51							134
微镜煤	136								11	147
微壳煤										
微惰煤			62						9	71
微亮煤	23	6							2	31
微暗煤		4	9						1	14
微镜惰煤	239		154						25	418
微三合煤	75	21	37						4	137
显微矿化类型	1			3					1	5
显微矿质类型										
合计	556	32	313	3					53	957

表 6－14　显微煤岩类型和显微组分组联合测定报告表

送样单位：　　　　　　　　　　　　　　送样编号：

送样日期：　　　　　　　　　　　　　　试样编号：

采样地点和煤层名称：

显微组分组和矿物	体积分数/%	显微煤岩类型	体积分数/%	镜质组	壳质组	惰质组	粘土矿物	石英	碳酸盐矿物	硫化物矿物	其他矿物
镜质组	61.5	微镜煤	17.8	100							
壳质组	3.6	微壳煤									
惰质组	34.5	微惰煤	8.6			100					
粘土矿物	0.3	微亮煤	3.8	79.3	20.6						
石英		微暗煤	1.6		30.8	69.2					
碳酸盐矿物		微镜惰煤	50.8	60.8		39.2					
硫化物矿物		微三合煤	16.6	56.8	15.1	28.0					
其他矿物		显微矿化类型	0.6	50			50				
合计	99.9	显微矿质类型									
		合计	99.8								

1. 煤工业分析的项目有哪些？每个项目测定的原理和方法是什么？
2. 煤热值测定的意义是什么？测定的方法和主要步骤是什么？
3. 煤元素分析的项目有哪些？每个项目测定的原理和方法是什么？
4. 煤的性质分析的意义是什么？每个项目测定的原理和方法是什么？
5. 煤显微组分测定的意义是什么？测定的方法是什么？

第七章 煤炭洗选检测

第一节 概 述

煤的洗选又称作选煤。选煤是指将煤按需要分成不同质量、不同规格的产品的加工过程。选煤的目的是为了合理利用煤炭资源和保护环境。按分选的介质状态，可分为湿法选煤和干法选煤两大类。对炼焦用煤一般采用湿法选煤。

煤炭通过洗选，可除去原煤中的杂质，降低灰分、硫分、磷分和其他有害元素，提高煤炭质量以适应用户的需要。同时，由于洗选能脱除50%～70%的黄铁矿硫，减少了对大气的污染。可把煤炭分成不同质量、不同规格的产品，供不同用户的需要，以便合理、有效地利用煤炭，节约能源，可以把矸石弃掉，以减少无效运输。

为了做好煤的洗选，提高煤炭质量，就需要了解煤中粒度和密度分布、可选性等及其测试方法。本章重点介绍煤炭（煤粉）的筛分和浮沉试验方法、煤的可选性评定方法、煤粉实验室单元浮选试验方法、絮凝剂性能试验方法以及选煤用磁铁矿粉试验方法等。

第二节 筛分试验

煤炭筛分试验是测定煤炭粒度组成的一种基本方法。通过筛分试验，可了解各生产煤层的产块率和各粒级煤的质量特征。所得的筛分资料是合理利用煤炭和制定煤炭产品质量标准的重要依据，也是指导筛选厂生产的依据。

一、方法提要

煤炭的筛分试验是指按规定的采样方法采取一定数量的煤样，为了解煤的粒度组成和各粒级产物的特征，按规定的操作方法进行的筛分和测定。将原料煤通过规定的大小不同筛孔的筛子，分成各种不同粒度的级别，然后分别测定各粒级的质量（如灰分、水分、挥发分、硫分等）。

煤炭筛分试验根据国家标准的规定进行。煤样可按下列尺寸筛分成不同粒级：100mm，50mm，25mm，13mm，6mm，3mm和0.5mm。根据煤炭加工利用的需要可增加（或减少）某一或某些级别，或以生产中实际的筛分级代替其中相近的筛分级。由以上7个级别筛孔的筛子将试样分成：>100mm、(100～50)mm、(50～25)mm、(25～13)mm、(13～6)mm、(6～3)mm和(3～0.5)mm、(0.5～0)mm粒度级。其中大于50mm各粒级煤应手选出煤、矸石、中间煤和硫铁矿4种产品。筛分后对各粒级和各手选产品分别测定产率和质量，将试验结果填入筛分试验报告表中。

为保证筛分试验具有充分代表性，试验煤样应按国家标准的规定或其他取样检查的规定采取。筛分试验各粒级所需试样质量见表7－1规定。

表7－1　筛分试验各粒级所需试样质量要求

最大粒度/mm	>100	100	50	25	13	6	3	0.5
最小质量/kg	150	100	30	15	7.5	4	2	1

筛分试验应在筛分实验室内进行，室内面积一般为120m^2，地面为光滑的水泥地。人工破碎和缩分煤样的地方应铺有钢板（厚度≥8mm）。

筛分时煤样应是空气干燥状态。变质程度低的高挥发分的烟煤可以晾干到接近空气干燥状态，再进行筛分。

煤炭筛分煤样的称量设备用最大秤量为500kg（或200kg）、100kg、20kg、10kg和5kg的台秤或案秤各一台，其最小刻度值应符合表7－2的规定。每次过秤的物料质量不得少于台秤或案秤最大秤量的1/5。

表7－2　煤炭筛分煤样的称量设备的最小刻度值要求

最大秤量/kg	500	100	20	10	5
最小刻度值/kg	0.02	0.05	0.01	0.005	0.005

筛分时孔径为25mm和25mm以上的可用圆孔筛，筛板厚度为（1～3）mm。25mm以下的煤样可以采用金属丝编织的方孔筛网进行筛分分级。

筛分试验所得产物的各粒度级别，一般采用按筛序相邻的两个筛孔尺寸表示。如(25～13)mm粒级是表示在筛分过程中物料能通过25mm的筛孔而不能通过13mm筛孔筛子的这部分物料。试验后其粒度下限若详，则以“>”号表示，如“>25mm”级的煤即指最小粒度为25mm；如粒度下限不详，则以“<”号表示，如“<25mm”即指煤样的最大粒度为25mm，这一级别也可用（25～0)mm表示。

二、试验步骤

1. 筛分试验煤样的准备

（1）筛分试验煤样的总质量

应根据粒度组成的历史资料和其他特殊要求确定。规定筛分煤样总质量的目的，是为了保证各筛分粒级的代表性，煤的粒度越大，要求煤样总质量也越大。一般情况如下：

① 设计用煤样不少于10t；

② 矿井生产用煤样不少于5t；

③ 选煤厂入选原料及其产品煤样的质量按粒度上限确定：最大粒度大于300mm，煤样的质量不少于6t；最大粒度大于100mm，煤样的质量不少于2t；最大粒度大于50mm，煤样的质量不少于1t。

（2）筛分煤样的缩制

筛分煤样为（13～0)mm时，煤样缩分到质量不少于100kg，其中（3～0)mm的煤样缩分到质量不少于20kg。

2. 筛分程序

筛分操作一般从最大筛孔向最小筛孔进行。如果煤样中大粒度含量不多，可先用 13mm 或 25mm 的筛子筛分，然后对其筛上物和筛下物，分别从大的筛孔向小的筛孔逐级进行筛分，各粒级产物分别称重。

3. 筛分操作

筛分试验时，往复摇动筛子，速度均匀合适，移动距离为 300mm 左右，直到筛净为止。每次筛分时，新加入的煤量应保证筛分操作完毕时，筛上煤粒能与筛面接触。

煤样潮湿且急需筛分时，则按以下步骤进行：

① 采取外在水分样，并称量煤样总量；

② 先用筛孔为 13mm 的筛子筛分，得到大于 13mm 和小于 13mm 的湿煤样；

③ 小于 13mm 的湿煤样，采取外在水分样；

④ 大于 13mm 的煤样晾干至空气干燥状态后，再用筛孔为 13mm 的筛子复筛，然后将大于 13mm 的煤样称重，并进行各粒级筛分和称量，小于 13mm 煤样掺入到小于 13mm 的湿煤样中；

⑤ 从小于 13mm 的煤样中缩取不少于 100kg 的试样，然后晾至空气干燥状态，称量。对试样进行 13mm 以下各粒级的筛分并称量。

必要时对 50mm 和小于 50mm 各粒级的筛分，用下列方法检查其是否筛净：将煤样在要求的筛子中过筛后，取部分筛上物检查，符合表 7－3 规定的则认为筛净。

表 7－3　小于或等于 50mm 各粒级的筛分要求

筛孔/mm	入料量/(kg/m²)	摇动次数（一个往复算两次）	筛下量（占入料）/ %
50	10	2	<3
25	10	3	<3
13	5	6	<3
6	5	6	<3
3	5	10	<3
0.5	5	20	<3

三、结果表述

在整理资料的过程中，要检查试验结果是否超过 GB 477—1987《煤炭筛分试验方法》所规定的允许差。如超过了允许差，则试验结果不准确，应作废，重新试验。

1. 质量校核

① 筛分试验前煤样总质量（以空气干燥状态为基准，下同）与筛分试验后各产物质（13mm 以下各粒级换算成缩分前的质量，下同）之和的差值，不得超过筛分试验前煤料量的 2%，否则该次试验无效，即

$$\frac{|m-\overline{m}|}{m}\times 100\% \leqslant 2\% \tag{7-1}$$

式中：m——筛分试验前煤样总质量，kg；

$\overline{m}$——筛分试验后各粒级煤样质量之和，kg。

② 以筛分后各粒级产物质量之和作为100%，分别计算各粒级产物的产率。各粒级产物的产率（%）取小数点后三位，灰分（%）取小数点后两位。

2. 灰分校核

筛分配制总样的灰分与各粒级产物灰分的加权平均值的差值，应符合下列规定，否则试验无效。

① 煤样灰分小于20%时，相对差值不得超过10%，即

$$\frac{|A_d - \overline{A}_d|}{A_d} \times 100\% \leqslant 10\% \tag{7-2}$$

② 煤样灰分大于或等于20%时，绝对差值不得超过2%，即

$$|A_d - \overline{A}_d| \leqslant 2.0\% \tag{7-3}$$

式中：A_d——筛分后各产物配制总样的灰分，%；

$\overline{A}_d$——筛分后各级产物的加权平均灰分，%。

3. 试验结果

试验结果填入筛分试验报告表中。一般包括某次筛分试验结果、筛分总样及粒度级产物的化验项目等内容。

第三节　浮沉实验

一、方法提要

煤炭浮沉试验是指根据煤的密度的差异，在介质中使其分离，从而了解各密度级产物质量指标。其目的是根据不同密度级煤的产率及质量特征了解煤的可选性，从而为选煤厂设计确定分选方法、工艺流程和设备要求等方面提供技术依据。同时在生产中，通过对入选原煤的浮沉试验，确定精煤的理论产率和生产过程中的实际精煤产率，并可计算出选煤厂该种煤炭的分选效率（数量效率等）。

浮沉试验应在浮沉室内进行，室内面积一般为$36m^2$。

为保证浮沉试样的代表性，浮沉试验用的煤样从筛分后的各粒度级产物中缩取，缩取后再对各粒级产物分别进行浮沉，这样做会得到更准确的结果。浮沉试验用煤样的质量根据每个粒级的粒度大小而定，质量应符合表7-4的规定。

表7-4　浮沉试验用煤样质量和粒度关系

粒级/mm	最小质量/kg	粒级/mm	最小质量/kg
>100	150	13~6	7.5
100~50	100	6~3	4
50~25	30	3~0.5	2
25~13	15	<0.5	1

取样步骤如下：

① 大于 50mm 的各粒级浮沉试验煤样，应用堆锥四分法从各手选产中缩取，按比例配成该粒级的浮沉试验煤样，必要时矸石与硫化铁可以不配入该粒级浮沉验煤样中，但须加以说明；

② 小于 50mm 的各粒级产物浮沉试验煤样，用堆锥四分法或分器从相应的粒级中缩取。浮沉试验用的煤样必须为空气干燥状态。

二、重液配制

试剂主要有氯化锌、苯、四氯化碳和三溴甲烷等（均属工业品）。

浮沉试验用的重液一般为氯化锌水溶液。用氯化锌浮沉有困难时，可以采用四氯化碳、三溴甲烷和苯等有机重液。

如果氯化锌水溶液含有较多的固体杂质，在测定密度以前用沉淀法去除。在试验过程中如果煤泥混入重液太多，也要用沉淀法去除。当室温很低、氯化锌重液有结晶析出时，需重液加热溶解后方可进行浮沉试验。

可按下列密度分成不同密度级：1.30kg/L，1.40kg/L，1.50kg/L，1.60kg/L，1.70kg/L，1.80kg/L，2.00kg/L。必要时增加 1.25kg/L，1.35kg/L，1.45kg/L，1.55kg/L，1.90kg/L 或 2.10kg/L 等密度。当小于 1.30kg/L 密度级的产率大于 20% 时，必须增加 1.25kg/L 密度级。无烟煤可根据具体情况适当减少或增加某些密度级。各密度级重液的配制见表 7 -5。

配制方法：取 1.014kg 氯化锌，溶于 1.586kg 水中，然后用 1.30kg/L 的密度计测其密度。根据密度计指示值高低，加入适量的水，或加入适量的氯化锌，直至密度计指示值到 1.30 为止。

测定方法：测定重液的密度时，应先用木棒轻轻搅动，待其均匀后取部分重液倒入量筒中，然后将密度计放入（也可直接放入浮沉桶）让其自由浮沉，平稳后读取其密度值。如密度高则加水稀释，反复测定直至达到要求的密度为止。

表 7 -5 主要重液的配制

重液的密度/(kg/L)	水溶液中氯化锌的含量/%	四氯化碳和苯配制的重液（体积分数）/%		三氯甲烷和四氯化碳配制的重液（体积分数）/%	
		四氯化碳	苯	三溴甲烷	四氯化碳
1.30	31	60	40		
1.40	39	74	26		
1.50	46	89	11		
1.60	52			2	98
1.70	58			1	99
1.80	63			21	79
1.90	68			1	1
2.00	73			41	59

三、试验步骤

① 将配好的重液（密度值准确到0.003kg/L）装入重液桶中并按密度大小顺序排好，每个桶中重液液面不低于350mm。把最低密度的重液再分装入另一个重液桶中，作为每次试验的缓冲液使用。

② 浮沉顺序一般是从低密度级向高密度级逐步进行。如果煤样中易泥化的矸石或高密度物含量多时，可先在最高的密度液内浮沉，捞出的浮物仍按由低密度到高密度顺序进行浮沉。

③ 浮沉试验之前先将煤样称量，放入网底桶内，每次放入的煤样厚度一般不超过100mm，用水洗净附着在煤块上的煤泥，滤去洗水再进行浮沉试验。收集同一粒级冲洗出的煤泥水，用澄清法或过滤法回收煤泥，然后干燥称重。此煤泥通常称为浮沉煤泥。

④ 进行浮沉试验时，先将盛有煤样的网底桶在最低一个密度的缓冲液内浸润一下（同理，如先浮沉高密度物，也应在该密度的缓冲液内浸润一下），然后提起斜放在桶边上滤尽重液，再放入浮沉用的最低密度的重液桶内，用木棒轻轻搅动或将网底桶缓缓地上下移动，然后使其静止分层，分层时间不少于下列规定：粒度大于25mm时，分层时间为(1～2)min；最小粒度为3mm时，分层时间为（2～3)min；最小粒度为（1～0.5)mm时，分层时间为（3～5)min。

⑤ 小心地用捞勺按一定方向捞取浮物。捞取深度不得超过100mm。捞取时应注意勿使沉物搅起混入浮物中，待大部分浮物捞出后，再用木棒搅动沉物，然后仍用上述方法捞取浮物，反复操作直到捞尽为止。

⑥ 把装有沉物的网底桶慢慢提起，斜放在桶边上滤尽重液，再把它放入下一个密度的重液桶中，用同样方法逐次按密度顺序进行，直到该粒级煤样全部做完为止，最后将沉物倒入盘中。在整个试验过程中应随时调整重液的密度，保证密度值的准确，且应注意回收氯化锌溶液。

⑦ 各密度级产物应分别滤去重液，用水冲净产物上残存的氯化锌（最好用热水冲洗)，然后放入温度不高于100℃的干燥箱内干燥，干燥后取出冷却，达到空气干燥状态再进行称重。

四、结果表述

浮沉试验得出的结果，应整理到规定的表格中去，以备查用和分析。在整理资料时，首先应检查试验结果的准确性，看结果是否超过了规定的允许差。如果超过了允许差，该次试验失败，需重做。检查时应根据GB 478—2008《煤炭浮沉试验方法》的规定对煤炭浮沉试结果进行校核。

1. 煤炭浮沉试验数量、质量检查方法

（1）质量校核。浮沉试验前空气干燥状态的煤样质量与浮沉试验后各密度级产物的空气干燥状态质量之和的差值，不得超过浮沉试验前煤样质量的2%，否则应重新进行浮沉试验。

（2）灰分校核。浮沉试验前煤样灰分与浮沉试验后各密度级产物灰分的加权平均值的值，应符合下列规定。

① 煤样中最大粒度大于或等于 25mm，则

Ⅰ 煤样灰分小于 20% 时，相对差值不得超过 10%，即

$$\left|\frac{A_d - \overline{A}_d}{A_d}\right| \times 100\% \leqslant 10\% \tag{7-4}$$

Ⅱ 煤样灰分大于或等于 20% 时，绝对差值不得超过 2%，即

$$|A_d - \overline{A}_d| \leqslant 2\% \tag{7-5}$$

② 煤样中最大粒度小于 25mm。

Ⅰ 煤样灰分小于 15% 时，相对差值不得超过 10%，即

$$\left|\frac{A_d - \overline{A}_d}{A_d}\right| \times 100\% \leqslant 10\% \tag{7-6}$$

Ⅱ 煤样灰分大于或等于 15% 时，绝对差值不得超过 1.5%，即

$$|A_d - \overline{A}_d| \leqslant 1.5\% \tag{7-7}$$

式中：A_d——浮沉试验前煤样的灰分，%；

$\overline{A}_d$——浮沉试验后各密度级产物的加权平均灰分，%。

各密度级产物的产率和灰分取到小数点后两位。

2. 煤炭浮沉试验资料的整理

如试验结果符合上述数量、质量规定，即可将各粒级浮沉试验结果填入浮沉试验报告表中，将各粒级浮沉资料（包括自然级和破碎级）汇总出（50～0.5）mm 粒级原煤浮沉试验综合表，并绘制可选性曲线。根据要求也可汇总出（100～0.5）mm 或其他粒级的浮沉试验综合表。

原煤浮沉试验是分粒级进行的，如一般选煤厂入洗原煤的粒度为（50～0）mm，浮沉时一般是把（原煤）试验分成（50～13）mm、（13～6）mm、（6～3）mm、（3～0.5）mm 和 <0.5mm 粒级，所以整理时也应分粒级进行。各粒级又包括自然级、破碎级和综合级。

下面就以（25～13）mm 级的某次试验资料整理为例，先将（25～13）mm 粒级的自然级（未经破碎的）浮沉试验得到的各密度级物的质量和灰分填入表 7-6 中。

表 7-6 中各栏的意义和计算方法如下。

第 1 栏“密度级”按规定的浮沉试验填写密度级：<1.30kg/L，1.30～1.40kg/L，…，>2.00kg/L。第 1 栏“煤泥”是指浮沉试验前从煤样中冲洗掉的附着在煤粒表面的 <0.5mm 的煤粉。如表中（25～13）mm 粒级浮沉时除去了 0.238kg 煤粉（原生煤泥）。

第 2 栏“质量”是指由浮沉试验得出的各密度级的浮物质量。如 <1.30kg/L 密度级浮沉物质量为 1.645kg，则在 <1.30kg/L 密度级的“质量”栏中填写，其余密度级的质量同理填写。

总计质量 = 合计质量 + 煤泥质量，即

$$24.732\text{kg} = 24.494\text{kg} + 0.238\text{kg}$$

表7－6　自然级浮沉试验报告表

浮沉试验编号：　　　　　　　　　　　　　　　试验日期：　年　月　日

煤样粒级：(25～13)mm（自然级）　　　　　　本级占全样产率：18.322%　　灰分：22.42%

全硫（St，d）：　　　　%　　　　　　　　　试验前煤样质量（空气干燥状态）：24.965kg

密度级/(kg/L)	质量			指标		累计			
						浮物		沉物	
	质量/kg	占本级产率/%	占全样产率/%	灰分/%	全硫/%	产率/%	灰分/%	产率/%	灰分/%
1	2	3	4	5	6	7	8	9	10
<1.30	1.645	6.72	1.219	3.99		6.72	3.99	100.00	22.14
1.30～1.40	11.312	46.18	8.380	7.99		52.90	7.48	93.28	23.45
1.40～1.50	5.280	21.56	3.912	15.93		74.46	9.93	47.10	38.60
1.50～1.60	1.370	5.59	1.014	26.61		80.05	11.09	25.54	57.74
1.60～1.70	0.660	2.70	0.490	34.65		82.75	11.86	19.95	66.47
1.70～1.80	0.456	1.86	0.338	43.31		84.61	12.56	17.25	71.45
1.80～2.00	0.606	2.47	0.448	54.47		87.08	3.74	15.39	74.84
>2.00	3.165	12.92	2.345	78.73		100.00	22.14	12.92	78.73
合计	24.494	100.00	18.146	22.14					
煤泥	0.238	0.96	0.176	19.16					
总计	24.732	100.00	18.322	22.11					

第3栏“占本级产率”是指产品数量与原料数量的百分比或某一成分的数量与总量的百分比。即

$$\gamma_{占本级} = \frac{某密度级的质量}{本粒级煤样质量(不计煤泥)} \times 100\%$$

如表7－6中<1.30kg/L密度级占本级产率为

$$\gamma_{占本级} = \frac{1.645}{24.494} \times 100\% = 6.72\%$$

其余各密度级“占本级产率”的计算方法依此类推。

合计产率，即除掉原生煤泥后占本级产率，如表7－6中去除煤泥的试样合计质量为24.494kg，将24.494kg看做是本粒级试样的100，并于第3栏各密度级浮沉物合计栏反映出累计产率为100%。

$$煤泥占本级产率 = \frac{煤泥质量}{总计} \times 100\% = \frac{0.238}{24.732} \times 100\% = 0.96\%$$

第4栏“占全样产率”是指本粒级占全部浮沉煤样的质量分数（产率）。如表7－6中<1.30kg/L密度级“占全样产率”为：

$$\gamma_{<1.30(占全样)} = 18.146\% \times 6.72\% = 1.219\%$$

其余各密度级“占全样产率”的计算方法依此类推。

第5栏“灰分”指各密度级的化验灰分，以百分数表示。将该粒级煤样中各密度级的化验灰分填入后还应计算合计灰分和总计灰分，才可得出第5栏的全部数据。

第6栏“全硫”是各密度级产物在煤质分析化验中所测得的。

第7栏“浮物累计产率”是将第3栏数据由上到下逐级相加而得，如分选密度为1.50kg/L时，浮物产率为

$$\gamma_{<1.50}=\gamma_{<1.30}+\gamma_{1.30\sim1.40}+\gamma_{1.40\sim1.50}=6.72\%+46.18\%+21.56\%=74.46\%$$

同理，可以计算出其他各密度级的浮物累计产率。

第8栏“浮物各密度级累计加权平均灰分”是指某分选密度下，全部浮物灰分量的累计之和与相应密度下产率之和的比值。如表7－6中<1.40kg/L密度级的浮物累计灰分为

$$A_{d(<1.40)}=\frac{6.72\times3.99+46.18\times7.99}{6.72+46.18}\times100\%=7.48\%$$

第7栏和第8栏中最下行的数据与相应的第3，5栏的合计值应相等。

第9栏“沉物累计产率”是将第3栏的数据自下而上逐级累计相加（从合计栏开始）所得。如当分选密度为1.6kg/L时，其沉物累计产率为：

$$\begin{aligned}\gamma_{>1.60}&=\gamma_{>2.00}+\gamma_{1.80\sim2.00}+\gamma_{1.70\sim1.80}+\gamma_{1.60\sim1.70}\\&=12.92\%+2.47\%+1.86\%+2.70\%=19.59\%\end{aligned}$$

第10栏“沉物各密度级累计加权平均灰分”即沉物在某一分选密度下累计的灰分量与在此分选密度下沉物的产率之比值。如当分选密度为1.60kg/L时，其沉物的加权平均灰分为：

$$\begin{aligned}A_{d(>1.60)}&=\frac{12.92\times78.73+2.47\times54.47+1.86\times43.41+2.70\times34.65}{12.92+2.47+1.86+2.70}\times100\%\\&=66.47\%\end{aligned}$$

以上所述为（25～13）mm粒级的自然级浮沉试验的综合整理方法。（25～13）mm粒级的破碎级浮沉试验资料的整理综合与其自然级的方法相同（见表7－7）。破碎级是指大于50mm的物料经破碎后所产生的小于50mm的各粒级物料。

将（25～13）mm的自然级和破碎级的浮沉资料均整理好后，即可把同一粒级的自然级和破碎级的资料综合（合并）到（25～13）mm粒级的综合级浮沉试验报告表中（见表7－8）。综合的方法是将自然级和破碎级两表中相对应的“占全样产率”相加，得出表7－8中“占全样产率”栏中各相对应的产率，而表7－8中“占本级产率”栏中各相对应的产率应按下列方法计算，如<1.30kg/L密度级的“占本级产率”为：

$$\begin{aligned}\gamma_{<1.30}&=\frac{<1.30\text{kg/L密度级占全样产率}}{\text{占全样的合计产率}}\times100\%\\&=\frac{2.112}{24.408}\times100\%=8.65\%\end{aligned}$$

“灰分”栏数据根据自然级和破碎级两表对应的各密度级灰分加权平均计算得出。

表 7－7　破碎级浮沉试验报告表

浮沉试验编号：　　　　　　　　　　试验日期：　　年　　月　　日

煤样粒级：(25～13)mm（破碎级）　　本级占全样产率：6.282%　　灰分：19.32%

全硫（St，d）：　　%　　试验前煤样质量（空气干燥状态）：24.364kg

密度级/(kg/L)	质量			指标		累计			
	质量/kg	占本级产率/%	占全样产率/%	灰分/%	全硫/%	浮物		沉物	
						产率/%	灰分/%	产率/%	灰分/%
1	2	3	4	5	6	7	8	9	10
<1.30	3.437	14.26	0.893	4.840		14.26	4.84	100.00	20.37
1 30～1.40	11.768	48.82	3.057	9.20		63.08	8.21	85.74	22.96
1 40～1.50	3.967	16.46	1.031	15.89		79.54	9.80	36 92	41.15
1 50～1.60	1.107	4.59	0.287	26.74		84.13	10.73	20.46	61.47
1.60～1.70	0.372	1.54	0.097	37.42		85.67	11.21	15.87	71.52
1 70～1.80	0.270	1.12	0.070	43.34		86.79	11.62	14.33	75.19
1.80～2.00	0.458	1.90	0.119	54.96		88.69	12.55	13.21	77.89
>2.00	2.725	11.31	0.708	81.74		100.00	20.37	11.31	81.74
合计	24.104	100.00	6.262	20.37					
煤泥	0.082	0.34	0.021	15.78					
总计	24.186	100.00	6.283	20.35					

表 7－8　综合级浮沉试验报告表

浮沉试验编号：　　　　　　　　　　试验日期：　　年　　月　　日

煤样粒级：(25～13)mm（综合级）　　本级占全样产率：24.605%

全硫（St，d）：　　%　　灰分：21.63%

密度级/(kg/L)	质量			指标		累计			
	质量/kg	占本级产率/%	占全样产率/%	灰分/%	全硫/%	浮物		沉物	
						产率/%	灰分/%	产率/%	灰分/%
1	2	3	4	5	6	7	8	9	10
<1.30		8.65	2.112	4.35		8.65	4.35	100.00	21.69
1 30～1.40		46.86	11.437	8.31		55.51	7.70	91.35	23.33
1 40～1.50		20.25	4.943	15.92		75.76	9.89	44.49	39.15
1 50～1.60		5.33	1.01	26.64		81.09	11.00	24.24	58.55
1.60～1.70		2.41	0.587	35.11		83.50	11.69	18.91	67.55
1 70～1.80		1.67	0.408	43.39		85.17	12.31	16.50	72.29
1.80～2.00		2.32	0.567	54.57		87.49	13.43	14.83	75.54
>2.00		12.51	3.053	79.43		100.00	21.69	12.51	79.43
合计		100.00	24.408	21.69					
煤泥		0.80	0.197	18.80					
总计		100.00	24.605	21.67					

以上是（25～13)mm粒级的自然级、破碎级和综合级的整理方法。其他各粒级资料的整理同此方法。若上述“三种级”的资料整理后，还应将各种粒级的浮沉资料进行综合。

各个粒级的浮沉试验的综合级表整理出以后，应将各粒级的综合资料汇总到表7－9中。表7－9中各筛分栏的第3行为“筛分试验”所得，各数据是指原煤试样在未做浮沉试验前筛分成各粒度级别的质量分数（产率）和相应的灰分。这些粒级的产率相加为95.049%，也就是各粒级的总产率，即不含<0.5mm原生煤泥（粉）。

这5个粒级的浮沉试验结果整理好后，还必须进一步用计算的方法把它们综合，才能得到（50～0.5)mm这部分原煤的密度组成（见表7－10)。综合步骤如下：

① 根据各粒度级综合级浮沉试验（如表7－8）中的“占本级产率”、“占全样产率”及“灰分”3栏数据而得表7－9中的第4～6栏（抄得）数据。

② 将各粒级相应密度的“占全样产率”相加得第19栏［（50～0.5mm)级］“占全样产率”。如表7－9中<1.30kg/L密度级（50～0.5)mm级占全样产率应为：

$$\begin{aligned}\gamma_{50\sim0.5(\text{占全样})}^{-1.30} &= \gamma_{50\sim25}+\gamma_{25\sim13}+\gamma_{13\sim6}+\gamma_{6\sim3}+\gamma_{3\sim0.5}\\ &=2.519\%+2.112\%+1.478\%+2.047\%+1.906\%\\ &=10.062\%\end{aligned}$$

各密度级（50～0.5)mm级占全样产率的计算方法依此类推。

因为最终分析（50～0.5)mm级（大浮沉试验）资料时，应把（50～0.5)mm级的产率95.094%视为一个整体，即100%，所以还必须把占全样产率换算成占本级产率［(50～0.5)mm级的产率］，换算方法参考表7－9。

③“灰分”（最后一栏）的计算是将各粒度级相应的密度级的占全样产率乘以灰分和该密度级的（50～0.5)mm级占全样产率之比值。

表7－9是通称的浮沉试验综合表，它包括了全部浮沉试验结果及综合计算的结果。但上述浮沉试验综合表只能表示各个密度级数（产率)、质（灰分）量关系，如果要知道在某一密度时的全部浮物和沉物的数量、质量时，必须对表7－9进行累计计算。

表7－10为原煤（50～0.5)mm级浮沉累计表。表中第2、3栏数据取自表7－9中的第18、20栏数据。第4栏是第2栏从上到下逐级相加的结果，表示在某密度时的浮物产率。

当分选密度为1.40kg/L时，浮物产率为：

$$\gamma_{<1.40}=\gamma_{<1.30}+\gamma_{1.30\sim1.40}=10.69\%+46.15\%=56.84\%$$

其他各密度级的累计同理。

第5栏是浮物的加权平均灰分，计算方法和前述各粒级浮沉试验表中的累计方法相同，也是自上而下加权平均的结果。不同的是它可反映出在某一密度下的浮煤平均灰分，对分选过程和生产均有指导意义。

第6栏和第7栏是沉物的累计产率和累计灰分。产率累计的方法是用第2栏的数据从最高密度级逐级向上累计的结果，而灰分则是自下而上加权平均计算得出的。

第8栏是分选密度值。

第9栏为某分选密度下的±0.1含量，其计算方法是将某分选密度邻近的±0.1含量相加。

表7-9 筛分浮沉试验综合报告表

煤样粒级：(50~0.5)mm　　　　　　　　煤样名称：

取样日期：　年　月　日　　　　　　　试验日期：　年　月　日

密度级/(kg/L)	(50~25)mm			(25~13)mm			(13~6)mm		
	产率/%	灰分/%		产率/%	灰分/%		产率/%	灰分/%	
	33.029	21.71		24.605	21.63		15.874	22.83	
	占本级产率/%	占全样产率/%	灰分/%	占本级产率/%	占全样产率/%	灰分/%	占本级产率/%	占全样产率/%	灰分/%
1	2	3	4	5	6	7	8	9	10
<1.30	7.67	2.519	4.49	8.65	2.112	4.35	9.35	1.478	2.97
1.30~1.40	52.94	17.380	9.29	46.86	11.437	8.31	43.30	6.847	7.12
1.40~1.50	19.50	6.401	17.03	20.25	4.943	15.92	20.48	3.238	14.77
1.50~1.60	3.63	1.191	26.68	5.33	1.301	26.64	6.37	1.007	24.87
1.60~1.70	2.08	0.683	34.92	2.41	0.587	35.11	2.99	0.473	33.67
1.70~1.80	1.36	0.447	44.33	1.67	0.408	43.39	1.85	0.292	42.08
1.80~2.00	1.96	0.642	53.46	2.32	0.567	54.57	2.17	0.344	52.32
>2.00	10.86	3.566	81.12	12.51	3.053	79.43	13.49	2.133	79.29
合计	100.00	32.829	24.74	100.00	24.408	21.69	100.00	15.812	21.59
煤泥	0.61	0.200	17.24	0.80	0.197	18.80	0.39	0.062	21.16
总计	100.00	33.029	20.72	100.00	21.605	21.67	100.00	15.874	21.59

密度级/(kg/L)	(6~3)mm			(3~0.5)mm			(50~0.5)mm		
	产率/%	灰分/%		产率/%	灰分/%		产率/%	灰分/%	
	13.238	19.24		8.303	15.94		55.094	21.03	
	占本级产率/%	占全样产率/%	灰分/%	占本级产率/%	占全样产率/%	灰分/%	占本级产率/%	占全样产率/%	灰分/%
11	12	13	14	15	16	17	18	19	20
<1.30	15.51	2.047	2.69	21.17	1.906	2.32	10.69	10.062	3.46
1.30~1.40	38.78	5.117	6.83	33.68	2.656	6.47	46.15	43.437	8.23
1.40~1.50	20.94	2.764	13.65	20.41	1.610	12.72	20.14	18.956	15.50
1.50~1.60	6.40	0.844	24.39	6.64	0.524	23.01	5.17	4.867	25.50
1.60~1.70	3.11	0.410	34.05	3.13	0.247	32.07	2.55	2.400	34.28
1.70~1.80	1.92	0.254	42.34	1.62	0.128	39.81	1.62	1.529	42.94
1.80~2.00	2.17	0.286	50.88	2.16	0.170	49.94	2.13	2.009	52.91
>2.00	11.17	1.474	78.19	8.19	0.646	76.99	11.55	10.872	79.64
合计	100.00	13.196	19.19	100.00	7.887	15.90	100.00	94.132	20.50
煤泥	0.65	0.087	21.59	5.01	0.416	17.13	1.01	0.962	18.16
总计	100.00	13.283	19.21	100.00	8.303	15.96	100.00	95.094	20.48

表 7－10　(50～0.5)mm 粒级浮沉试验综合报告表

密度级/(kg/L)	产率/%	灰分/%	累计				分选密度	
			产率	灰分	产率	灰分	密度	产率
1	2	3	4	5	6	7	8	9
<1.30	10.69	3.46	10.69	3.46	100.00	20.50	1.30	
1.30～1.40	46.15	8.23	56.84	7.33	22.54	22.54	1.40	
1.40～1.50	20.14	15.50	76.98	9.47	37.85	37.85	1.50	56.84
1.50～1.60	5.17	25.50	82.15	10.48	57.40	57.40	1.60	66.29
1.60～1.70	2.55	34.28	84.70	11.19	66.64	66.64	1.70	25.31
1.70～1.80	1.62	42.94	86.32	11.79	72.04	72.04	1.80	7.72
1.80～2.00	2.13	52.91	88.45	12.78	75.48	75.48	2.00	4.17
>2.00	11.55	79.64	100.00	20.50	79.64	79.64		2.69
合计	100.00	20.50						2.13
煤泥	1.01	18.16						
总计	100.00	20.48						

浮沉试验结果综合表能够比较系统地表示煤炭的密度组成和质量特征。但如果想知道在任意一个理论分选密度下各种产物的数量、质量指标或在任意灰分下的理论分选密度及其他各种产物的产率和灰分是不可能的。例如：如果精煤灰分要求 10.0% 时，若想知道这种灰分下的理论分选密度和精煤产率，以及在这种分选条件下分选的难易程度（可选性），单纯地依靠综合表是很难解决的，这就需要通过此表绘制可选性曲线，来对煤炭的可选性进行评定。

第四节　可选性评价

一、可选性曲线

可选性曲线是根据物料浮沉试验结果而绘制出的一组曲线，它综合地反映了原料煤的性质，为选煤厂的初步设计及选后产品质量的检验提供了依据。可选性曲线的用途主要有三个方面：确定选煤理论工艺指标、定性评定原煤的可选性难易、计算分选的数量效率和质量效率。根据绘制方法的不同，目前来说有两种：

① H－R 曲线。由亨利（Henry）于 1905 年提出，后经莱茵卡尔特（Reinhard）补充。

② M 曲线。由迈耶尔（Mayer）于 1950 年提出。

实际使用时，两种曲线任选一种即可。但相比之下，HR 曲线使用得更普遍一些。HR 曲线是一组曲线。包括灰分特性曲线（λ 曲线）、浮物曲线（β 曲线）、沉物曲线（θ 曲线）、密度曲线（δ 曲线）和密度 ±0.1 曲线（ε 曲线）等五条曲线，是根据表 7－10 的数据绘制出来的。

二、评定方法

煤炭可选性评定即采用“分选密度 ±0.1 含量法”（简称“δ ±0.1 含量法”）。所用浮沉试验资料应符合国家标准的规定。

1. δ ±0.1 含量的计算

① δ ±0.1 含量按理论分选密度计算。

② 理论分选密度在可选性曲线上按指定精煤灰分确定（准确到小数点后两位）。

③ 理论分选密度小于 1.7g/cm^3 时，以扣除沉矸（2.00g/cm^3）为 100% 计算 δ ±0.1 含量；理论分选密度等于或大于 1.7g/cm^3 时，以扣除低密度物（<1.5g/cm^3）为 100% 计算 δ ±0.1 含量。

④ δ ±0.1 含量以百分数表示，计算结果保留小数点后一位数字。

2. 等级命名和划分

按照分选的难易程度，把煤炭可选性划分为五个等级，各等级的名称及 δ ±0.1 含量指标见表 7-11。

表 7-11　煤炭可选性等级的划分标准

δ ±0.1 含量/%	可选性等级
≤10.0	易选
10.1～20.0	中等可选
20.1～30.0	较难选
30.1～40.0	难选
>40.0	极难选

三、煤炭可选性评定示例

1. 浮沉试验资料

某原煤（50～0.5）mm 粒级（综合级）浮沉试验资料如表 7-10 所示。该资料应符合 GB 478—1987 的规定。

2. 确定精煤灰分

用 δ ±0.1 含量法评定的原煤可选性，是指在某一精煤灰分时的可选性。精煤灰分由用户提出或根据有关资料假定一个或几个精煤灰分值。本例中假定精煤灰分为 10.0% 和 13.0%，评定这两种条件下的煤炭可选性。

3. 绘制可选性曲线

按照 GB 478—1987 的规定，依照表 7-10 绘制五条可选性曲线（HR 曲线）见图 7-1。可选性曲线绘制在 20.0mm×20.0mm 的坐标纸上。

4. 计算 δ ±0.1 含量

（1）确定理论分选密度

如图 7-1 所示，在灰分坐标轴上分别标出灰分为 10.0% 和 13.0% 的两点（a 和 b）。从 a 和 b 点向上引垂线分别交 β 曲线于 1 和 2 点。由 1 和 2 点引水平线分别交 δ 曲线于 1′和 2′

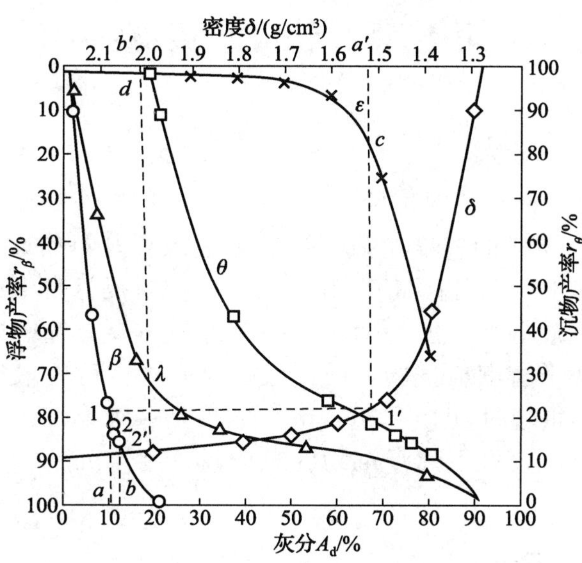

图 7－1　可选性曲线

两点，由 1′和 2′两点向上引垂线分别交密度坐标轴于 a'和 b'两点，交 ε 曲线于 c 和 d 两点。a'和 b'两点代表的密度值即为精煤灰分分别为 10.0% 和 13.0% 时的理论分选密度，即 1.53g/cm^3 和 2.01 g/cm^3。

（2）计算 $\delta\pm0.1$ 含量

① 确定 $\delta\pm0.1$ 含量（初始值）：δ 曲线上 c 和 d 两点左侧纵坐标的产率值 18.3% 和 1.7% 即为所求的 $\delta\pm0.1$ 含量（未扣除沉矸）。

② 计算 $\delta\pm0.1$ 含量（最终值）：将上边求得的 $\delta\pm0.1$ 含量按照上述规定扣除沉矸或低密度物。

当精煤灰分为 10.0% 时，理论分选密度为 1.53g/cm^3，小于 1.70g/cm^3。所以此时所求得的 $\delta\pm0.1$ 含量（18.3%）应当扣除沉矸。

从表 7－10 可知，沉矸数值为 11.6%，故 $\delta\pm0.1$ 含量为：

$$\frac{18.3}{100.0-11.6}\times100\%=20.7\%$$

当精煤灰分为 13.0% 时，理论分选密度为 2.01g/cm^3，大于 1.70g/cm^3。所以此时所求得的 $\delta\pm0.1$ 含量（1.7%）应当扣除低密度物：

$$\frac{1.7}{100.0-77.7}\times100\%=7.4\%$$

5. 确定可选性等级

① 当精煤灰分为 10.0% 时，扣除沉矸后的 $\delta\pm0.1$ 含量为 20.7%，可选性等级为“较难选”。

② 当精煤灰分为 13.0% 时，扣除低密度物后的 $\delta\pm0.1$ 含量为 7.4%，可选性等级为“易选”。

第五节　快浮实验

一、方法提要

煤的快速浮沉试验（简称快浮试验），目的是为了指导洗煤操作、及时掌握原煤可选性和选煤厂生产检查煤样的密度组成。试验前后煤样都是带水称重（虽用湿煤样，但是要将煤样带的水滤干后方可称量），用量较少。原料煤浮沉时，要先脱泥，产品做浮沉时不需要脱泥。重液密度一般为两级，一级近似精煤分选密度，另一级近似矸石分选密度。由于只做两个密度级试验，因此在短时间内就可以取得浮沉结果，一般要求由采样到得出结果不得超过（15～20）min。如果是一级浮沉，浮沉前要称取浮沉物总质量；如果是三级浮沉，可不称浮沉物的总质量，用浮沉后三个密度物质量之和作为浮沉物总质量。

二、试验步骤

① 用密度计（分度值为0.02kg/L）检查密度液（重液），使之达到规定的密度。

② 做原料煤三级浮沉时，把煤样放在网底桶中脱泥，然后在略低于或等于规定密度的重液中浸润一下，把桶拿出稍稍滤去一部分重液，再放入试验用的低密度重液中使煤粒松散。静止片刻后，用网勺沿同一方向捞起浮物，将其放入带有网底的小盘中，在桶内捞起浮物的深度不能过深，以免搅起沉物。把重液表面上浮起的大部分煤用网勺捞出后，再上下移动网底桶，使沉下物中夹杂的浮物放出。等液面稳定后，再一次捞起浮物，直至全部捞完为止。

③ 捞尽浮物后把盛有沉物的网底桶缓慢提起，滤去重液，然后放入盛有高密度重液的桶中，重复低密度浮沉试验的操作方法。

④ 捞出高密度重液中的浮物与沉物充分分离，先后得到三个密度级的产物，滤去重液，用水冲洗产物表面残留的氯化锌溶液，滤干后称量。

三、结果表述

计算各产物的产率（%）：设浮起物质量为A，中间物质量为B，沉下物质量为C，则

$$\text{浮物产率} = \frac{A}{A+B+C} \times 100\% \qquad (7-8)$$

$$\text{中间物产率} = \frac{B}{A+B+C} \times 100\% \qquad (7-9)$$

$$\text{沉物产率} = \frac{C}{A+B+C} \times 100\% \qquad (7-10)$$

各级产物（浮沉物）的质量分数取到小数点后两位，第二位四舍五入。

第六节　煤粉筛分试验

一、方法提要

煤粉筛分试验又称为小筛分试验，也叫标准筛分法，用于测定粒度小于0.5mm的烟煤和无烟煤煤粉的各粒级的产率和质量。其目的是测定煤粉粒度组成，了解煤粉中各粒级的质量特征。

煤粉筛分试验必须用标准筛进行筛分，方法分为湿法筛分和干法筛分两种。易于泥化的煤样采用干法筛分，所需煤样数量应符合规定，试验用煤样必须是空气干燥状态，煤样质量不得少于200g，筛子采用0.500mm，0.250mm，0.125mm，0.075mm和0.045mm的筛孔，筛分时禁止用刷子用力刷筛网和筛物，以免影响筛分结果的正确性。过筛后将物料筛成>0.500mm、（0.500~0.250）mm、（0.250~0.125）mm、（0.125~0.075）mm、（0.075~0.045）mm和<0.045mm六个粒度级，各粒级产物严禁相互污染和丢失（分粒级放置）。

二、试验步骤

1. 干洗筛分

把煤样在温度不高于75℃的恒温箱内烘干，取出冷却至空气干燥状态后，缩分称取至少20.0g，然后把标准筛按筛孔由大到小的次序排好，套上筛座，把称好的煤样倒入最上筛内，盖上盖，放到振筛机上（或人工筛）进行筛分。筛分完毕后，逐级称量并记录质量把各粒级产物缩制成化验用煤样。

2. 湿法筛分

煤样的制取和干法筛分相同，然后取搪瓷盆或塑料盆4~5个，盆里盛水的高度约为筛子高度的1/3，在第一个盆内放入该次筛分中孔径最小的筛子，把煤样倒入烧杯内，加入少量清水，用玻璃棒充分搅拌使煤样完全湿润，然后倒入筛子内，用洗瓶冲洗净烧杯和玻璃上所粘附的煤粒。如煤样质量较大，可分几次进行筛分。将盛煤样的筛子在水中轻轻摇动进行筛分，在第一盆水中尽量筛净，然后再把筛子放入第二盆水中，依次筛分直至水清为止。筛完后，把筛上物倒入盘子中，并冲洗净粘在筛子上的筛上物。筛下的煤泥水待澄清后，用虹吸管吸去清水（勿使煤泥吸出，以免造成损失），沉淀的煤泥经过滤放入另一个盘内，然后把筛上物和筛下物分别放入温度不高于75℃的恒温箱内烘干。把套筛按筛孔由大到小依次序排列好，套上筛底。把烘干的筛上物倒入最上层筛子内，盖上筛盖。把套筛置于振筛机上，开动机器，每隔5min停下机器，用手筛检查1次。检查时，依次从上至下取下筛子，在搪瓷盘上手筛，手筛1min后筛下的量不超过筛上物质量的1%，即为筛净。筛下物应倒入下一粒级中，各粒级都依次进行检查。

筛分完后，逐级称量并记录下质量。把各粒级产物缩制成化验用煤样，装入煤样瓶内，送往化验室测定灰分。

三、结果表述

将各粒级产物称重，计算出各粒级占该试样的质量分数，并测定各粒级煤样的灰分和水分。试验结果填入煤粉筛分试验表（见表7－12）中。

表7－12 煤粉筛分试验结果表

煤样名称： 煤样粒度： 煤样质量：g

试验编号： 采煤地点： 煤样灰分：%

试验日期： 年 月 日

粒度/mm	质量/g	产率/%	灰分/%	累计	
				产率/%	灰分/%
>0.50					
0.500～0.250					
0.250～0.125					
0.125～0.075					
0.075～0.045					
<0.045					

试验负责人： 核对： 计算：

第七节 絮凝剂性能试验

一、方法原理

对选煤厂煤泥水来说，絮凝剂性能表现为沉降速率、上清液澄清度和沉淀物体积的差异。将絮凝剂溶液加入盛有煤泥水的量筒中，混匀，上清液和絮团之间形成界面，测定自由沉降速率（初始沉降速率）、上清液澄清度和沉淀物体积，表征絮凝剂性能。絮凝沉降分为可诱导区、自由沉降区和压缩沉降区，即絮凝过程中，在上清液和絮团界面形成初期，通常有诱导期，诱导期后是自由沉降期，然后是压缩沉降期。自由沉降速率指自由沉降区的沉降速率。

二、试验材料

1. 选煤厂煤泥水的采取和缩制

（1）煤泥水的采取。选煤厂煤泥水在采取时，煤泥水为未加任何絮凝剂或凝聚剂的煤泥水。稳定生产2h以后取样，至少分段取10个子样，总体积不少于50L。

煤泥水试样在采取后放入惰性容器中，在室温下储存。储存时间会影响煤泥水特性，所以，应尽可能在24h内进行试验。

（2）煤泥水固体含量、灰分和粒度的测定。

（3）煤泥水子样的缩制（500mL子样）。用搅拌器将煤泥水搅拌均匀，在搅拌过程中，用50mL烧杯取小样，循环倒入每一量筒约50mL，重复取样，至试验量筒满刻度。取量筒的数量与试验次数相符。

2. 水

制备絮凝剂溶液的水应该采用选煤厂清水。取水量应充分完成所有絮凝剂性能试验。

3. 絮凝剂

选煤用絮凝剂可以是粉体、乳化液、胶体或溶液状态。乳化液、胶体或溶液状态的絮凝剂统称液态絮凝剂。对絮凝剂样品应按照下列规定使用：

① 使用絮凝剂不超过6个月的生产期。

② 絮凝剂样品应在室温下密封储存，远离日光直射和热源。粉体絮凝剂应该存放在通风干燥处。

③ 样品容器应避免不必要的开启。

④ 试验时应该一次性取出足够量的絮凝剂。

三、絮凝剂溶液的制备

1. 粉体絮凝剂溶液的制备

用药勺取子样于称量瓶中，称取絮凝剂（0.25±0.01)g。

低相对分子质量(600万以下)粉体絮凝剂溶液的制备是在500mL烧杯中加入(250.0±0.5)g水，高相对分子质量（600万以上）粉体絮凝剂溶液的制备是在1000mL烧杯中加入(500.0±0.5)g水，然后搅拌水形成足够大的涡流，将预先称好质量的絮凝剂均匀地分散在涡流表面上，继续搅拌分散，然后慢速（溶液形成旋流）搅拌，直至完全溶解。溶解时间应不少于2h。低相对分子质量（600万以下）絮凝剂溶液的浓度为0.1%，高相对分子质量（600万以上）絮凝剂溶液的浓度为0.05%。该溶液在24h内使用。

2. 液态絮凝剂溶液的制备

（1）液态絮凝剂浓度的测定

取液态絮凝剂约5g放入已恒重的称量瓶（Φ60mm×30mm）中，称量（精确至0.0001g)，记录液态絮凝剂的质量（m_{LF}）。在105℃烘箱中干燥至恒重，称量。记录烘干后絮凝剂的质量（m_{SF}）。液态絮凝剂的浓度（c_F）按式（7-11）计算：

$$c_F = \frac{m_{SF}}{m_{LF}} \times 100 \qquad (7-11)$$

式中：c_F——液态絮凝剂的浓度，%；

m_{SF}——烘干后絮凝剂的质量，g；

m_{LF}——液态絮凝剂的质量，g。

（2）低粘度液态絮凝剂溶液的制备

用5mL人工注射器吸满低粘度液态絮凝剂，称量（精确到0.01g)。在500mL烧杯中加入（250.0±0.5)g水，搅拌形成涡流。根据絮凝剂浓度估算加入量（体积），将注射器中的絮凝剂推入涡流表面，回称注射器，记录加入液态絮凝剂的质量。在该搅拌速度下继续搅拌5min，然后慢速（溶液能形成旋流）搅拌至絮凝剂完全溶解。该溶液在24h内使用。絮凝剂溶液的浓度按式（7-12）计算：

$$c = \frac{m_F}{m_w} \times 100 \qquad (7-12)$$

式中：c——絮凝剂溶液的浓度，%；

m_F——溶解的絮凝剂质量，$m_F = m_{LF} \cdot c_F$，g；

m_w——水的质量，g。

（3）高粘度液态絮凝剂溶液的制备

取约3g高粘度液态絮凝剂于称量瓶中，称重（精确至0.01g）。其他与（2）完全相同。

四、试验步骤

1. 试验准备

（1）将装满煤泥水的量筒双向翻转5回合。

（2）用注射器取适量絮凝剂溶液加入量筒中煤泥水表面上，双向翻转量筒5次，静置。

2. 沉降速率的测定

（1）自由沉降速率的测定

静置量筒，可以观察到上清液和絮团清晰的界面，记录界面从量筒第一刻度（450mL）降至下一刻度（250mL）的时间，测量两个刻度间距。

自由沉降速率按式（7-13）计算：

$$v_f = \frac{d}{t} \times 3.6 \tag{7-13}$$

式中：v_f——自由沉降速率，m/h；

d——量筒450mL刻度至250mL刻度的间距，mm；

t——界面从450mL刻度下降至250mL刻度的时间，s。

用同一絮凝剂溶液，加不同量重复以上步骤。

如果比较不同絮凝剂性能，用每种絮凝剂溶液重复以上试验。

（2）初始沉降速率的测定

静置量筒，可以观察到上清液和絮团清晰的界面，记录界面通过量筒每50mL分度值的时间，测量50mL分度值间距。按式（7-13）计算一系列沉降速率（m/h），计算出最大平均沉降速率，即为初始沉降速率，计算方法如下：

选择500mL量筒，50mL分度值的间距是25mm。煤泥水浓度为30.4g/L。上清液-絮团界面通过不同刻度的时间和沉降速率计算见表7-13。

结果表明，煤泥水絮凝沉降随时间延长，经过沉降速率增加到最大后又降低的过程，表明煤泥水的沉降经历了诱导期、自由沉降期和压缩沉降期。根据这一系列沉降速率，逐级对沉降速率平均，结果如下：

$$A_1 = \frac{v_1 + v_2}{2} = 21.43\text{m/h}$$

$$A_2 = \frac{v_1 + v_2 + v_3}{3} = 24.28\text{m/h}$$

$$A_3 = \frac{v_1 + v_2 + v_3 + v_4}{4} = 23.84\text{m/h}$$

因此，最大平均沉降速率即初始沉降速率 A_{max} = 24.28m/h。

用同一絮凝剂溶液，加不同絮凝剂量，重复以上步骤。

如果比较不同絮凝剂性能，用每种絮凝剂溶液重复以上试验。

表 7－13　沉降速率计算

间隔/mL	累计沉降时间/s	界面通过每 50mL 分度值的时间/s	沉降速率/(m/h)
500～450	7	7	$v_1=25/7\times3.6=12.86$
450～400	10	3	$v_2=25/3\times3.6=30.00$
400～350	13	3	$v_3=25/3\times3.6=30.00$
350～300	17	4	$v_4=25/4\times3.6=22.50$
300～250	21	4	$v_5=25/4\times3.6=22.50$
250～200	25	4	$v_6=25/4\times3.6=22.50$
200～150	29	4	$v_7=25/4\times3.6=22.50$
150～10	35	6	$v_8=25/6\times3.6=15.00$

注：沉降速率计算式为 $v=d/t\times3.6$，d 为 50mL 分度值间距，$d=25$mm，t 为界面通过每 50mL 分度值的时间。

3. 沉淀物体积和澄清度的测定

静置沉降 30mm 后，测量沉淀物的体积，然后用倾析法将上清液倒入澄清度测定仪中，读取最大清晰的数值。

五、絮凝剂用量

絮凝剂用量（D_F）按式（7－14）计算：

$$D_F=2000\times\frac{m_F V_F}{m_W V_S} \tag{7-14}$$

式中：D_F——絮凝剂用量，kg/t（干煤泥）；

V_F——加入量筒中的絮凝剂溶液体积，mL；

V_S——矿浆的体积，L。

六、试验记录

1. 自由沉降试验记录

见表 7－14，初始沉降试验记录见表 7－15。表中记录煤泥水、絮凝剂和水的特性以及试验日期、试验者等。

通过对初始沉降速率的计算，找出最大自由沉降速率（或初始沉降速率）时絮凝剂的用量，绘制自由沉降速率（或初始沉降速率）与每种絮凝剂用量的关系曲线。

2. 试验结果校核

同一试验者两次试验结果允许偏差不超过 10%。

3. 试验报告

试验报告包括以下几方面内容：①试验日期；②絮凝剂特性；③煤泥水特性；④参照试验标准；⑤沉降速率；⑥上清液澄清度；⑦30min 后沉淀物体积；⑧絮凝剂用量。

表 7 – 14　自由沉降试验记录

<table>
<tr><td colspan="4">煤泥水特性:
煤泥水来源:
采样日期:
煤泥水悬浮物浓度/(g/L):</td><td colspan="7" rowspan="5">试验人员:
试验日期:
絮凝剂特性:
絮凝剂名称:
相对分子质量:
离子性:
粉剂/液态:</td></tr>
<tr><td colspan="4">粒度组成:</td></tr>
<tr><td>筛分粒级/mm</td><td colspan="2">产率/%</td><td>灰分/%</td></tr>
<tr><td>>0. 500
0. 500 ~0. 250
0. 250 ~0. 125
0. 125 ~0. 075
0. 075 ~0. 045
<0. 045</td><td colspan="2"></td><td></td></tr>
<tr><td>合计</td><td colspan="2"></td><td></td></tr>
<tr><td>实验次数</td><td>1</td><td>2</td><td>3</td><td>4</td><td>5</td><td>6</td><td>7</td><td>8</td><td>9</td><td>10</td></tr>
<tr><td>絮凝剂溶液浓度/%
絮凝剂溶液体积/mL
絮凝剂用量/(kg/t)
界面沉降时间/s
自由沉降速率/(m/h)
澄清度测定仪读数
30min 后沉淀物体积/mL
沉淀物浓度/(g/L)</td><td></td><td></td><td></td><td></td><td></td><td></td><td></td><td></td><td></td><td></td></tr>
<tr><td>备　注</td><td></td><td></td><td></td><td></td><td></td><td></td><td></td><td></td><td></td><td></td></tr>
</table>

表 7 – 15　初始沉降试验记录

<table>
<tr><td colspan="3">煤泥水特性:
煤泥水来源:
采样日期:
煤泥水悬浮物浓度/(g/L):</td><td rowspan="5">试验人员:
试验日期:
絮凝剂特性:
絮凝剂名称:
相对分子质量:
离子性:
粉剂/液态:
水特性:
水样来源:
取样日期:</td></tr>
<tr><td colspan="3">粒度组成:</td></tr>
<tr><td>筛分粒级/mm</td><td>产率/%</td><td>灰分/%</td></tr>
<tr><td>>0. 500
0. 500 ~0. 250
0. 250 ~0. 125
0. 125 ~0. 075
0. 075 ~0. 045
<0. 045</td><td></td><td></td></tr>
<tr><td>合计</td><td></td><td></td></tr>
</table>

续表

实验次数	1	2	3	4	5	6	7	8	9	10
50mL 分度值间距/mm										
絮凝剂溶液浓度/%										
絮凝剂溶液体积/mL										
絮凝剂用量/(kg/t)										
累计沉降时间/s										
450mL										
400 mL										
350 mL										
300 mL										
250 mL										
200 mL										
150 mL										
100 mL										
界面沉降时间/s										
自由沉降速率/(m/h)										
澄清度测定仪读数										
30min 后沉淀物体积/mL										
沉淀物浓度/(g/L)										
备　注										

1. 简述煤炭筛分试验在选煤实践中的作用。
2. 试讨论如何使煤炭筛分试验所获得的数据更准确。
3. 通过实验说明湿法筛分和干法筛分的筛分效率的差别。
4. 简述煤炭筛分试验用煤样的取样方法。
5. 煤炭浮沉试验在选煤实践中有哪些作用?
6. 煤炭浮沉试验的重液如何配制?
7. 简述煤炭浮沉试验的步骤。
8. 试讨论如何使煤炭浮沉试验所获得的数据更准确。
9. 简述可选性评定方法的划分等级。
10. 根据某原煤(50～0.5)mm 粒级(综合级)浮沉试验资料,在确定精煤灰分后如何确定可选性等级?
11. 简述煤的快浮试验方法的目的与步骤。
12. 简述煤粉筛分试验与煤炭筛分试验的异同。
13. 简述煤粉筛分试验主要用的工具及步骤。

14. 简述煤粉浮沉试验与煤炭浮沉试验的异同。
15. 煤粉浮沉试验前的准备工作有哪些?
16. 简述煤粉浮沉试验的数量、质量校核。
17. 简述煤粉（泥）实验室单元浮选试验方法的目的。
18. 简述煤粉（泥）实验室单元浮选试验方法的试验条件及步骤。
19. 试述最佳浮选参数试验的四个阶段。
20. 简述絮凝剂性能试验方法的原理。
21. 简述絮凝剂溶液的制备。

第八章　焦炭检验

焦炭是炼焦煤料经高温干馏得到的固体产物，是冶金工业的燃料和重要的化工原料。焦炭通常按其用途可分为冶金焦（包括高炉焦、铸造焦和铁合金焦等）、气化焦和电石用焦等。由煤粉加压成型煤，再经炭化等后处理制成的新型焦炭称为型焦。

本章将重点介绍焦炭的工业分析、全硫、机械强度、CO_2 反应性和反应后强度等的测定方法，适用于各类焦炭的测定。

第一节　工业分析

焦炭的工业分析包括水分、灰分和挥发分产率的测定及固定碳的计算，它们是评价焦炭质量的重要指标。

一、焦炭水分测定方法

焦炭的水分与炼焦煤料的水分无关，主要来源于湿法熄焦。要控制焦炭的水分适量，以免焦粉含量增高。焦炭水分要尽量稳定，以利于高炉生产。

焦炭中的水分对工业利用是不利的，它对运输、使用和储存都有一定影响，在贸易上，焦炭的水分是一个重要的计质和计价指标；在焦炭分析中，水分分析用于对各项目的分析结果进行不同基的换算。

1. 方法提要

称取一定质量的焦炭试样，置于干燥箱中，在一定的温度下干燥至质量恒定，以焦炭试样的质量损失计算水分的百分含量。

2. 试验步骤

（1）全水分的测定

① 用预先干燥并称量过的浅盘称取粒度小于 13mm 的试样约 500g（称准至 1g），铺平试样。

② 将装有试样的浅盘置于（170～180）℃的干燥箱中，1h 后取出，冷却 5min，称量。

③ 进行检查性干燥，每次 10min，直到连续两次质量差在 1g 内为止，计算时取最后一次的质量。

（2）分析试样水分的测定

① 用预先干燥至质量恒定并已称量的称量瓶迅速称取粒度小于 0.2mm 并搅拌均匀的试样（1.00±0.05）g（称准至 0.0002g），平摊在称量瓶中。

② 将盛有试样的称量瓶开盖置于（105～110）℃干燥箱中干燥 1h，取出称量瓶立即盖上盖，放入干燥器中冷却至室温（约 20min），称量。

③ 进行检查性干燥，每次 15min，直到连续两次质量差在 0.001g 内为止，计算时取最后一次的质量，若有增重则取增重前一次的质量为计算依据。

3. 结果计算

（1）全水分按式（8－1）计算：

$$M_t = \frac{m - m_1}{m} \times 100 \tag{8-1}$$

式中：M_t——焦炭试样的全水分含量，%；

m——干燥前焦炭试样的质量，g；

m_1——干燥后焦炭试样的质量，g。

（2）分析试样水分按式（8－2）计算：

$$M_{ad} = \frac{m - m_1}{m} \times 100 \tag{8-2}$$

式中：M_{ad}——分析试样的水分含量，%；

m——干燥前分析试样的质量，g；

m_1——干燥后分析试样的质量，g。

试验结果取两次试验结果的算术平均值。

二、焦炭灰分测定方法

焦炭灰分的主要成分是 SiO_2 和 Al_2O_3。焦炭中灰分的高低取决于炼焦配煤，配煤的灰分全部转入焦炭，一般炼焦的全焦率为 70%～80%，焦炭的灰分是配煤灰分的 1.3～1 倍。因此，降低炼焦配煤的灰分是降低焦炭灰分的根本途径。

灰分是评价焦炭质量的重要指标，在贸易中是计价的主要指标之一。焦炭灰分升高，对高炉冶炼不利。我国高炉生产实践表明，焦炭灰分上升 1%，炼铁焦比上升 1.7%～2.5%，生铁产量降低 2.2%～3.0%。

1. 方法提要

称取一定质量的焦炭试样，于 815℃下灰化，以其残留物的质量占焦炭试样质量的百分数作为灰分含量。

2. 仪器设备

（1）箱形高温炉。带有测温和控温装置，能保持温度在（815±10）℃，炉膛具有足够的恒温区，炉后壁的上部具有直径（25～30）mm、高 400mm 的烟囱，下部具有插入热电偶的小孔，孔的位置应使热电偶的测温点处于恒温区的中间并距炉底（20～30）mm，炉门有一通气小孔。炉膛的恒温区应每半年校正一次。

（2）干燥器。内装变色硅胶或粒状无水氯化钙干燥剂。

3. 试验步骤

（1）方法一（仲裁法）

① 用预先于（815±10）℃灼烧至质量恒定的灰皿，称取粒度小于 0.2mm 并搅拌均匀的试样（1.00±0.05）g（称准至 0.0002g），并使试样铺平。

② 将盛有试样的灰皿送入温度为（815±10）℃的箱形高温炉炉门口，在 10min 内逐渐

将其移入炉膛恒温区，关上炉门并使其留有约15mm的缝隙，同时打开炉门上的小孔和炉后烟囱，于（815±10）℃下灼烧1h。

③ 1h后，用灰皿夹或坩埚钳从炉中取出灰皿，冷却至室温（约20min），称量。放在空气中冷却约5min，移入干燥器中。

④ 进行检查性灼烧，每次15min，直到连续两次质量差在0.001g内为止，计算时取最后一次的质量，若有增重则取增重前一次的质量为计算依据。

（2）方法二

① 用预先于（815±10）℃灼烧至恒量的灰皿，称取粒度小于0.2mm并搅拌均匀的试样（0.50±0.05）g（称准至0.0002g），并使试样铺平。

② 将盛有试样的灰皿送入温度为（815±10）℃的箱形高温炉的炉门口，在10min内逐渐将其移入炉子的恒温区，关上炉门并使其留有约15mm的缝隙，同时打开炉门上的通气小孔和炉后烟囱，于（815±10）℃下灼烧30min。

③ 然后按方法一之③和④进行试验。

4. 结果计算

（1）分析试样的灰分按式（8 3）计算：

$$A_{ad}=\frac{m_1}{m}\times 100 \tag{8-3}$$

式中：A_{ad}——分析试样的灰分含量，%；

m——焦炭试样的质量，g；

m_1——灰皿中残留物的质量，g。

（2）干燥试样的灰分按式（8-4）计算：

$$A_d=\frac{A_{ad}}{100-M_{ad}}\times 100 \tag{8-4}$$

式中：A_d——干燥试样的灰分含量，%；

A_{ad}——分析试样的灰分含量，%；

M_{ad}——分析试样的水分含量，%。

试验结果取两次试验结果的算术平均值。

注：每次测定灰分时，应先进行水分的测定，水分样与灰分测定试样应同时采取。

5. 精密度

重复性 $r\leqslant 0.20\%$，再现性 $R\leqslant 0.30\%$。

三、焦炭挥发分测定方法

干燥无灰基挥发分（V_{daf}）是焦炭成熟程度的标志。成熟焦炭的 V_{daf} 为0.7%～1.2%。焦炭挥发分过高，说明焦炭没有完全成熟，出现“生焦”；焦炭挥发分过低，则说明焦炭过火，焦炭裂纹增多，易碎。因此，测定焦炭的挥发分在焦化工业上具有重要意义。

1. 方法提要

称取一定质量的焦炭试样，置于带盖的坩埚中，在900℃下，隔绝空气加热7min，以减少的质量占试样质量的百分数减去该试样的水分含量，作为挥发分含量。

2. 试验步骤

① 用预先于（900 ± 10）℃温度下灼烧至质量恒定的带盖瓷坩埚，称取粒度小于0.2mm并搅拌均匀的试样（1.00 ± 0.01）g（称准至0.0001g），使试样摊平，盖上盖，放在坩埚架上。

注：如果测定试样不足六个，则在坩埚架的空位上放上空坩埚补位。

② 打开预先升温至（900 ± 10）℃的箱形高温炉门，迅速将装有坩埚的架子送入炉中的恒温区内，立即开动秒表计时，关好炉门，使坩埚连续加热7min。坩埚放入后，炉温会有所下降，但必须在3min内使炉温恢复到（900 ± 10）℃，并继续保持此温度到试验结束。否则此次试验作废。

③ 到7min立即从炉中取出坩埚，放在空气中冷却约5min，然后移入干燥器中冷却至室温（约20min），称量。

3. 结果计算

（1）分析试样的挥发分按式（8－5）计算：

$$V_{ad} = \frac{m - m_1}{m} \times 100 - M_{ad} \tag{8-5}$$

式中：V_{ad}——分析试样的挥发分含量，%；

m——试样的质量，g；

m_1——加热后焦炭残渣的质量，g；

M_{ad}——分析试样的水分含量，%。

（2）干燥无灰基挥发分按式（8－6）计算：

$$V_{daf} = \frac{V_{ad}}{100 - (M_{ad} + A_{ad})} \times 100 \tag{8-6}$$

式中：V_{daf}——干燥无灰基挥发分含量，%；

A_{ad}——分析试样的灰分含量，%；

M_{ad}——分析试样的水分含量，%。

试验结果取两次试验结果的算术平均值。

4. 精密度

重复性 $r \leqslant 0.30\%$，再现性 $R \leqslant 0.40\%$。

四、焦炭固定碳测定方法

固定炭是煤燃烧和炼焦中的一项重要指标，在炼焦工业中，根据固定碳含量可预测焦炭的产率。

1. 方法提要

用已测出的水分含量、灰分含量、挥发分含量进行计算，求出焦炭固定碳含量。

2. 固定碳的计算

分析试样的固定碳按式（8－7）计算：

$$FC_{ad} = 100 - M_{ad} - A_{ad} - V_{ad} \tag{8-7}$$

式中：FC_{ad}——分析试样的固定碳含量，%；

M_{ad}——焦炭分析试样的水分含量，%；

A_{ad}——焦炭分析试样的灰分含量，%；

V_{ad}——焦炭分析试样的挥发分含量，%。

第二节　元 素 分 析

焦炭中含有的各种元素中，硫、磷是焦炭中的重要有害元素之一。

含硫量高的焦炭在造气、合成氨或钢铁冶炼使用时都会带来很大危害。用高硫焦炭制半水煤气时，由于产生的硫化氢等气体较多且不易脱尽，会使合成氨催化剂中毒而失效。在炼铁工艺中，焦炭中硫含量高，会使钢铁中硫分增高，当钢铁中含硫量大于0.07%时，就会使之产生热脆性而无法使用；另一方面，为了脱去钢铁中的硫，就必须在高炉中加入较多的石灰石，这样又会减小高炉的有效容量，同时增加出渣量。

焦炭中的磷来自于炼焦煤，煤中的磷几乎全部转入焦炭中，用于炼铁时，焦炭中的磷又转移到钢铁中，若钢铁中磷含量较高时，会使钢铁产生冷脆性。所以，焦炭中磷含量的高低是直接影响钢铁质量的重要指标。通常要求，炼焦用精煤中的磷含量不得高于0.05%，出口合同要求焦炭中磷含量不得高于0.03%。

焦炭中全硫的测定方法主要有艾士卡法、高温燃烧中和法、库仑滴定法和高温燃烧红外法。其中，艾士卡法为仲裁方法。而磷的含量一般采用比色测定法。

一、硫的测定

测定方法与前文中“煤的硫含量测定”基本相同。请参考。

二、磷的测定

1. 方法提要

试样经灰化后用氢氟酸—硫酸分解、脱除二氧化硅，然后加入钼酸盐和抗坏血酸，生成磷钼蓝，进行比色测定。

2. 试验步骤

① 按照GB/T 2001—1991的要求，准确测定焦炭的灰分，并同时制备灰样。

② 在铂金（或聚四氟乙烯）皿中称取（0.05～0.1）g（精确到0.0001g）灰样，加入2.0mL、20mol/L硫酸溶液和约5mL氢氟酸溶液，于电热板上加热蒸发（控温约150℃）直到氢氟酸的白烟冒尽。冷却，再加入上述硫酸溶液0.5mL，加热继续蒸发，直到白烟冒尽（但不要完全干涸）。冷却，加入20mL水并加热至近沸，所有的浸取物都进入溶液中，冷却，将溶液移至100mL容量瓶中，用水稀释至刻度。摇匀，备用。

③ 按步骤②制备空白溶液。

④ 吸取上述样品溶液10mL、空白溶液10mL和磷标准溶液（1μg/mL）10mL分别于50mL容量瓶中，同时做试剂空白。

注：校正线性范围为（0～30）μg，所取溶液磷含量应在该范围内。

⑤ 用移液管分别向每一个容量瓶中加5mL钼酸铵和抗坏血酸混合溶液，用水稀释至刻

度，混合均匀，静置20min，然后移入（10～30）mm的比色皿内。在分光光度计（或比色计）上，于710nm波长处以水为参比，测定其吸光度。

三、结果计算

磷的质量分数按式（8－8）计算：

$$P_{ad}=\frac{A_{ad}(A_1-A_2)}{1000Vm(A_3-A_4)} \tag{8-8}$$

式中：P_{ad}——空气干燥试样中磷的质量分数，%；

A_{ad}——空气干燥试样中灰分的质量分数，%；

m——灰分的质量，g；

V——从100mL试样溶液中分取的体积，mL；

A_1——试样溶液的吸光度值；

A_2——试样空白溶液的吸光度值；

A_3——磷标准溶液的吸光度值；

A_4——试剂空白溶液的吸光度值。

计算结果精确到小数点后三位，报告值为两次测定结果的平均值。

四、精密度

磷含量测定的精密度要求见表8－1。

表8－1　磷含量测定的精密度要求

磷的质量分数/%	重复性 r/%	再现性 R/%
<0.02	0.002（绝对值）	0.002（绝对值）
≥0.02	15（相对值）	20（相对值）

第三节　焦炭落下强度的测定

落下强度是焦炭的冷态强度的一种表示方式。落下强度主要反映焦炭抵抗沿裂纹和缺陷处碎成小块的能力，即抗碎性或抗碎强度。

一、方法原理

落下强度是指试样经过规定的落下试验后，留在规定孔径试验筛上的焦炭试样的分数。

将大于规定尺寸的焦炭试样在标准条件下落下4次，然后测定留在一个规定筛孔的试筛上的焦炭质量。

二、试样的准备

① 按GB/T 1997的规定采样。试样粒度大于80mm或大于60mm的焦炭质量不足100kg时，则应增加试样份数，使其达到100kg。

② 将试样混匀缩分成4份，每份（25.00±0.1）kg，称准至10g。

③ 试样的水分应不超过5%，否则要进行干燥。

三、实验装置

（1）落下试验设备

① 试样箱：箱宽460mm、长710mm、高380mm，由3mm厚的钢板制成。用钢丝绳通过支架的滑轮，可将试样箱提起或放下，箱底由两个（各半）能打开的门构成，安装适当的门闩。门用6mm厚的钢板制成，在高1830mm的位置时，能够迅速打开，而不会阻止焦炭落下。

② 落下台：用厚12mm、宽970mm、长1220mm的钢板制成。在落下台的四周装有高200mm、厚10mm的钢板做围板，背后围板及两侧围板是固定的，前面围板是活动的。

③ 提升支架：在落下台左右两侧立两根支柱，其上部安装滑轮并连接钢丝绳和自动控制装置，可以把试样箱垂直提升到1830mm，也可以降至460mm以上的任何高度。

④ 自动控制装置：在提升支架内侧上下两端安装行程开关，并在落下设备外安装配套自动控制开关。

⑤ 落下次数指示器：安装在提升支架上。

（2）方孔筛

用低碳钢板制作。筛子级别为：80mm，60mm，50mm，40mm，25mm。其中80mm，40mm，25mm筛子按表8－3的要求制作。50mm筛子筛片为1040mm×740mm的冲孔筛，筛孔为正方形，尺寸按表8－2规定制作。

（3）磅秤

能称量25kg以上，分刻度为0.01kg。

注：也可选用分刻度为0.02kg的磅秤。

表8－2　50mm方孔筛的规格

筛子级别（方孔）/mm	a/mm	b/mm	c/mm	d/mm	钢板厚度/mm	孔数/个		
						总孔数	长方	宽方
50	30.0	35.0	66.0	12.0	2.0	168	16	11/10

四、试验步骤

① 将一份试样轻轻地放进试样箱里，摊平，不要偏析。

② 按动自动控制装置的上升开关，把试样箱提升到使箱底距落下台平面的垂直距离1830mm的高度。试样箱底部的门借助台柱上的开门装置自动打开，试样落到落下台面上。

③ 按动自动控制装置的下降开关，试样箱降到使箱底距落下台的距离为460mm处，自动停止。人工关闭试样箱的底门，把落下台上的试样铲入试样箱内，应防止铲入时弄碎焦样，上述操作不用清扫落下台面。

④ 按以上步骤连续落下4次。查看落下次数指示器，以避免出错。

⑤ 把落下4次后的试样用50mm×50mm孔径的方孔筛进行筛分，筛分时不应用力过猛，

以免将焦块碰碎，使绝大部分小于筛孔的焦块通过。然后再用手穿孔，把筛上物用手穿过筛孔，只要在一个方向可穿过筛孔者，均当做筛下物计，通过时不能用力过猛。也可用具有与手筛同等效果的机械筛（50mm×50mm 筛孔）进行筛分。

⑥ 称量大于 50mm 的焦炭（称准至 10g），记录，再加入所有小于 50mm 的焦炭，称量（称准至 10g）并记录。如试验后称量出的全部试样质量与试样原始质量之差超过 100g，此次试验应作废。再取备用样重新试验。

五、结果计算

对应于 50mm 方孔筛的焦炭落下强度指数（SI_4^{50}）按式（8－9）计算：

$$SI_4^{50} = \frac{m_1}{m} \times 100 \tag{8-9}$$

式中：SI_4^{50}——焦炭落下强度指数，%；

m_1——大于 50mm 的焦炭的质量，kg；

m——试验后称量出的全部试样质量，kg。

报告准确到 0.1%。

六、试验结果表示

粒度大于 80mm 的焦炭落下强度指数记作 SI_4^{50}（>80）；粒度大于 60mm 的焦炭落下强度指数记作 SI_4^{50}（>60）。

注：SI_4^{50} 的右上角 50 表示方孔筛的孔径，下角 4 表示落下次数。

七、精密度

重复性：SI_4^{50}（>80）≤4.0%；SI_4^{50}（>60）≤4.0%。

第四节　焦末含量及筛分组成的测定

焦炭的筛分组成是计算焦炭块度 >80mm、（80～60）mm、（60～40）mm、（40～25）mm 等各粒级的百分含量。利用焦炭的筛分组成可以计算出焦炭的块度均匀系数 k。k 用于评价焦炭块度是否均匀，k 值大有利于改善高炉的透气性，使得高炉操作稳定。

一、方法提要

将冶金焦炭试样用机械筛进行筛分，计算出各粒级的质量占试样总质量的百分数，即为筛分组成。小于 25mm 的焦炭质量占试样总质量的百分数，即为焦末含量。

二、试验装置

（1）方孔机械筛。性能与规格：外型尺寸（长×宽×高），2100mm×1340mm×1310mm；筛子层数，4 层；筛子总质量，约 500kg；筛子倾角，11.5°；筛子振幅，（3～6）mm；电机，2.2kW，450r/min；速比，1∶1。

（2）方孔筛片。其技术要求如下。

① 筛片为1630mm×700mm 的冲孔筛，筛孔为正方形，尺寸见表8－3。

表8－3 方孔筛片的规格

筛子级别/mm	a/mm	b/mm	c/mm	d/mm	钢板厚度/mm	孔数		备注
						长方	宽方	
80	32.5	25	72.5	15	2.0	16	7/6	如7/6；宽方的孔数7与6个相间排列
60	20	20	57.5	15	2.0	21	9/8	
40	30	30	55.0	15	1.5	31	13/12	
25	25.5	24	40.0	8	1.5	47	20/19	

② 筛片用冲床冲孔，冲孔后不允许用锤子打平其边缘。安装时将冲孔毛刺朝下，用砂轮将毛刺打平。

③ 所有冲孔必须完整地包括在1630mm×690mm 有效面积内；

④ 各级筛片的筛孔任一边长超过标称值20%即为废孔，其孔数超过筛孔总数的10%时，需更换筛片。

（3）计量秤。感量为0.1kg。每次使用前要校正零点。

三、试验步骤

① 将采取的焦炭试样连续缓慢均匀地加入方孔机械筛进行筛分，并保持试样在筛面上不出现重叠现象，将试样分成大于80mm，（80～60）mm，（60～40）mm，（40～25）mm 及小于25mm 的五个粒级。

② 筛分试样全部筛完后，分别称量各粒级焦炭的质量（称准至0.1kg），并计算各粒级焦炭质量占总质量的百分数。其中小于25mm 焦炭质量占总质量的百分数，即为焦末含量。

③ 按表8－4 的内容进行记录。

表8－4 焦末含量及筛分组成原始记录

日期： 班别： 试验人： 审批人： 批号：

筛级/mm	>80	80～60	60～40	40～25	<25	总质量/kg	取样地点
质量/kg							
各粒级筛分百分数/%							

四、结果计算

各粒级筛分百分数 S_i(%) 按式（8－10）计算：

$$S_i = \frac{m_i}{m} \times 100 \quad (8-10)$$

式中：S_i——各粒级筛分百分数，%；

m_i——各粒级试样的质量，kg；

m——试样的总质量，kg；

i——各粒级范围值［如（40～25）mm、（60～40）mm 等］。

第五节　冶金焦炭机械强度的测定

焦炭在运输过程中和高炉生产中要受到撞击、挤压、摩擦和高温作用，如果焦炭强度不够，则很容易碎裂成小块或变成焦末，当这些小块和焦末进入高炉后，就会恶化高炉炉料的透气性，造成高炉操作困难。所以，焦炭要有一定的机械强度，才能保证在运输过程中不碎裂且到达高炉风口一带时保持原来的块状。焦炭的机械强度是高炉冶炼对焦炭要求的重要指标。

焦炭的机械强度是指焦炭的抗碎强度和耐磨强度两项指标。

焦炭是形状不规则的多孔体，并有纵横裂纹，当受外力冲击时，由于应力集中，焦炭会沿裂纹碎裂开。焦炭在外力冲击下抵抗碎裂的能力称为焦炭的抗碎强度，以 M_{40} 或 M_{25} 表示。

焦炭的耐磨强度是指焦炭抵抗摩擦力破坏的能力，以 M_{10} 表示。

焦炭的机械强度是用米库姆转鼓试验得来的，它是在冷态下试验的结果，不能准确地反映焦炭在高炉中的热强度。

一、方法提要

焦炭在转动的鼓中，不断地被提料板提起，跌落在钢板上。在此过程中，焦炭由于受机械力的作用，产生撞击、摩擦，使焦块沿裂纹破裂开来以及表面被磨损，用以测定焦炭的抗碎强度和耐磨强度。

二、仪器设备

1. 转鼓

鼓体是钢板制成的密闭圆筒，无穿心轴。

鼓内直径（1000 ± 5）mm，鼓内长（1000 ± 5）mm，鼓壁厚度不小于 5mm（制作时为 8mm），在转鼓内壁沿鼓轴的方向焊接四根 100mm × 50mm × 10mm（高 × 宽 × 厚）的角钢作为提料板，把鼓壁分成四个相等面积。角钢的长度等于转鼓的内壁长度（为清扫方便，每根角钢两端可留 10mm 间隙），角钢 100mm 的一边对准转鼓的轴线，50mm 的一边和转鼓曲面接触，并朝着转鼓旋转的反方向。

转鼓圆柱面上有一个开口，开口的长度为 600mm，宽为 500mm，由此将焦炭装入、卸出和清扫。开口应安装一个盖，盖内壁的大小与鼓体上的开口相同，且曲率及材质与转鼓鼓壁一致。这样，当盖关紧时，其内表面与转鼓内表面应在同一曲面上。为了减少试样的损失，在盖的四周应镶嵌橡胶垫或羊毛毡。

转鼓由（1.5～2.2）kW 的电动机带动，经减速机以 25r/min 的恒定转速运转 100 转，并采用计数器控制规定转数。转鼓应安装手动装置，可以向正、反两个方向旋转，便于卸空。

转鼓每季度标定一次转数。如 100 转超过 4min ± 10s，应及时调整。

每半年检查一次转鼓磨损情况，用测厚仪测量转鼓的厚度，鼓壁任一点厚度小于 5mm 时，转鼓应更换。鼓内任一根角钢，其磨损深度达到 5mm 部分的总和超过 500mm，即需修补或更换。

2. 圆孔手筛

① 筛片有效尺寸为1000mm×700mm，孔径分别为60mm，40mm，25mm和10mm，尺寸见表8－5。

表8－5　筛孔尺寸　　mm

公称尺寸	允许偏差	孔心间距	钢板厚度 a	钢板材质
60	±1.0	80	2.0	冷轧板
40	±0.5	60	1.5	冷轧板
25	±0.5	35	1.5	冷轧板
10	±0.4	15	1.5	冷轧板

② 筛片用冲床冲孔，冲孔后不允许用锤子打平其边缘，可用砂轮将毛刺打平。

③ 筛框一律用木板制作。

④ 筛子孔径每季度检查一次，任何一个孔的直径超过允许偏差时，即为废孔。当筛片废孔率为10%时，需及时更换。

3. 方孔筛

采用表8－3规定的方孔筛。

4. 计量秤

质量为0.1kg。每次试验前要校正零点。

三、试样的采取和制备

1. 试样的采取

试样的采取按焦炭试样采取和制备的规定进行。

当发现试样的水分过大，对试验结果有影响时，需作适当处理，方可进行试验。

2. 试样的准备

（1）M_{25}和M_{10}按焦炭试样的筛分组成测定方法进行筛分并称量各粒级焦炭质量（不包括小于25mm的部分），按各粒级筛分比例称取转鼓试样，每份试样为50kg（称准至0.1kg）。每次试验最少应取两份试样。

（2）M_{40}和M_{10}将试样用直径为60mm的圆孔筛进行人工筛分，并进行手穿孔（即筛上物用手试穿过筛孔，只要在一个方向可以穿过筛孔者，均作筛下物计）。筛分时，每次入筛量不超过15kg，既要力求筛净，又要防止用力过猛，使焦炭受撞击破碎。

称取筛上物（大于60mm）的焦炭转鼓试样，每份试样为50kg（称准至0.1kg）。每次试验最少应取两份试样。

允许采用机械筛，但须与手筛进行对比试验，无显著性差异，方可使用；当有争议时，以手筛为准。

四、试验步骤

① 将其中一份试样，小心放入已清扫干净的鼓内，关紧鼓盖，取下转鼓摇把，开动转

鼓，100 转后停鼓，静置（1～2）min，使粉尘降落后，打开鼓盖，把鼓内焦炭倒出，并仔细清扫，收集鼓内鼓盖上的焦粉。

② 将出鼓的焦炭依次用直径25mm 和10mm 的圆孔筛进行筛分（测定 M_{25} 和 M_{10}），用直径40mm 和10mm 的圆孔筛进行筛分（测定 M_{40} 和 M_{10}），其中25mm、40mm 部分进手穿孔。筛分时每次入筛焦量不超过15kg，既要力求筛净，又要防止用力过猛，使焦炭受击而破碎。也可采用机械筛，但须与手筛进行对比试验，无显著性差异，方可使用；当有争议时，以手筛为准。

③ 分别称量大于25mm、(25～10)mm 及小于10mm（测定 M_{25} 和 M_{10}），或大于40mm、(40～10)mm 及小于10mm（测定 M_{40} 和 M_{10}）各粒级焦炭的质量（称准至0.1kg），其总和与入鼓焦炭质量之差为损失量。当损失量≥0.3kg 时，该试验无效；损失量＜0.3kg 时，则计入小于10mm 一级中。

五、结果计算

抗碎强度 M_{25} 或 M_{40}(%)按式（8－11）计算：

$$M_{25} \text{或} M_{40} = \frac{m_1}{m} \times 100 \tag{8-11}$$

耐磨强度 M_{10}(%)按式（8－12）计算：

$$M_{10} = \frac{m_2}{m} \times 100 \tag{8-12}$$

式中：m——入鼓焦炭的质量，kg；

m_1——出鼓后大于25mm 或40mm 焦炭的质量，kg；

m_2——出鼓后小于10mm 焦炭的质量，kg。

试验结果精确至0.1% 报出。

六、精密度

重复性要求见表8－6。

表8－6　重复性要求

指　标	M_{25}	M_{40}	M_{10}
重复性/%	≤2.5	≤3.0	≤1.0

第六节　焦炭反应性及反应后强度试验

焦炭的反应性是焦炭在1100℃时，与 CO_2 的反应能力。研究焦炭的反应性可以较好地反映焦炭在高炉内性状的变化。焦炭反应性的好坏会显著影响高炉燃料比。焦炭与 CO_2 反应以后的强度与高炉料柱的透气性关系十分密切。

焦炭的反应性与反应后强度有很好的相关性，随着反应性的增加，反应后强度下降。

研究发现，焦炭的抗碎强度（M_{40}或M_{25}）不能完全反映焦炭在高炉中的强度，也就是说，M_{40}或M_{25}指标评价焦炭的热强度不太灵敏。而焦炭的反应性和反应后强度可以一致地反映焦炭在高炉下部焦炭强度的变化。

近年来，国际贸易合同中对焦炭的反应性和反应后强度均提出了要求，我国的主要钢铁企业也纷纷要求检测焦炭的反应性和反应后强度指标。

一、方法原理

称取一定质量的焦炭试样，置于反应器中，在（1000 ±5）℃时与二氧化碳反应 2h 后，以焦炭质量损失的百分数表示焦炭反应性（CRI）。

反应后的焦炭经 I 型转鼓试验后，大于 10mm 粒级焦炭占反应后焦炭的质量分数，表示反应后强度（CSR）。

二、仪器设备

1. 电炉

炉膛内径 140mm、外径 160mm、高度 640mm（高铝质外丝管）。

电炉丝：高温铁铬铝合金电阻丝，最高使用温度 1400℃，直径 2. 8mm。

电炉安装要点：炉壳底部封死，上口敞开，预先在底板上装好脚轮。在底部铺一层耐火砖，将绕好电阻丝的外丝管立放于底板正中。在外丝管与炉壳间隙之间填充轻质高铝砖预制件（由标准尺寸的轻质高铝砖切制），炉丝由上下两端引出并与固定在炉壳上的绝缘子相连接。炉丝引出部分用单孔绝缘管保护好，切忌互相搭接，以免造成短路。在外丝管外侧的保温砖上紧贴炉丝外预先钻一个直径 8mm 的孔，深度自上而下为 350mm。埋设热电偶套管，盖好上盖，插入控温电偶，将电炉与控温仪及电源接好。每一台电炉安装完毕即测定恒温区，使炉膛内（1100 ±5）℃温度区长度大于 150mm。

2. 反应器

由耐高温合金钢制成（GH23 或 GH44）。

3. I 型转鼓

转速为（2 ±15）r/min。

（1）鼓体。用直径 140mm、厚度（5 ~6）mm 的无缝钢管加工而成。

（2）减速机。速比为 50（WHT08 型）。

（3）电机。0. 75kW，910r/min（Y905 -6）。

（4）转鼓控制器总转数 600r，时间 3min。

三、试样制备

① 按比例取大于 25mm 的焦炭 20kg，弃去泡焦和炉头焦，用颚式破碎机破碎、混匀、缩分出 10kg，再用直径 25mm、直径 21mm 圆孔筛筛分。大于直径 25mm 的焦块再破碎、筛分，取直径 21mm 筛上物，去掉片状焦和条状焦，缩分得焦块 2kg，分两次（每次 1kg）置于 I 型转鼓中，以 20r/min 的转速转 50 转，取出后再用直径 21mm 圆孔筛筛分，将筛上物缩分出 900g 作为试样。用四分法将试样分成四份，每份不少于 220g。

试验焦炉的焦炭可用 40 ~60 粒级的焦炭进行制样。

② 将制好的试样放入干燥箱，于（170～180）℃温度下烘干2h，取出焦炭冷却至室温，称取（200.0±0.3）g待用。

四、试验步骤

① 在反应器底部铺上一层高约100mm的高铝球，上面平放筛板。然后装入已经备好的焦炭试样（200.0±0.5）g。注意装样前调整好高铝球高度，使反应器内焦炭层处于电路高温区内。将与上盖相连的热电偶套管插入料层中心位置。用螺丝将盖与反应器筒体固定。将反应器置于炉顶的托架上吊放在电炉内托架与电炉盖间，放置石棉板隔热。在反应器法兰四周围上高铝轻质砖，减少散热。

② 将反应器进气管、排气管分别与供气系统、排气系统连接。将测温热电偶插入反应器热电偶套管内（热电偶用高铝质双孔绝缘管及高铝质热电偶保护管保护）。检查气路，保证严密。

③ 接通电源，用精密温度控制装置调节电炉加热，先用手动调节，电流由小到大，在15min之内，逐渐调至最大值，然后将按钮拨到自动位置，升温速度为（8～16）℃/min。当料层中心温度达到400℃时，以0.8L/min的流量通氮气，保护焦炭，防止其烧损。

④ 当料层中心温度达到1050℃时，开红外灯，预热二氧化碳气瓶出口处。当料层中心温度达到1100℃时，切断氮气，流量为5L/min，反应2h。通二氧化碳后料层温度应在（50～10）min内恢复到（1100±5）℃。反应开始5min后，在排气系统取气分析，以后每半小时取气一次，分析反应后气体中一氧化碳或二氧化碳的含量。

⑤ 反应2h，停止加热。切断二氧化碳气路，改通氮气，流量控制在2L/min，拔掉排气管，迅速将反应器从电炉内取出，放在支架上继续通氮气，使焦炭冷却到100℃以下，停止通氮气，打开反应器上盖，倒出热炭筛分，称量，记录。

⑥ 将反应后的焦炭全部装入I型转鼓内，以20r/min的转数共转30min。总转数为600转。然后取出焦炭筛分，称量，记录各筛级质量。

⑦ 试验中所得筛分组成、反应后气体组成以及其他观察到的现象，按原始记录表做详细记录，并加以分析，作为全面考察焦炭性质时参考。

五、结果计算

1. 焦炭反应性

焦炭反应性指标以损失的焦炭质量占反应前焦样总质量的百分数表示。焦炭反应性CRI（%）按式（8－13）计算：

$$\mathrm{CRI}=\frac{m-m_1}{m}\times 100 \tag{8-13}$$

式中：m——焦炭试样的质量，g；

m_1——反应后残余焦炭的质量，g。

2. 反应后强度

反应后强度指标以转鼓后大于10mm粒级焦炭占反应后残余焦炭的质量分数表示。反应后强度CSR（%）按式（8－14）计算：

$$CSR = \frac{m_2}{m_1} \times 100 \tag{8-14}$$

式中：m_2——转鼓后大于10mm粒级焦炭的质量，g。

1. 简述焦炭工业分析的内容、分析原理及其主要步骤。
2. 简述焦炭硫、磷含量测定的意义、原理及主要步骤。
3. 简述焦炭落下强度测定的意义、测定的原理及主要步骤。
4. 简述焦末含量、筛分组成的测定方法、测定的原理及其主要步骤。
5. 测定焦炭机械强度的意义是什么？简述其主要内容、测定的原理和步骤。
6. 测定焦炭反应性和反应后强度的意义是什么？简述其测定原理及其主要步骤。

第九章　焦化产品检验

煤炭经过高温干馏生成焦炭、焦炉煤气、煤焦油、粗苯等产品。其中煤焦油的组分十分复杂，其有机化合物组分估计有上万种，已鉴定出的约500种。到目前为止，煤焦油仍是很多稠环化合物和含氧、氮及硫的杂环化合物的唯一来源。煤焦油产品已在化工、医药、料、农药和炭素等行业得到广泛的应用。因此，发展煤焦油化工，开发研究深加工产品和分离的新技术，是世界各国关注的重要领域之一。

本章重点介绍焦化粘油类（包括煤焦油、洗油等）、轻油类（苯类、粗酚、吡啶类等）和固体类产品（煤沥青、改质沥青等）以及硫酸铵等焦化产品的采样、检测方法等内容。

第一节　采　　样

一、焦化粘油类产品的取样方法

本取样方法适用于高温炼焦时从煤气中冷凝所得的煤焦油和分馏煤焦油所得的木材防腐油、炭黑用原料油、洗油、蒽油、燃料油等焦化粘油类产品。

1. 术语

（1）全层样。在容器内从上至下采取液体整个深度获得的试样。

（2）间隔样。在容器内的液体中按一定高度间隔采取的试样。

（3）上、中、下样。在容器内从液体表面向下，其深度的1/6，1/2，5/6液面处采试样。

（4）时间比例样。在整批液体输送期间，按规定的时间间隔，从输送管线中取出的相等数量组成的试样。

2. 取样工具

（1）全层取样器

容积为1200mL，质量约20.00g。取样器上盖、筒体和下体材质为铜或不锈钢；进油管为直径16mm、壁厚为1mm的铜管或铝合金管；磨口塞为F_4或UHMW－PE（塑料王或超高分子量聚乙烯）。压缩弹簧的弹力应略小于取样器自重。

（2）定点取样器

① 筒状取样器：容积为（250～500）mL，由黄铜、不锈钢制成。

② 带软木塞的取样器：容积（250～1000）mL，质量为（450～1700）g。由黄铜、不锈钢制成。

（3）取样管

① 小容器取样管：由玻璃管或内壁光滑的金属管制成。

② 槽车取样管：由内壁光滑的金属管制成，底部重砣可用绳引至上口。

（4）手摇取样机

由导电塑料（电阻率（$10^6\Omega\cdot m$）、铝合金和铜制成，取样尺带采用防静电取样绳或量油钢卷尺，变速比1：3。

（5）管线取样装置

（6）盛样容器

容积大于20.00mL，应有合适的塞子或盖。

3. 取样方法

（1）装车（或）送油泵出口管线处取样

① 以每车为一个取样单位，在装槽车（需方自各槽车）时，在泵出口管线处取样。

② 取样前，应放出一些要取样的油品，把取样管路冲洗干净。

③ 用500mL容器，从油品开始流出后2min取第一次试样，装半车时连续取样两次，停泵前2min取第4次样。

④ 将每次取的等量试样倒入洁净、干燥的盛样容器内，总量不少于2000mL。

（2）小容器取样

① 当用铁桶装运产品时，取样工具用取样管。

② 从每批产品中随机采取试样，采取试样的桶数量不少于每批产品装桶数的10%，最少不得少于3桶。

③ 取样时，先打开桶盖，将清洁、干燥的取样管垂直插入油品中，缓慢地浸至桶底（插入的速度应使管的内、外液面大致相同）。然后，用拇指按住管的上口迅速将取样管提出，用棉纱擦去表面油品，将管内油品移入洁净、干燥的盛样容器内，其总量不得少于2000mL。

④ 需方自备容器装产品时，应按装车（或）送油泵出口管线处取样方法进行。

（3）槽车中取样

① 在槽车中用全层取样器或取样管取样，取样时必须注意产品的均匀性。

② 用全层取样器取样。取样时，先将取样器与手摇取样机或防静电取样绳连接好，使取样器垂直油品液面，缓慢匀速地将取样器浸至槽车底部（浸入速度必须保证所取全层样量约为取样器容积的85%），迅速将取样器提起，用棉纱擦去表面油品，将采取的试样移入洁净、干燥的盛样容器内，其总量不少于2000mL。

③ 用取样管取样。取样时，先将重砣提起，使取样管垂直液面，缓缓地将取样管浸至槽车底部，关闭重砣，然后将取样管提起，用棉纱擦去表面油品，将采取的试样倒入洁净、干燥的盛样容器内，其总量不少于2000mL。

④ 需方自备容器装油品产生争议时，由供需双方协商解决或将车内油品加热并搅拌均匀后进行取样。

（4）立式贮罐取样

① 当油品存放时间较长有不均匀现象时，可用筒状取样器或带软木塞的取样器采取间隔样。取样前，首先计算出罐内贮油（或输出油品）的高度，在确定的高度内采取间隔样，所取试样应包括确定高度的顶层样和底层样，并等量混合成代表性试样，其总量不少于2000mL。

用筒状取样器取样：先将取样器与手摇取样机或防静电取样绳连接好，放入罐内，当取样器接触液面时，从手摇取样机尺带上读记空距，并由贮罐的总高度计算出需要取样油层的高度．当取样器降至所需油层时，在（10～15）cm 范围内，上下提拉 5 次，收回取样器，用棉纱擦去表面油品，将采取的试样移入洁净、干燥的盛样容器内。

用带软木塞的取样器取样：先将取样器与防静电取样绳连接好，再将取样器放至取样油层，急速提拉取样绳，拔出软木塞，待试样装满后，收回取样器，用棉纱擦去表面油品，将采取的试样移入洁净、干燥的盛样容器内。

② 当罐内油品均匀时，也可采取上、中、下样或全层样。

从罐内液深的 1/6、1/2 和 5/6 处取样，并将所取油品等量混合成代表性试样。

用筒状取样器取样，按上述相应方法进行。

用带软木塞的取样器取样，按上述相应方法进行。

从贮罐内取全层样，按上述相应方法进行。

（5）油船取样

① 当油品装船结束后，应迅速取样。

② 船舱内采取上、中、下样，按上述相应方法进行。

③ 船舱内采取全层样，按上述相应方法进行。

④ 按各舱所载油品质量比（或体积比）混合成全船油品的代表性试样。

（6）按时间比例取样

当油品批量较大时，由供需双方协商，也可在泵口管线处采取时间比例样，并等量混合成代表性试样，总量不少于 2000mL。

4. 试样的处理和保管

① 将采取的代表性试样混匀，分别倒入两个洁净、干燥、可密封的容器内，每个容器试样不得少于 1000mL。一个交实验室检验，另一个由技术监督部门保管，作为保留样，发货后保存期至少 30 天。

② 在每个装有试样的瓶上贴标签，并注明：产品名称、生产厂名、试样编号、取谁点（车号）、取样方法，产品批号、批量，、取样日期、取样入姓名。

5. 注意事项

① 泵出口管线取样装置的设置应合理，保证所取试样具有代表性。

② 贮罐和船舱取样时，其罐内或船舱内的压力应为常压或接近常压。

③ 取样时应站于上风处，并穿戴劳保用具。

④ 取样结束后应将取样器具清洗干净。

⑤ 罐内油品取样时应具有足够的流动性。

二、焦化轻油类产品的取样方法

本方法适用于高温炼焦回收所得到的粗苯及经过洗涤、分馏所制得的苯类产品，高温煤焦油加工所得到的粗酚及经分馏所制得的酚类产品，高温炼焦回收所得到的轻粗吡啶及经分馏制得的吡啶类产品等试样的采取。

1. 采样工具

（1）采样管。薄壁，长约 3200mm，直径（25～30）mm，底部有一重砣由引至管子上扉绳启闭，其材质应不与所取产品起化学反应。

（2）采样瓶。容积500mL，洁净、干燥的细口瓶，瓶底附有铅块。

（3）玻璃管。内径（13～18）mm、长1000mm、上下端稍拉细的玻璃管。

2. 试样的采取方法

（1）槽车中的采样方法。以每个槽车为一批进行采样。

① 用采样管采取试样

于槽车中采取试样时，用铜或铝制的薄壁采样管采样。采样时必须注意产品的均匀性，当产品装满槽车后，应迅速在每个槽车中用采样管从产品的整个深度采样；采样时先将重砣提起，使采样管垂直液面，缓缓地将采样管浸至槽车底部，关闭重砣，然后将采样管提起，待管壁外附着的液体流下后，再将采取的试样倒入洁净、干燥、密闭的容器内，其总量不少于2000mL。

② 用采样瓶采取试样

先用绳子系好瓶和瓶盖，在槽车中按上、中、下三点分别采样，上层在整个液体深度的1/4处取一次，中层在1/2处连续取两次，下层在3/4处取一次。取样时将预先盖好盖的采样瓶放入槽车内到达规定的位置时，启盖，待油装满瓶（液面不冒气泡）时，把瓶提出，倒入另一洁净、干燥的瓶中，每次约500mL，四次共约2000mL。

③ 在泵出口管线处采取试样

需方自备槽车时，在泵出口管线处附设的采样口采样。开泵，从油开始流出后2min采第一次试样，装半车时连续采两次，停泵前2min采第4次样。每次采相等试样，其总量不少于2000mL。试样倒入洁净、干燥、可密闭的容器中。

（2）小型容器中的采样方法。同一贮罐产品以每次装运量为一批。

① 用玻璃采样管采取试样

当用铁桶装运每批产品时，采样工具可用玻璃管。采取试样的数量不低于每批产品装桶数的10%，但不得少于三桶。每桶按等量采取，其总量不少于2000mL。采样时，先打开桶盖，将玻璃管垂直于液面缓缓地浸至桶底，待玻璃管内液面与桶内液面一致时，用拇指按紧管的顶部，将玻璃管取出，待管壁外附着的液体流下后，将试样倒入洁净、干燥、可密闭的容器内。

② 需方自备铁桶时，允许在流油管口采样。从油开始流出后两分钟时采第一次试样，装桶达到1/2时连续采两次，装完时再采一次样。每次采相等试样，试样倒入洁净、干燥、可密闭的瓶中，其总量不少于2000mL。

3. 试样的处理和保管

① 将采取的代表性试样混匀，分别倒入两个洁净、干燥、可密封的瓶内，每瓶试样不得少于1000mL。一个交实验室检验，另一个由技术监督部门保管，作仲裁检验用，保存期限为30天。

② 在每个装有试样的瓶上贴标签，并注明：产品名称、生产厂名、试样编号、取样地点（车号）、取样方法,、产品批号和批量、取样日期、取样人姓名等。

三、焦化固体类产品的取样方法

本方法适用于回收与精加工所得的粉状、颗粒状至块状的各种粒度的焦化固体类产品。

1. 取样工具

所有取样工具应由不会污染或改变被取样物料性质的材料制作。

（1）探针。探针用直径不大于30mm的不锈钢管制成，长度以能穿过整个料层为准，手柄形式不限。

（2）手钻。手钻尺寸按需要自定。防爆电钻，钻头直径10～15mm。

（3）采样铲或锹。采样铲用不锈钢制作，根据产品粒度和份样量采用不同形式和尺寸的采样铲或锹。

（4）破碎器械。破碎器械用锰钢或不锈钢制作。

钢板：（600mm×600mm）～（1000mm×1000mm），带三个边框。用于破碎和缩分。

压辊：直径（100～200）mm。或锤子。

小铲子与缩分钢片：用不锈钢薄板或镀锌铁皮制作。

（5）筛子。标准试验筛：13mm，3mm，1mm，0.5mm，0.2mm。

（6）二分器。格槽二分器、圆锥二分器和格子二分器。

（7）装样容器。镀锌铁皮桶或塑料桶，带严密盖子，容积大于2.5L。玻璃或塑料瓶子，配带严密盖子，容积大于1000mL。或坚韧、可封口的塑料薄膜袋。

2. 采样方法

（1）一般规定

① 尽可能采取最有代表性的试样。

② 以每次交库或发运的质量相同的产品量为一批。对生产单位，通常按产品产量多少，以每天或每班产量为一批，有的产品以每釜为一批。

③ 对件装（容器装）产品，应随机选取要取样的容器，选出的取样件数不低于每批产品件数的10%，最少不得少于3件，对批量在200件以上的，按容器数立方根的3倍（取整数）取样。从每件中取出的产品量（份样量）应一致。对散装产品，按装卸方式和装载量确定采样方法和取样份数，应该（数量较大的必须）在产品装卸时取样。

④ 采取的大样量，粉、细颗粒不得少于2kg，粗粒或块不得少于10kg。

⑤ 对明显不均匀的物料，应适当增加取样点数和样品量，以使试样更具代表性。

⑥ 如果所取样的检验结果中有一项指标不符合标准要求，应重新从同批产品的两倍量的包装中或取样点上取样，进行检验。重新检验的结果，即使只有一项指标不符合标准要求，也判该批产品不合格。

⑦ 在取样时必须注意安全，在采取液化的固体时尤应防止烫伤或蒸气熏入，应防止试样污染、吸潮或失水等。

（2）粉、细颗粒的取样

粉、细颗粒的粒度小于2mm或为松、软的小片状结晶。适用探针取样：将探针开口槽朝下，以某一角度插入物料，直到底部（或预定位置），转2～3圈，使其装满物料，将开口槽朝上，小心抽出探针，把槽中物料放入装样容器（如小桶）。

① 小容器。在袋或包的边角或顶部缝合处将探针慢慢插进，直至底部或距底部约10mm。在物料放出前应除去探针外面的袋屑或杂物。对结块产品，应打碎再取，打碎有困难时，用下述方法取。

桶从活动口插入探针至底部，如不能打开活盖，可钻开一个孔，以能插进探针。钻孔时要注意安全，并防止污染物料，取样后用软木塞等将孔堵严。

② 货仓（火车皮、卡车斗、船舱等）。应在装卸时在运输皮带上或物料落流中定时（如15min）间隔用采样铲、锹或合适的机械取样装置取样，要取截面样，至少3次，每次基本等量。也可根据装车方式和装载量在装卸时在货仓的不同位置分层用探针或锹取样，每次取5点，或分割成适当部分分别取样。用锹取样时，采样点深度在200mm以下，每点不少于1kg。

③ 大堆。将物料摊平，用锹或采样铲或探针多点采取全料层的物料。不能采取全料层产品的特大堆，应在装卸时按上述方法采取；如非直接取样不可，则分别从堆的周边、上、中、下等不同部位多点取样。

(3) 粗粒或块状固体的取样

这类物料在其容器中很可能在性质上显示出较大差别，要格外小心，以保证取得代表性试样。当粒度较大或粒度大小变动范围较宽时，应增加份样量和份数。通常每份取(0.5～1)kg，总量不少于10kg，份数不少于5份。

① 小容器（袋、箱、桶等）。将容器中的全部物料倒出，用采样铲或锹从料堆中取出若干块状物和细料，使能粗略代表物料的粒度分布。

② 货仓（火车皮、卡车斗、船舱等）。应在装卸料时按相等时间间隔从运输皮带上或转运点用锹等工具采取全截面样。对同一批次的产品，允许在刚装好的货仓中用锹按对角线五点法采样，每点不少于2kg，采样点深度在200mm以下。对装货量大于100t的货仓，应分层采取或划分成等分的若干部分，多点采取。

③ 大堆。参照上述粉、细颗粒的取样之货仓或大堆取样。

(4) 大块固体的取样

它们在液态时装进容器，冷却后固化成大块。

① 池。按对角线五点采样或将池面划分成若干长方块，在每块中心处采样。用钻、锹等工具采取，要采取整个垂直深度的样品，每点不少于1kg。

② 桶。用适当方法熔化成液体，按下述（5）方法取样。

(5) 液态固体产品的取样

根据其流动性，按焦化轻油类产品或焦化粘油类产品的取样方法取样。通常将样取出后，放在合适的盘中固化，再进行破碎、缩分等处理。

3. 试样的处理和保管

(1) 试样的缩分。根据试验需要，从大样中缩分出需要量的检验试样。每次缩分前均应充分混匀。对于颗粒较大的产品，在缩分前要将大样破碎成适当粒度；量大的大块产品要分若干次破碎、缩分，必要时要令全部样品通过某一孔径的筛。在充分混匀后用四分法或二分器进行缩分。一般最终得到2份0.5kg的检验试样。

① 细颗粒试样的缩分。粒度不大于3mm的产品，无凝块时可直接缩分。对含油（或其他液态杂质）的工业蒽等产品，只适合用四分法缩分，应特别注意混合均匀并迅速分开。对带有较大颗粒或有凝块的产品，如带有大块的工业萘等，可在缩分钢板上将试样中的大块用压辊或玻璃瓶盖等压碎成3mm以下再混匀、缩分。

② 大颗粒试样的缩分。粒度大于3mm的试样，应分步破碎与缩分。首先破碎成约25mm，一分为二，弃去一半；另一半破碎至13mm以下，再一分为二，一份立即缩分出1kg

水分样，装入水分样品瓶，或马上称量进行干燥，另一份破碎至 3mm 以下缩分出 1kg，作为检验其他项目的检验试样，或直接用不大于 13mm 的部分缩分出 1kg 作为保留样。

（2）试样的贮存与保管

① 将缩分出的最终样品 1kg 均分为两份，分别装入洁净、干燥、不污染产品、可密封的容器中，一份交实验室检验，另一份由技术监督部门保管，作备用样。

② 如果试样需密封保存，用蜡封时，应注意启开时不会污染瓶内的试样。

③ 在每个装有试样的容器上牢固地贴上标签。

④ 试样的保管。试样应保存在避光、干燥、无污染、通风、阴凉的地方，以防产品变质。水分样应及时检测，不留保留样。保留样保存期为 30 天，特殊情况另定。固体古马隆－茚树脂和煤沥青等产品的表面能在空气中缓慢氧化，因此保留样不能粉碎；如欲较长时间保留比对样品，应将试样在高于其软化点 50℃ 下熔化（约 2h），装入可密封的容器内保存。

第二节　水分与灰分的测定

高温煤焦油经加工所得产品很多，如洗油、木材防腐油、炭黑用原料油、粗蒽、粗轻吡啶、重质苯、粗酚、三混甲酚、工业二甲酚、工业邻甲酚、间对甲酚、工业酚、煤沥青和固体古马隆等。

本节规定了焦化产品水分测定的三种方法，即蒸馏法、恒量法和卡尔 · 费休法，适用于上述焦化产品水分的测定。

一、水分的测定

1. 蒸馏法

（1）测定原理

一定量的试样与无水溶剂混合，进行蒸馏，测定其水分含量，并以质量分数表示。

（2）试验步骤

① 在室温下称取均匀试样 100g（称准至 0.2g）并用量筒量取甲苯 50mL，置于洁净、干燥的蒸馏瓶中，细心摇匀。测定煤沥青、固体古马隆的水分时，称取粉碎至 13mm 以下的试样 100g，溶剂量为 100mL。测定粗轻吡啶水分时，以纯苯为溶剂。

② 根据被测物中预计的水分含量，选取适当的接收管，连接蒸馏瓶、接收管和冷却管。在冷却管上端用少许脱脂棉塞住，以防空气中的水分在冷却管内部凝结。

③ 加热煮沸，使冷凝液以（2～5）滴/s 的速度从冷却管末端滴下。当接收管中的水分不再增加时，再加大火焰或增加电压，至少加热 5min 后，停止蒸馏。

④ 待接收管中的液体温度降到室温时，读记水层体积（读数时，视线应与水层的凹面平齐）。如接收管内液体浑浊，则将接收管放入温水中，使其澄清，然后冷却到室温读数。

（3）结果计算

试样水分含量 X_1 按式（9－1）计算：

$$X_1 = \frac{V}{m} \times 100 \qquad (9-1)$$

式中：V——接收管中水分的体积，mL；

m——试样的质量，g。

注：假设接收管中水的密度在室温时为 1.00g/cm³。

使用 2mL 和 10mL 接收管，报告水分含量，精确到 0.01%；使用 25mL 接收管，报告水分含量，精确到 0.1%。取两次重复测定结果的算术平均值为测定结果。

2. 恒量法

（1）测定原理

在（105～110）℃的温度下，试样中的游离水与结晶水同时失去。根据试样所含的结晶水，换算游离水的含量，以质量分数表示。

（2）测定步骤

① 用已恒重的称量瓶称取约 2g（称准至 0.0002g）试样置于（105～110）℃电热恒温干箱中。

② 在此温度下干燥 120min，取出放在干燥器中冷却至室温，称量，并进行恒重检查，每次 30min，重复进行至最后两次称量之差小于 0.001g。

（3）结果计算

试样水分含量 X_2 按式（9－2）计算：

$$X_2 = \frac{(m - m_1) - Amx^f}{m} \times 100 \qquad (9-2)$$

式中：x^f——试样含量，%；

m——试样的质量，g；

m_1——干燥后试样的质量，g；

A——结晶水的总质量与试样分子质量之比值。

结果报告水分含量，精确到 0.01%。取两次重复测定结果的算术平均值为测定结果。

3. 卡尔·费休法

（1）测定原理

在含有吡啶、甲醇等的有机溶剂中，试样中的水与卡尔·费休试剂发生如下反应：

$$H_2O + I_2 + SO_2 + 3C_5H_5N \rightarrow 2C_5H_5N \cdot HI + C_5H_5N \cdot SO_3$$

$$C_5H_5N \cdot SO_3 + CH_3OH \rightarrow C_5H_5N \cdot HSO_4CH_3$$

根据此反应原理，利用双铂电极作指示电极，一边检测其极化电位，一边控制滴定速度，直至发现滴定终点。根据滴定所消耗的卡尔·费休试剂的量，计算试样水分含量，以质量分数表示。

（2）试验步骤

① 水值的测定

Ⅰ 向滴定瓶内注入适量无水甲醇，使搅拌时铂电极恰好浸没于液面下，打开电磁搅拌器，用卡尔·费休试剂滴定至终点。

Ⅱ 用微量进样器将（0.005～0.020）g 蒸馏水加到滴定瓶中，并对进样前后进样器的质量进行称量（称准至 0.0001g），记录数据。用卡尔·费休试剂滴定至终点，同时记录消耗卡尔·费休试剂的体积（mL），或按仪器提示，输入数值，仪器可自动输出卡尔·费休试剂对水的滴定度。

Ⅲ 卡尔·费休试剂对水的滴定度 F（mg/mL）按式（9-3）计算：

$$F = \frac{m}{V} \tag{9-3}$$

式中：m——所加水的质量，mg；

V——消耗卡尔·费休试剂的体积，mL。

重复上述步骤，取重复测定两个结果的算术平均值作为卡尔·费休试剂对水的滴定度。

卡尔·费休试剂对水的滴定度的重复性：不大于0.2000mg/mL。

② 试样分析

Ⅰ 减量法。称取适当试样加入经过上述处理的滴定瓶中，试样的加入量参考表9-1，试样称准至0.0001g，用卡尔·费休试剂滴定至终点，并记录消耗卡尔·费休试剂的体积（mL）。当需进行空白试验时，测定并记录加入试样过程中瓶塞打开的时间。

表9-1　试样加入量与其水分含量的关系

水分值	试剂对水的滴定度		
	5mg/mL	2mg/ml	1mg/mL
100mg/kg～0.1%	150～15g（mL）	60～6g（mL）	30～3g（mL）
0.1～1%	15～1.5g（mL）	6～0.6g（mL）	3～0.3g（mL）
1～10%	1.5～0.15g（mL）	0.6～0.06g（mL）	0.3～0.03g（mL）

Ⅱ体积法。用移液管移取适量体积的试样加入到已经处理过的滴定瓶中，试样的加入量参考表9-1。用卡尔·费休试剂滴定至终点，并记录卡尔·费休试剂的体积（mL）。当需要进行空白试验时，测定并记录加入试样过程中瓶塞打开的时间。

试样的质量按式（9-4）计算：

$$m = dV_m \tag{9-4}$$

式中：m——试样的质量，g；

d——在试样采集时的温度下测得的密度 g/cm^3；

V_m——试样的体积，mL。

③ 空白试验

当仪器、环境等变化影响试样测定时，需进行空白试验。试验时不加试样，按试样分析步骤进行，瓶塞打开时间为试样测定步骤中加入试样时瓶塞打开的时间。

（3）结果计算

试样水分含量 X_3 按式（9-5）计算：

① 不进行空白试验时

$$X_3 = \frac{VF}{1000m} \times 100\% \tag{9-5}$$

式中：F——卡尔·费休试剂对水的滴定度，mg/mL；

V——试样消耗卡尔·费休试剂的体积，mL；

m——试样的质量，g。

② 进行空白试验时

$$X_3=\frac{(V-B)F}{1000m}\times 100\% \tag{9-6}$$

式中：F——卡尔·费休试剂对水的滴定度，mg/mL；

V——试样消耗卡尔·费休试剂的体积，mL；

B——空白试验消耗卡尔·费休试剂的体积，mL；

m——试样的质量，g。

结果报告水分含量，精确到0.01%。取两次重复测定结果的算术平均值为测定结果。

二、焦化产品灰分的测定

本方法适用于煤焦油、煤沥青、改质沥青和固体古马隆－茚树脂等焦化产品中灰分的测定。

1. 基本原理

称取一定质量的试样，先用小火加热除掉大部分挥发物后，置于（815±10）℃马弗炉灰化至质量恒定，以其残留物质量占试样质量的百分数作为灰分。

2. 分析步骤

（1）样品的称取

① 煤焦油：称取混合均匀的试样2g（称准至0.0001g）于预先恒重的蒸发皿中，在炉上用小火慢慢加热灰化。

② 煤沥青、改质沥青、固体古马隆－茚树脂：称取混合均匀的小于3mm的干燥煤沥青、改质沥青或固体古马隆－茚树脂试样3g（称准至0.0001g）于预先恒重的蒸发皿中，在电炉上用小火慢慢加热灰化。

（2）测定

大部分挥发物挥发后，将蒸发皿置于已预先升温至（815±10）℃的马弗炉炉门口，待完全挥发后再慢慢推进炉中，关闭炉门，灼烧1h，取出，检查应无黑色颗粒，在空气中冷却5min，立即放入干燥器中冷却至室温（约20min），称量记录其质量，称准至0.0001g。

（3）检查

将蒸发皿再放入马弗炉中进行检查性试验，每次15min，直到连续两次质量之差0.0006g以内，记录其蒸发皿及残渣质量。

3. 结果计算

煤焦油、煤沥青、改质沥青和固体古马隆－茚树脂的灰分含量A（%）按式（9－7）计算：

$$A=\frac{m_2-m_1}{m}\times 100 \tag{9-7}$$

式中：m——试样的质量，g；

m_2——试样灼烧残渣＋蒸发皿的质量，g；

m_1——蒸发皿的质量，g。

取两次重复测定结果的算术平均值为测定结果，保留两位小数。

第三节　焦化油（轻油或粘油）的密度、馏程、粘度测定

一、密度测定

本方法适用于高温炼焦时从煤气中冷凝所得的煤焦油以及由该产品经分馏所制得的木材防腐油、炭黑用焦化原料油、洗油等的密度测定。

1. 基本原理

用密度计在密度量筒中测量粘油类产品在相应温度下的密度，并换算成20℃时的密度，以符号 ρ_{20} 表示，单位为 g/cm³。

2. 试验步骤

① 取混合均匀的试样，在低于60℃的水浴上缓慢加热，边加热边搅拌，使其全部熔化，并除去上部可见水。

② 将上述试样注入洁净、干燥、预热至与试样温度相近的密度量筒内，所取试样的液位高度低于密度量筒上沿（35～40）mm，然后置于预先加热到（40～50）℃［洗油（15～35）℃］的水浴中，量筒壁和试样如有气泡可用滤纸将气泡除去。

③ 待温度稳定后，将温度计和密度计缓缓地插入试样中，使密度计自由下沉，待（5～10）min 密度计稳定后，读取密度计和试样相交的弯月面上缘的刻度线读数，作为试样在测量温度时的密度。密度计露出液面的部位不得沾有试样，并位于量筒中部，不得碰量筒壁。

同时测量试样的温度。观察温度时，使温度计水银柱上端稍微露出液面，读取其刻度值，作为测定该试样密度时的温度。

3. 结果计算

试样在20℃时的密度按式（9－8）计算：

$$\rho_{20}=\rho_t+K(t-20) \tag{9-8}$$

式中：ρ_t——试样在温度莎℃时的密度，g/cm³；

t——测定密度时试样的温度，℃；

K——试样每增减1℃时样品密度的平均校正值。选用见表9－2。

表9－2　选用 K 值系数及密度计范围

样品名称	K 值	参考密度计范围
煤焦油	0.0006	1.130～1.250
木材防腐油	0.0007	1.010～1.130
炭黑用焦化原料油	0.0007	1.010～1.130
洗　油	0.0008	1.010～1.130

取两次重复测定结果的算术平均值为测定结果，保留三位小数。

二、焦化粘油类产品馏程的测定

本方法适用于焦化洗油、木材防腐油、炭黑用焦化原料油、蒽油、燃料油等焦化粘油类产品馏程的测定。

1. 测定原理

在试验条件下，蒸馏一定量试样，按规定的温度收集冷凝液，并根据所得数据，通过计算得到被测样品的馏程。

2. 试验步骤

① 准确称取水分含量小于2%的均匀试样100g（称准至0.5g）于干燥、洁净并已知质量的蒸馏瓶中（洗油用102mL量筒量取101mL注入蒸馏瓶中）。用插好温度计的塞子塞紧盛有试样的蒸馏瓶，使温度计和蒸馏瓶的轴线重合，并使温度计水银球的中间泡上端与蒸馏瓶支管内壁的下边缘在同一水平线上。将蒸馏瓶放入灯罩上的保温罩内，用软木塞将其与空气冷凝管紧密相连，支管的一半插入空气冷凝管内，使支管与空气冷凝管平行，盖上保温罩盖，在空气冷凝管末端放置已知质量的烧杯（洗油用下异径量筒）作为接收器。

② 用煤气灯或电炉缓慢加热进行脱水，在150℃前将水脱净，并调节热源使之在(15～25)min内初馏。

③ 蒸馏达到初馏点后，使馏出液沿着量筒壁流下，整个蒸馏过程流速应保持在（4～5）mL/min。

④ 蒸馏达到试样技术指标要求的温度（经补正后的温度）时，读记各点馏出量，当达到技术指标最终要求时，应立即停止加热，撤离热源，待空气冷凝管内液体全部流出，至室温时读记馏出量。各点馏出量，体积读准至0.5mL，质量称准至0.5g。

⑤ 蒸馏中，空气冷凝管内若有结晶物出现时，应随时用火小心加热，使结晶物液化而不汽化，顺利地流下。

3. 温度补正

馏出温度按式（9－9）进行补正：

$$t = t_0 - t_1 - t_2 - t_3$$

$$t_2 = 0.0009(273 + t_0)(101.3 - p) \tag{9-9}$$

$$t_3 = 0.00016H(t_0 - t_B)$$

式中：t——补正后应观察的温度，℃；

t_0——标准中规定的应观察温度，℃；

t_1——温度计校正值，℃；

t_2——气压补正值，℃；

t_3——水银柱外露部分温度的补正值，℃；

t_B——附着于$\frac{1}{2}H$处的辅助温度计温度，℃；

H——温度计露出塞上部分的水银柱高度，以度数表示，℃；

p——试验时的大气压力，kPa。

试验时大气压力在（101.3±2.0）kPa时，馏程温度不需进行气压补正。

4. 结果计算

各段干基馏出量 X 按式（9－10）计算：

$$X = \frac{V - W'}{100 - W'} \times 100\% \tag{9-10}$$

式中：V——馏出量，mL 或 g；

W'——蒸馏试样的水分含量，mL 或 g。

三、粘度测定

本方法适用于煤焦油、粘油等焦化粘油类产品粘度的测定。

1. 测定原理

液体受外力作用移动时，在液体分子间发生的阻力称为粘度。

恩氏粘度是指试油在某温度时从恩氏粘度计流出 200mL 所需的时间与蒸馏水在 20℃ 流出相同体积所需的时间（s，即粘度计的水值）之比。

在试验过程中，试油流出应呈连续的线状。温度 t 时的恩氏粘度用符号 E_t 表示。恩氏粘度的单位为条件度。

2. 试验步骤

（1）粘度计水值的测定

① 恩氏粘度计的水值是指在 20℃ 下，200mL 水从粘度计流出的时间，此数值应在 (50～52)s 之间。

② 测定前用纯苯、乙醇和蒸馏水依次将仪器洗净。流出孔用木塞塞紧，然后加入 20℃ 蒸馏水至仪器固定水平，盖上盖子，插好温度计，在出口管下放置干净的接收瓶。

③ 用外部水浴保持蒸馏水温度为 20℃，10min 后，小心而迅速地提起木塞（应能自动卡着，并保持提起状态，不允许拔出木塞），同时开动秒表，至水量达到接收器标线时停止，记录时间，此时间应在（50～52）s 间。

④ 按上述步骤至少重复测定 3 次，每次测定之间的时间差数应不大于 0.5s，取其平均值作为水的值。

⑤ 水的值应每 3 个月测定 1 次，如超过（50～52）s，则仪器不能使用。

（2）试油粘度的测定

① 测定前，内容器用纯苯或汽油洗净并使其干燥，流出孔擦干净后用木塞塞紧。

② 将混合均匀的试样用 40 目铜网过滤于内容器中，使液面与标高尖端重合，并调节水平螺丝使其液面水平，盖上盖子插好温度计，在出口下放置接收瓶。

③ 外容器注水加热，对于煤焦油试样，在试液温度升至 80℃ 过程中，对于洗油试样，在试液温度升至 50℃ 过程中，小心转动外容器的搅拌器和内容器的筒盖，以调节内外容器的油温和水温。

④ 对于煤焦油试样，当油温保持（80±1）℃5min 时，（50±1）℃ 5min 时，小心迅速地提起木塞（应能自动卡着，对于洗油试样，当油温保持并保持提起状态，不允许拔出木塞），同时开动秒表。

⑤ 待油液流至接收瓶的标线时（泡沫不算），立即停表，记录时间。

3. 结果计算

试样粘度 $E_{50(80)}$ 按式（9－11）计算：

$$E_{50(80)} = \frac{T_{50(80)}}{T_{20}} \tag{9-11}$$

式中：E_{50}——50℃时洗油的粘度；

E_{80}——80℃时煤焦油的粘度；

T_{50}——50℃时洗油流出 200mL 的时间，s；

T_{80}——80℃时煤焦油流出 200mL 的时间，s；

T_{20}—— 20℃时粘度计的水值，s。

取两次重复测定结果的算术平均值为测定结果，保留两位小数。

第四节　焦化固体产品的软化点、喹啉不溶物测定

一、软化点测定

本方法适用于焦化固体类产品煤沥青、固体古马隆－茚树脂软化点的测定。

1. 测定原理

焦化固体类产品软化点的测定方法有环球法和杯球法两种，以环球法作为仲裁法。

（1）环球法

一定体积的试样，在一定重量的负荷下加热，试样软化下垂至一定距离时的温度，即为软化点。

（2）杯球法

试样悬置在一个底部有 6.35mm 孔的脂杯中，其顶部正中放有直径 9.53mm 的钢球，当试样在空气中以线性速率升温时，试样向下流动遮断光束时的温度，即为软化点。标定检测的距离为 19mm。

2. 环球法试验步骤

① 取小于 3mm 的干燥试样约 10g 置于熔样勺中，使试样熔化，不时搅拌，赶走试样中的空气泡。熔样温度按表 9－3 的规定进行。

② 使铜环稍热，置于涂有凡士林的热金属板上，立即将熔好的试样倒入铜环中，以高出环上边缘为止。

③ 待铜环冷却全室温，用环夹夹住铜环，用温热刮刀刮去铜环上多余的试样，刮时要使刀面与环面齐平。低温煤沥青需把装有试样的铜环连同金属板置于 5℃水浴中，待 5min，取出刮平后，再放入 5℃水浴中冷却 20min。

④ 将装有试样的铜环置于金属架中层板上的圆孔中，装上定位器和钢球，将金属剪于盛有规定溶液的烧杯中，任何部分不应附有气泡，然后将温度计插入，使水银球下端与铜环的下面齐平。

⑤ 将烧杯置于有石棉网的三脚架上，按表 9－3 中规定的起始温度和升温速度开始均匀升温加热，超过规定升温速度试验作废。

⑥ 当试样软化下垂，刚接触金属架下层板时立即读取温度计温度，取两环试样软化温度的算术平均值，作为试样的软化点。若两环试样软化点超过1℃时，应重做试验。

⑦ 不同软化点的试样操作按表9－3规定进行。

表9－3　不同软化点的试样操作

操作项目	软化点温度范围		
	＞95℃	(75～95)℃	＜75℃
规定溶液	纯甘油	密度为（112～1.14）g/cm^{3}甘油水溶液	5℃水浴
熔样温度	在（220～230）℃空气浴上加热	在（170～180）℃空气浴上加热	在（70～80）℃水浴上加热
升温速度	当溶液温度达70℃时，保持（5.0±0.2）℃/min	当溶液温度达45℃时，保持（5.0±0.2）℃/min	开始升温时，保持（5.0±0.2）℃/min

3. 杯球法试验步骤

① 按上述环球法试验步骤①规定的方法熔好试样。

② 使脂杯稍热，置于涂有凡士林的热金属板上，立即将熔好的试样倒入脂杯中，至高出杯的上边缘为止。

③ 待脂杯冷却至室温，用温热的小刀刮去高出脂杯上多余的试样，刮时要使刀面与杯面齐平，刮到使试样与杯顶部平齐。

④ 检查杯球仪“校正”旋钮应在“测定”位置上，拨盘数字在室温上，开启电源后稳定20min。选择线性升温速度为1.5℃/min。

⑤ 根据试样的软化点，设定“起始温度”为低于软化点15℃左右。按“预置”按钮使炉子达到起始温度。

⑥ 在装上试样的脂杯中央放上钢球，然后将脂杯套上夹头及狭缝套，组成试样筒，小心地插入炉子中。插入后，狭缝套底部一槽应正好落入定位搭子上，使其不能旋转为止。此时狭缝在左右两侧，能使光束通过。放好脂杯后，按动锁数解脱按钮，使数字窗口的小红点消失。

⑦ 待炉温恢复到“起始温度”时，按动“升温”按钮，到达试样软化点时，仪器自动锁定该点温度，窗口小红点闪亮。读取软化点后，再按锁数解脱按钮，使电炉冷却降温，仪器恢复到试验开始前状态。

⑧ 试验结束后，立即取出试样筒，检查一下试样是否遮断过光束，如有误触发，应废除这一结果重新试验。

⑨ 取出脂杯，稍加热，使脂杯与钢球分离，一起放入洗油或二甲苯瓶中，浸泡（5～10）min，取出用棉花擦净。

4. 试验报告

按数字显示窗所示的温度报告，准确至0.1℃。

二、焦化固体类产品喹啉不溶物的测定

本方法适用于煤沥青、改质沥青等焦化固体类产品中喹啉不溶物含量的测定。

1. 测定原理

一定质量的试样，在规定的试验条件下，用喹啉进行溶解，对不溶物进行过滤、烘干，计算其含量。

2. 试样的制备

将采取的粒度为3mm的试样进一步缩分，取出约100g置于（50±2）℃的干燥箱中干燥1h。将干燥后的沥青试样缩分取出约25g，用乳钵研磨成通过$SS_{\omega}500/315\mu m$筛的样品。

对软沥青试样，应将试样溶解，搅拌均匀，保证溶解温度不超过150℃，溶解时间不超过10min。

3. 试验程序

（1）试验准备

① 将滤纸置于甲苯中浸泡24h取出晾干，烘干后备用。

② 将两张在甲苯中浸泡过的滤纸折成双层漏斗形，置于称量瓶中干燥并恒重。

（2）试验步骤

① 称取制备好的试样1g（称准至0.0002g），煤沥青试样置于洁净的100mL烧杯中，改质沥青试样置于离心试管中，加入20mL喹啉，用玻璃棒搅拌均匀。

② 将上述装有试样的烧杯或离心试管，与装有喹啉的洗瓶一起浸入（75±5）℃的恒温水浴中，并不时搅拌，30min后取出，准备抽滤。

③ 对装有改质沥青试样的离心试管应置于离心机中，在4000r/min的转速下离心20min后取出再抽滤。

④ 装好过滤漏斗，放入滤纸，用喹啉浸润，将溶解后的试样慢慢倒入滤纸中，同时进行抽滤。

⑤ 用大约20mL热喹啉分数次洗涤烧杯或离心试管，使残渣全部转移到滤纸上，再用大约30mL的热喹啉多次洗涤滤纸上的残渣，并同时进行抽滤。

⑥ 抽干后，用（50~100）mL热甲苯重复过滤洗涤，洗至无明显黄色。

⑦ 滤干后取出滤纸，置于原来的称量瓶中，在（105~110）℃干燥箱中干燥90min后取出，稍冷，置于干燥器中冷却至室温，并称量至恒重。

4. 结果计算

喹啉不溶物的含量按式（9-12）计算：

$$w = \frac{m_2 - m_1}{m} \times 100\% \tag{9-12}$$

式中：w——喹啉不溶物的含量，%；

m_2——称量瓶、滤纸及喹啉不溶物的总质量，g；

m_1——滤纸和称量瓶的质量，g；

m——试样的质量，g。

第五节　焦化产品甲苯不溶物测定

本方法适用于煤沥青、改质沥青、煤沥青筑路油、煤焦油、木材防腐油和炭黑用焦化原料油中甲苯不溶物含量的测定。

一、测定原理

甲苯不溶物系煤焦油中不溶于热甲苯的物质。试样与砂混匀（煤沥青类）或用甲苯浸渍（煤焦油类），然后用热甲苯在滤纸筒中萃取，干燥并称量不溶物。

二、试样的采取和制备

① 煤沥青、改质沥青试样按焦化固体类产品取样方法进行采样，再按下列方法进行试样的制备。

将1kg粒度为3mm的试样进一步缩分，取出约100g置于铝盘中，平铺成（3～5）mm厚。放在（50±2）℃的干燥箱中干燥1h，若水分超过5%时，可延长工作时间30min。将干燥后的沥青试样缩分取出约25g，用乳钵研磨至小于0.5mm。

② 煤焦油、木材防腐油、炭黑用焦化原料油、煤沥青筑路油按焦化粘油类产品取样方法进行取样，作为原始试样。

③ 木材防腐油、炭黑用焦化原料油的原始试样中无结晶物沉淀时，可直接从中取出分析试样；若有结晶物沉淀时，先加热原始试样至（50～60）℃，并用玻璃棒将样品搅拌均匀，直至结晶物全部溶解后再取分析试样。

三、准备工作

① 砂子的处理

将砂子用水洗净后，干燥，过筛，筛取粒度为（0.3～1.0）mm（20～60目）的砂子，在甲苯中浸泡24h以上，取出晾干后在（11～120）℃干燥箱中干燥后备用。

② 脱脂棉的处理

将脱脂棉在甲苯中浸泡2h以上，取出晾干后，在（115～120）℃干燥箱中干燥后备用。

③ 制作滤纸筒

将外层直径150mm和内层直径125mm的中速定量滤纸同心重叠，在滤纸圆心处放入试管，将双层滤纸向试管壁上折叠成约为直径25mm的双层滤纸筒。将滤纸筒在甲苯中浸泡20h后取出、晾干，置于称量瓶中，在（115～120）℃干燥箱内干燥后备用。

四、试验步骤

① 测煤沥青、改质沥青的甲苯不溶物含量时，先将10g已处理过的砂子倒入滤纸筒，并置于称量瓶中，在（115～120）℃干燥箱中干燥至恒重（两次称量，质量差不超过0.001g）。再称取1g（称准至0.0001g）试样，于滤纸筒中将试样与砂子充分搅拌混匀。

② 测煤焦油、木材防腐油、炭黑用焦化原料油的甲苯不溶物含量时，先将已处理过的一小块脱脂棉放入滤纸筒，置于称量瓶中，在（115～120）℃干燥箱中干燥至恒重（两次质

量差不超过0.001g)，取出脱脂棉待用。再称取约3g（称准至0.0001g）煤焦油分析试样或约10g（称准至0.1g）木材防腐油、炭黑用焦化原料油分析试样于滤纸筒中，从称量瓶中取出滤纸筒立即放入装有60mL甲苯的100mL烧杯中，待甲苯渗入滤纸筒后，用玻璃棒轻轻搅拌滤纸筒内的试样2min，使试样均匀分散在甲苯中，取出滤纸筒，再用上述脱脂棉擦净玻璃棒，此脱脂棉放入滤纸筒内。

③ 测煤沥青筑路油的甲苯不溶物含量时，先按上述步骤（要加一小块脱脂棉与滤纸筒一起恒重）操作，再称取1g（称准至0.0001g）试样于滤纸筒中，从称量瓶中取出滤纸筒立即放入装有60mL甲苯的100mL烧杯中，待甲苯渗入滤纸筒后用玻璃棒将试样与砂混匀，取出滤纸筒再用上述脱脂棉擦净玻璃棒，此脱脂棉放入滤纸筒内。

④ 将装有120mL甲苯的平底烧瓶置于电热套内。把滤纸筒置于抽提筒内，使滤纸筒边缘高于回流管20mm。将抽提筒连接到平底烧瓶上，然后沿滤纸筒内壁加入约30甲苯。

⑤ 将挂有引流铁丝的冷凝器连接到抽提筒上，接通冷却水。同时把智能计数仪的光电探头水平地夹住回流管。

⑥ 接上计数仪电源，按表9-4设定好萃取次数。

表9-4　不同产品萃取次数的设定

产品名称	煤沥青	改质沥青	煤沥青筑路油	煤焦油	木材防腐油	炭黑用焦化原料
萃取次数	60	60	60	50	5	5

⑦ 接通电热套的电源，加热平底烧瓶，控制甲苯萃取的速度为1min/次。甲苯萃取液从回流管满流返回到平底烧瓶为1次萃取。如萃取速度大于或小于规定值时，可接上可调变压器进行调节。当萃取达到设定的次数时，即为萃取终点，计数仪会自动报警，即可停止加热，断开电热套电源。

⑧ 停止加热后稍冷，取出滤纸筒置于原称量瓶中，不加盖放进通风橱内，待甲苯挥发后，将称量瓶及盖一起放入（115~120)℃干燥箱中，干燥2h。称量瓶加盖后，取出置于干燥器中冷却至室温称量，再干燥0.5h进行恒重检查，直至连续2次质量差不过0.001g。

五、结果计算

① 焦化产品（除煤焦油）中甲苯不溶物含量（TI）按式（9-13）计算：

$$\mathrm{TI}=\frac{m_2-m_1}{m}\times 100\% \tag{9-13}$$

式中：TI——试样中甲苯不溶物含量，%；

m——试样的质量，g；

m_1——称量瓶和滤纸筒（或包括砂子、脱脂棉）的质量，g；

m_2——称量瓶和滤纸筒（或包括砂子、脱脂棉）、甲苯不溶物的总质量，g。

② 煤焦油中甲苯不溶物含量（TI）按式（9-14）计算：

$$\mathrm{TI}=\frac{m_2-m_1}{m}\times\frac{100}{100-M}\times 100\% \tag{9-14}$$

式中：M——煤焦油的水分含量，%。

③ 对煤沥青、改质沥青、煤沥青筑路油和煤焦油的甲苯不溶物含量，精确到0.1%报出。

④ 对木材防腐油、炭黑用焦化原料油的甲苯不溶物含量：

TI < 0.10%，按 < 0.10%报出；TI > 0.10%，精确到0.01%报出。

第六节　粗苯的测定

粗苯的技术指标主要有外观、密度、馏程和水分等。本节规定了粗苯的外观和水分的测定方法，粗苯的密度和馏程按焦化轻油类产品密度和馏程的测定方法进行。

一、方法提要

1. 外观的测定

将试样置于无色透明的玻璃管中，于透射光线下目测观察其颜色。

2. 水分的测定

将试样在室温（18～25）℃下放置1h，目测有无不溶解的水。

二、测定步骤

1. 外观的测定

取约200mL样品置于直径50mm的无色透明玻璃管中，于透射光线下目测观察其颜色，若为黄色透明液体，则合格，否则为不合格。

2. 水分的测定

将上述玻璃管连同样品在室温（18～25）℃下放置1h，目测有无不溶解的水。若无可见的不溶解水，则合格，否则为不合格。

第七节　焦化萘的测定

本方法适用于分馏高温煤焦油所得的含萘馏分，经洗涤、精馏制得的精萘以及工业萘的结晶点、不挥发物、灰分、酸洗比色的测定。

一、萘结晶点的测定

1. 测定原理

液态萘冷却到一定温度时，析出结晶，温度回升达到最高点即为萘的结晶点。

2. 试验步骤

① 称取试样（30～40）g置于熔萘试管中，然后将试管置于（85～90）℃的恒温水浴中使试样完全熔化。称取2g无水硫酸铜加入熔萘试管中脱水，静止脱水5min。若加入的无水硫酸铜全部变蓝，应再多加，直至加入的无水硫酸铜不变色。

② 再将熔融试样迅速倒入已预热至90℃的结晶点测定仪中，使试样达到仪器刻线处，并立即用装有精密温度计的软木塞塞紧［温度计预热至（80～85）℃］，使精密温度计插至

离萘晶点测定仪底 20mm 处。

③ 保持结晶点测定仪与水平成 45°、振幅为 100mm，每分钟 60～70 次摇动测定仪，每 0.5min 看一次精密温度计温度，温度逐渐降低，当有结晶出现、温度开始回升时，再摇动一次后停止摇动，静置观察温度。

④ 当温度达到最高点并在最高温度停留 1min 以上时，该温度即为结晶点。读记此温度，读数估计到 0.01℃，同时记录精密温度计水银柱外露部分中段附近的温度。

⑤ 若在测定中未观察到温度升高或回升到最高温度停留时间少于 1min 时，则此次试作废，需重新试验。

3. 结果计算

按式（9－15）计算萘的结晶点：

$$t = t_0 + \Delta t_1 + \Delta t_2 \tag{9-15}$$

式中：t——萘的结晶点，℃；

t_0——精密温度计观察所得的读数，℃；

Δt_1——精密温度计本身校正值，℃；

Δt_2——水银柱外露部分的温度校正值，℃。

$$\Delta t_2 = 0.00016H(t_0 + t_B) \tag{9-16}$$

式中：H——精密温度计在软木塞上外露部分的水银柱高度，℃；

t_B——精密温度计水银柱外露部分中段附近的温度，℃。

二、萘不挥发物的测定

1. 测定原理

在一定测量条件下，加热萘样，测量出萘挥发后的残留物质量，并计算出不挥发物含量。

2. 试验步骤

① 称取试样 20g（称准至 0.1g），置于预先在（815±10）℃灼烧并恒重的蒸发皿中，蒸发皿放在远红外线恒温干燥箱中。

② 远红外线恒温干燥箱装于通风橱内，在每个蒸发皿上口安装一支温度计，并保持发皿的上口平面的温度为（150±2）℃，启动排风系统，调节抽风速率，使精萘试样在（70±10）min 内蒸发完，工业萘试样在远红外线恒温干燥箱内要求（90±10）min 蒸发完。

③ 精萘平行试样在 35min 时交换位置，工业萘平行试样在 45min 时交换位置。

④ 待萘蒸发后，停止抽风，将带有残留物的蒸发皿放入干燥器中冷却至室温，称量（准确至 0.0002g）。

⑤ 称量后将带残留物的蒸发皿再放入远红外线恒温干燥箱中重复加热，每次 15min 直至连续两次质量差在 0.0004g 以内为止。

⑥ 计算时取最后一次质量（残留物作萘的灰分测定）。

3. 结果计算

按式（9－17）计算萘不挥发物的质量分数：

$$X' = \frac{m_2 - m_1}{m} \times 100\% \tag{9-17}$$

式中：X'——萘不挥发物的质量分数，%；

m——萘试样的质量，g；

m_1——蒸发皿的质量，g；

m_2——蒸发皿和不挥发物的质量，g。

三、萘灰分的测定方法

1. 基本原理

称取一定质量的萘试样，置于（815±10）℃马弗炉中灰化至质量恒定，以其残留物质量占萘试样质量的百分数作为灰分。

2. 试验步骤

① 称取混合均匀的萘试样 20g（称准至 0.0001g）于预先恒重的蒸发皿中，在电炉上用小火慢慢加热灰化至无挥发物。

② 将上述①中蒸发皿或测定萘不挥发物后的精萘或工业萘的残余物放入马弗炉中，于（815±10）℃进行灰化 30min，取出，在空气中冷却 5min，立即放入干燥器中冷却至室温，称量，称准至 0.0001g。

③ 将蒸发皿再放入马弗炉中进行检查性灼烧，每次 15min，直到连续两次质量差在 0.0004g 以内为止，计算时取最后一次质量。

3. 结果计算

萘灰分含量 A 按式（9-18）计算：

$$A = \frac{m_2 - m_1}{m} \times 100\% \tag{9-18}$$

式中：A——试样的质量，g；

m_2——试样灼烧残渣+蒸发皿的质量，g；

m_1——蒸发皿的质量，g。

取两次重复测定结果的算术平均值为测定结果，保留两位小数。

四、萘酸洗比色试验

1. 基本原理

试样在浓硫酸中反应产生的颜色和标准比色液的颜色进行比较，确定比色号。

2. 试验步骤

① 在比色管中加入 10mL 硫酸，将比色管浸入保持在（80±1）℃的水浴中加热，待比色管中硫酸温度达到（80±1）℃时加入试样。

② 称取已在研钵中研细的萘试样（2.0±0.1）g，将漏斗插入装有 10mL 硫酸的比色管中，并迅速地将试样通过漏斗加入比色管内，取出漏斗。

③ 在水浴中轻轻振摇 2min。取出比色管，放在比色架上，立即与标准液进行比色。比色时，对着白色背景，正面透光观察。

3. 试验结果

根据比色结果报出比色号。试验结果处于两个标准色号之间时，按较深的比色号报出。

第八节　硫酸铵的测定

一、采样和制备

① 硫酸铵按批检验，每批质量不超过150t。

② 袋装的硫酸铵按表9－5规定选取采样袋数。

表9－5　袋装硫酸铵采样袋数的选取

总的包装袋数	采样袋数	总的包装袋数	采样袋数
1～10	全部袋数	297～343	21
11～49	11	344～394	22
50～64	12	395～450	23
65～81	13	451～512	24
82～101	14		
102～125	15		
126～151	16		
152～181	17		
182～216	18		
217～254	19		
255～296	20		

注：总的包装袋数大于512袋时，按$3\times\sqrt[3]{n}$（n为每批产品总的包装袋数）计算采样袋数，如遇有小数时，则整数。

③ 采样时，用采样器从袋口一边斜插至对边袋深的3/4处采取均匀样晶，每袋采取样品品不少于0.1kg，所取样品总量不得少于2kg。

④ 硫酸铵也可以用自动采样器、勺子或其他合适的工具，从皮带运输机上随机地或按一定的时间间隔采取截面样品，每批所取样品不得少于2kg。

⑤ 将所采取的样品合并在一起，混匀，用缩分器或四分法缩分为1kg的均匀试样，装于两个清洁、干燥、带磨口的广口瓶、聚乙烯瓶或其他具有密封性能的容器中，容器上粘贴标签。一份供检验用，另一份作为保留样品，保留期两个月，以供查验。

二、外观

目测，应为白色结晶，无可见机械杂质。

三、氮含量的测定

硫酸铵中氮含量的测定有两种方法，即蒸馏后滴定法和甲醛法，其中，蒸馏后滴定法作为仲裁方法。

1. 测定原理

（1）蒸馏后滴定法

硫酸铵在碱性溶液中蒸馏出的氨，用过量的硫酸标准滴定溶液吸收，在指示剂存在下，以氢氧化钠标准滴定溶液回滴过量的硫酸。根据滴定消耗氢氧化钠标准溶液的量计算氮含量。反应式如下：

$$(NH_4)_2SO_4 + 2NaOH \rightarrow Na_2SO_4 + 2NH_3 \cdot H_2O$$

$$2NH_3 \cdot H_2O + H_2SO_4 \rightarrow (NH_4)_2SO_4 + 2\ H_2O$$

$$2NaOH + H_2SO_4 \rightarrow Na_2SO_4 + 2H_2O$$

（2）甲醛法

在中性溶液中，铵盐与甲醛作用生成六亚甲基四胺和相当于铵盐含量的酸，在指示剂存在下，用氢氧化钠标准滴定溶液滴定。

2. 氮含量的测定（蒸馏后滴定法）

（1）分析步骤

① 试样溶液的制备。称取10g试样（称准至0.0001g），溶于少量水中，转移至500mL容量瓶中，用水稀释至刻度，混匀。

② 蒸馏。从上述量瓶中吸取50.0mL试液于蒸馏瓶中，加入约350mL水和几粒防爆沸石（或防爆装置：将聚乙烯管接触烧瓶底部）。用单标移液管加入50.0mL硫酸标准溶液吸收瓶中，并加入80mL水和5滴混合指示剂溶液。用硅脂涂抹仪器接口，安装好蒸馏仪器，并确保仪器所有部分密封。

通过滴液漏斗往蒸馏瓶中注入氢氧化钠溶液20mL，注意滴液漏斗中至少留有几毫升溶液。加热蒸馏，直至吸收瓶中的收集量达到（250～300）mL时停止加热，打开滴液漏斗，拆下防溅球管，用水冲洗冷凝管，并将洗涤液收集在吸收瓶中，拆下吸收瓶。

③ 滴定。将吸收瓶中溶液混匀，用氢氧化钠标准溶液回滴过量的硫酸标准滴定溶液，直至溶液呈灰绿色为终点。

④ 空白试验。在测定的同时，除不加试样外，按上述完全相同的分析步骤、试剂和用量进行平行操作。

（2）结果计算

氮（N）含量 x_1（以干基计）以质量分数（%）表示，按式（9－19）计算：

$$x_1 = \frac{c(V_2 - V_1) \times 0.01401}{m \times \frac{50}{500} \times \frac{100 - x_{H_2O}}{100}} \times 100 = \frac{c(V_2 - V_1) \times 1401}{m(100 - x_{H_2O})} \qquad (9-19)$$

式中：x_{H_2O}——硫酸铵样品的水分，%；

V_1——测定样品消耗氢氧化钠标准滴定溶液的体积，mL；

V_2——空白试验消耗氢氧化钠标准滴定溶液的体积，mL；

c——氢氧化钠标准滴定溶液的实际浓度，mol/L；

m——试样的质量，g；

0.01401——与1.00mL，1.000mol/L氢氧化钠标准溶液相当的以g表示的氮的质量。

取两次重复测定结果的算术平均值为测定结果，保留两位小数。

3. 氮含量的测定（甲醛法）

（1）测定步骤

① 称取1g试样（称准至0.0001g），置于250mL锥形瓶中，加（100～120）mL水溶解，再加1滴甲基红指示剂溶液，用氢氧化钠溶液（4g/L）调节到溶液呈橙色。

② 测定：加入15mL甲醛溶液至试液中，再加入3滴酚酞指示剂溶液，混匀。放置5min，用氢氧化钠标准溶液滴定至浅红色，经1min不消失（或滴定至pH计指示为8.5）为终点。

③ 在测定的同时，除不加试样外，按与上述完全相同的测定步骤、试剂和用量进行平行操作。

（2）结果计算

氮（N）含量x_2（以干基计）以质量分数（%）表示，按式（9－20）计算：

$$x_2=\frac{c(V_1-V_2)\times 0.01401}{m\times\frac{100-x_{H_2O}}{100}}\times 100=\frac{c(V_1-V_2)\times 140.1}{m(100-x_{H_2O})} \qquad (9-20)$$

式中：x_{H_2O}——硫酸铵样品的水分，%；

V_1——测定样品消耗氢氧化钠标准溶液的体积，mL；

V_2——空白试验消耗氢氧化钠标准溶液的体积，mL；

c——氢氧化钠标准溶液的实际浓度，mol/L；

m——试样的质量，g；

0.01401——与1.00mL，1.000mol/L氢氧化钠标准溶液相当的以g表示的氮的质量。

取两次重复测定结果的算术平均值为测定结果，保留两位小数。

四、水分的测定（重量法）

1. 基本原理

称取一定量的试样，置于（105±2）℃干燥箱内烘干至质量恒定，测定试样减少的质量，根据试样的质量损失计算出水分的质量分数。本方法适用于所取试样中水分质量不小于0.001g的情形。

2. 分析步骤

称取5g试样（称准至0.0001g），置于预先在（105±2）℃干燥至恒重的称量瓶中，称量瓶盖稍微打开，置称量瓶于干燥箱中接近于温度计的水银球水平位置上，在（105±2）℃的温度中干燥30min后，取出称量瓶，盖上盖，在干燥器中冷却至室温，称量。重操作，直至恒重，取最后一次的质量作为计算依据。

3. 结果计算

水分含量x_3以质量分数（%）表示，按式（9－21）计算：

$$x_3=\frac{m_1}{m}\times 100 \qquad (9-21)$$

式中：m——称取试样的质量，g；

m_1——试样干燥后失去的质量，g。

取两次重复测定结果的算术平均值为测定结果，保留两位小数。

4. 精密度

同一实验室重复测定结果的绝对差值不大于0.05%。

五、游离酸含量的测定

1. 基本原理

试样溶液中的游离酸，在指示剂存在下，用氢氧化钠标准溶液滴定。根据滴定消耗氢氧化钠标准溶液的量计算游离酸含量。反应如下：

$$H^+ + OH^- \rightarrow H_2O$$

2. 分析步骤

① 试样溶液的制备。称取10g（称准至0.0001g）试样于一洁净干燥的100mL烧杯中，加50mL水溶解，如果溶液浑浊，可用中速滤纸过滤，用水洗涤烧杯和滤纸，收集滤液于250mL的锥形瓶中。

② 加1～2滴指示剂溶液于滤液中，用氢氧化钠标准滴定溶液滴定至灰绿色为终点，记录消耗氢氧化钠标准滴定溶液的体积V（mL）。若试液有色，终点难以观察，也可滴定至pH计指示pH=5.4～5.6为终点。

3. 结果计算

游离酸（以H_2SO_4计）含量x_4以质量分数（%）表示，按式（9-22）计算：

$$x_4 = \frac{cV \times 0.0490}{m} \times 100 = \frac{cV \times 4.90}{m} \tag{9-22}$$

式中：V——测定样品消耗氢氧化钠标准溶液的体积，mL；

c——氢氧化钠标准溶液的实际浓度，mol/L；

m——试样的质量，g；

0.0490——与1.00mL，1.000mol/L氢氧化钠标准溶液相当以g表示的硫酸的质量。

取两次重复测定结果的算术平均值为测定结果，保留两位小数。

六、铁含量的测定（邻菲罗琳分光光度法）

1. 测定原理

试样中的铁用盐酸溶解后，以抗坏血酸将三价铁还原为二价铁，在缓冲介质（pH=2～9）中，二价铁与邻菲罗琳生成橙红色配合物，在最大吸收波长510nm处，用分光光度计测定其吸光度。本办法适用于测定铁含量在（10～100）μg范围内的试液浓度。

2. 分析步骤

（1）标准曲线的绘制

① 标准比色溶液的制备。按表9-6所示，在一系列100mL烧杯中，分别加入给定体积的铁标准溶液（0.010g/L）。

表9-6　标准比色溶液的制备

铁标准溶液（0.010g/L）的体积/mL	相应的铁含量/μg
0.0	0
1.0	10
2.0	20
4.0	40
6.0	60
8.0	80
10.0	100

每个烧杯都按照下述规定同时同样处理：

加水至30mL，用盐酸溶液或氨水溶液调节溶液的 pH≈2，定量地将溶液转移至100mL容量瓶中，加1mL抗坏血酸溶液、20mL缓冲溶液和10.0mL邻菲罗琳溶液，用水稀释至刻度，混匀，放置（15~30）min。

② 光度测定。用3cm吸收池，以铁含量为零的溶液为参比溶液，在波长510nm处，用分光光度计测定标准比色溶液的吸光度。

③ 绘制标准曲线。以100mL标准比色溶液中所含铁的质量（μg）为横坐标，相应的吸光度为纵坐标，作图。

（2）测定

① 试样溶液的制备。称取10g试样（精确至0.01g），置于100mL烧杯中，加少量水解后，加入10mL盐酸溶液，加热煮沸2min，冷却后定量转移到100L容量瓶中，稀释至刻度，混匀。

② 显色。吸取10.0mL试液于100mL烧杯中，按上述步骤进行显色。

③ 光度测定。按上述相同的步骤，测定试液的吸光度。从标准曲线上查出试液吸光对应的铁质量（μg）。

3. 结果计算

铁（Fe）含量 x_5 以质量分数（%）表示，按式（9-23）计算：

$$x_5 = \frac{m_0}{m \times \dfrac{10}{100} \times 10^6} \times 100 = \frac{m_0}{m \times 10^3} \qquad (9-23)$$

式中：m_0 —所取试液中测得的铁（Fe）质量，μg；

m——试样的质量，g。

4. 精密度

取平行测定结果的算术平均值为测定结果，平行测定结果的绝对差值不大于0.0005%；不同实验室测定结果的绝对差值不大于0.001%。

七、砷含量的测定

1. 二乙基二硫代氨基甲酸银分光光度法（仲裁法）

（1）方法原理

在酸性介质中，碘化钾、氯化亚锡和金属锌将砷还原为砷化氢，与二乙基二硫代氨基甲酸银［Ag(DDTC)］的吡啶溶液生成紫红色胶态银，在最大吸收波 540nm 处，测定其吸光度。本方法适用于测定砷含量在（1～20）μg 范围内的试液。

（2）分析步骤

由于吡啶具有恶臭，操作应在通风橱中进行。

① 标准曲线的绘制

Ⅰ 标准比色溶液的制备。按表 9－7 所示，吸取给定体积的砷标准溶液（0.0025g/L）分别置于 6 个锥形瓶中。

表 9－7　标准比色溶液的制备

砷标准溶液（0.0025g/L）的体积/mL	相应的砷含量/μg
0.0	0.0
1.0	2.5
2.0	5.0
4.0	10.0
6.0	15.0
8.0	20.0

各锥形瓶用水稀释至 50mL，加入 15mL 盐酸，然后依次加入 2mL 碘化钾溶液和 2mL 氯化亚锡溶液，混匀，放置 15min。置少量乙酸铅棉花于连接管中，以吸收硫化氢。吸取 5.0mL Ag（DDTC）－吡啶溶液到 15 球管吸收器中，磨口玻璃吻合处在反应过程中应保持密封。称量 5g 锌粒加入锥形瓶中，迅速连接好仪器，使反应进行约 45min，移去吸收器，充分混匀溶液所生成的紫红色胶态银。

Ⅱ 光度测定。以砷含量为零的溶液为参比溶液，用 1cm 吸收池，在波长 540nm 处，用分光光度计测定标准比色溶液的吸光度。

Ⅲ 绘制标准曲线。以 5.0mL Ag（DDTC）－吡啶溶液吸收液中所含砷的质量（μg）为横坐标，相应的吸光度为纵坐标，绘制标准曲线。

② 测定

Ⅰ 试样溶液的制备。称取 20g 试样（精确至 0.001g），置于锥形瓶中，加水 50mL，混匀使其完全溶解，加 15mL 盐酸，使所得溶液中盐酸的浓度约为 3mo1/L，混匀。

Ⅱ 显色与光度测定。在试液中加入 2mL 碘化钾溶液和 2mL 氯化亚锡溶液，混匀后放置 15min。

仿①绘制标准曲线，从标准曲线上查出试液吸光度对应的砷质量（μg）。

（3）结果计算

砷（As）含量 x_6 以质量分数（%）表示，按式（9－24）计算：

$$x_6 = \frac{m_0}{m \times 10^6} \times 100 = \frac{m_0}{m \times 10^4} \qquad (9-24)$$

式中：m_0——试液中测得的砷（As）质量，μg；

m——试样的质量，g。

取平行测定结果的算术平均值为测定结果。

2. 砷斑法

（1）方法原理

在酸性介质中，碘化钾、氯化亚锡和金属锌将试液中的砷还原为砷化氢，再与溴化汞试纸接触反应，生成黄色色斑，将其深浅与砷的一系列标准色斑比较，求出试样中的砷含量。本方法适用于测定砷含量在（0.5～5）μg 范围内的试液。

（2）分析步骤

① 试样溶液的制备。称取10g 试样（精确至0.01g），置于锥形瓶中，加水50mL，混匀使其完全溶解，加15mL 盐酸，混匀。

② 标准色阶的制备。制备试液的同时，按表 9－8 吸取给定体积的砷标准溶液（0.0025g/L）分别置于5 个锥形瓶中，加水至50mL，加15mL 盐酸，混匀。

③ 测定。对各锥形瓶依次加入 2mL 碘化钾溶液、2mL 氯化亚锡溶液，混匀后放置15min。

表9－8　标准色阶的制备

砷标准溶液（0.0025g/L）的体积/mL	相应的砷含量/μg
0.0	0.0
0.5	1.25
1.0	2.50
1.5	3.75
2.0	5.00

置乙酸铅棉花于玻璃管内，以吸收硫化氢。

将溴化汞试纸固定，称量5g 锌粒置于锥形瓶中，使反应在暗处进行（1～1.5）h 取下溴化汞试纸，以试样中的溴化汞颜色与砷标准溶液系列色阶比较，求出试样中的砷质量。

（3）结果计算

砷（As）含量 x_7 以质量分数（%）表示，按式（9－25）计算：

$$x_7 = \frac{m_0}{m \times 10^6} \times 100 = \frac{m_0}{m \times 10^4} \qquad (9-25)$$

式中：m_0——标准色阶比较，测得的砷质量，μg；

m——试样的质量，g。

取平行测定结果的算术平均值为测定结果。

八、重金属含量的测定（目视比浊法）

1. 方法原理

在弱酸性介质（pH＝3～4）中，硫化氢水溶液与试液中硫化氢组重金属生成硫化物，再与铅的标准色阶比较，以测定重金属（以 Pb 计）的含量。本方法适用于重金属（以 Pb 计）含量在（15～100）μg 范围内的试液。

2. 分析步骤

（1）试样溶液的制备

称取20g 试样（精确至0.1g），置于150mL 烧杯中，加少量溶解（必要时过滤），定量转移到20mL容量瓶中，用水稀释至刻度，混匀。

（2）标准色阶的制备

按表9－9吸取给定体积的铅标准溶液（0.01g/L）分别置于6支比色管中，并于比色管中分别加入10.0mL试液，用水稀释至30mL，加1mL乙酸溶液、10mL新制备的饱和硫化氢水溶液，用水稀释至50mL，混匀，放置10min。

表9－9 标准色阶的制备

铅标准溶液（0.01g/L）的体积/mL	相应的铅含量/μg
0.0	0
1.0	10
2.0	20
3.0	30
4.0	40
5.0	50

（3）测定

用单标线吸管移取20mL试液于比色管中，加1mL乙酸溶液、10mL新制备的饱和硫化氢水溶液，用水稀释至20mL，混匀，放置10min，与铅标准色阶比较，求出试样中重金属的质量。

3. 结果计算

重金属（以Pb计）含量x_8以质量分数（%）表示，按式（9－26）计算：

$$x_8 = \frac{m_0}{m \times \frac{20-10}{200} \times 10^6} \times 100 = \frac{2m_0}{m \times 10^3} \qquad (9-26)$$

式中：m_0——与标准色阶比较测得的重金属质量，μg；

m——试样的质量，g。

九、水不溶物含量的测定（重量法）

1. 方法原理

用水溶解试样，将不溶物滤出，用水洗涤残渣，使之与样品主体完全分离，干燥后秭水不溶物质量。本方法适用于试样中水不溶物含量不小于0.001g的情形。

2. 分析步骤

（1）试样溶液的制备

称100g试样（精确至0.1g）置于1000mL烧杯中加500mL水溶解，保持（20～30）℃。

（2）测定

用预先在（110±5）℃下干燥至恒重的玻璃坩埚式滤器过滤试液，用水充分洗涤坩埚及烧杯，直至用氯化钡溶液检验洗涤水中没有白色沉淀为止。在（110±5）℃下干燥坩埚和内容物1h，在干燥器中冷却至室温，称重。重复操作，至两次连续称量之差不大于0.001g为止。取最后一次测量值作为测量结果。

3. 结果计算

水不溶物的含量 x_9 以质量分数（%）表示，按式（9－27）计算：

$$x_9 = \frac{m_1 - m_2}{m} \times 100 \tag{9-27}$$

式中：m_1——不溶物和坩埚的质量，g；

m_2——坩埚的质量，g；

m——试样的质量，g。

取两次重复测定结果的算术平均值为测定结果。

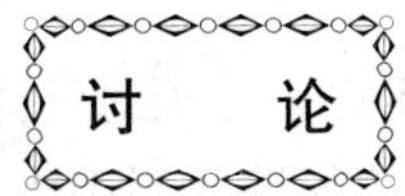

讨　论

1. 如何采集各种状态的焦化产品？
2. 焦化产品水分、灰分、密度测定的原理和方法是什么？主要测定步骤有哪些？
3. 焦化产品馏程、粘度测定的原理和方法是什么？主要测定步骤有哪些？
4. 焦化产品甲苯不溶物、喹啉不溶物测定的原理和方法是什么？主要测定步骤有哪些？
5. 煤焦油萘含量测定的原理和方法是什么？主要测定步骤有哪些？
6. 焦化固体产品软化点测定的原理和方法是什么？
7. 焦化萘测定的内容有哪些？结晶点、不挥发物测定的测定原理和测定步骤是什么？
8. 粗苯测定的内容有哪些？
9. 硫酸铵测定的内容有哪些？其中氮含量测定的原理和测定方法是什么？

第十章 煤气检验

第一节 组成测定

在煤气生产中，为了正常、安全生产，必须对气体进行分析，了解其组成。煤气主要组分分析测定的内容包括：酸性气体的总含量（以 CO_2 表示）、不饱和烃气体的总含量（以 C_nH_m 表示）、氧气（O_2）含量、一氧化碳（CO）含量、氢气（H_2）含量、烷烃气体的总含量（以 CH_4 表示）、其他惰性气体的总含量（以 N_2 表示）等内容。

一、测定原理

主要组分分析是用直接吸收法首先测定二氧化碳（CO_2）、不饱和烃（C_nH_m 表示）、氧（O_2）、一氧化碳（CO）的含量，然后用爆炸燃烧法（加氧爆炸燃烧剩余留燃气体），根据反应结果计算甲烷及氢的含量，而惰性气体的含量则用差减法求得。主要的化学反应如下。

（1）用氢氧化钾吸收二氧化碳及酸性气体　$CO_2 + 2KOH \rightarrow K_2CO_3 + H_2O$

硫化氢、二氧化硫等酸性气体也和氢氧化钾反应，干扰吸收，应事前除去。氢氧化钠的浓溶液极易产生泡沫，而且吸收二氧化碳后生成的碳酸钠又难溶解于氢氧化钠的浓溶液，以致发生仪器管道的堵塞事故，因此通常使用氢氧化钾。

（2）用焦性没食子酸（学名邻苯三酚或1,2,3－三羟基苯）的碱性溶液吸收氧

反应分两步进行：首先是焦性没食子酸和碱发生中和反应，生成焦性没食子酸钾，然后是焦性没食子酸钾和氧作用，被氧化为六氧基联苯钾。

$$C_6H_3(OH)_3 + 3KOH \rightarrow C_6H_3(OK)_3 + 3H_2O$$

$$2C_6H_3(OK)_3 + 1/2\ O_2 \rightarrow C_{12}H_4(OK)6 + H_2O$$

（3）用发烟硫酸吸收不饱和烃（C_nH_m），如 C_2H_4，C_6H_6

$$C_2H_4 + H_2SO_4 \cdot SO_3 \rightarrow C_2H_6S_2O_7\text{（乙烯磺酸）}$$

$$C_6H_6 + H_2SO_4 \cdot SO_3 \rightarrow C_6H_6SO_3\text{（苯磺酸）} + H_2SO_4$$

（4）用氨性氯化亚铜溶液吸收一氧化碳

$$Cu_2Cl_2 + 2CO \rightarrow Cu_2C1_2 \cdot 2CO$$

$$Cu_2Cl_2 \cdot 2CO + 4NH_3 + 2H_2O \rightarrow 2NH_4Cl + Cu(COONH_4)_2$$

（5）甲烷和氢加氧发生爆炸燃烧反应

$$CH_4 + 2O_2 \rightarrow CO_2 + 2H_2O \quad 2H_2 + O_2 \rightarrow 2H_2O$$

加氧量必须调节，使可爆混合气浓度略高于爆燃下限，不可接近化学计量的需氧量，以免爆燃过分剧烈。具体须按照表 10－1 中的规定操作。

表 10－1　不同气样体积与加氧量、爆炸次数的技术要求

气体分类	吸收后剩余气样倍数 1/*R*	计算倍数 *R*	加入氧气量 /mL	爆炸次数	各次气体量/mL
城市煤气、混合煤气	1/2	2	60～70	4	约 10，20，30，40
焦炉气、纯炭化炉气、油制气	1/3	3	65～75	4	约 10，20，30，40
水煤气	1/2	2	40～45	3	约 10，30，>50
发生炉气	全部气体	1	15～25	1	全部
沼气	1/3	3	70～80	4	约 10，20，30，40

注：沼气的一般可燃组分含量为甲烷 45%～65%、氢小于 10%。若甲烷、氢的含量超过上述范围，则爆燃取样体积及爆炸次数、倍数由分析人员自己酌情调整。

二、吸收液的配制

（1）氢氧化钾溶液 30% 氢氧化钾溶液。取 30g 化学纯的氢氧化钾溶于 70mL 水中。

（2）焦性没食子酸的碱性溶液。取 10g 焦性没食子酸，溶于 100mL、30% 氢氧化钾溶液中。焦性没食子酸的碱性吸收液在灌入吸收管后，通大气的液面上应加液体石蜡油，使其与空气隔绝。

（3）发烟硫酸溶液 三氧化硫含量为 20%～30%。发烟硫酸液灌入吸收管后，通大气的透气口上应套橡皮袋，以防三氧化硫外逸。

（4）氨性氯化亚铜溶液 取 27g 氯化亚铜和 30g 氯化铵，加入 100mL 蒸馏水中，搅拌成浑浊液，灌入吸收管内并加入紫铜丝。其后加入浓氨水（分析纯，密度 ρ 为 0.88～0.99g/mL）至吸收液澄清，通大气的液面上应加液体石蜡油，使其与空气隔绝。

（5）稀硫酸溶液 浓度为 10%。在 100mL 水中加入（5.5～6.0）mL 浓硫酸（密度 ρ 为 1.84g/mL），滴入 1～2 滴甲基橙指示剂显红色。

（6）封闭液 量气管的封闭液，不得吸收被测定的气体。为了进一步阻止气体溶解，在使用之前必须用待测气体饱和。一般可以使用 10% 硫酸作为量气管的封闭液。爆炸管的封闭液，则用二氧化碳饱和的水即可。

（7）吸收液调换 根据所分析的燃气中各主组分的含量高低，及各吸收液的吸收效率，决定使用次数，部分吸收液也会因长时间放置而失效。

三、测定步骤

（1）准备工作。检查整套分析仪器的严密性。具体方法是把进样直通活塞、吸收管活塞关闭，将中心三通活塞处的量气管和吸收瓶梳形管连通，使量气管存有一定量的气体，然后将水准瓶放在仪器上方，5min 后气体不再减少，即说明仪器不漏气。

各吸收管内吸收液都在活塞面以下，不得超过活塞。

（2）取样。取样可采用取样瓶的排水集气法或橡皮袋（塑料袋）灌气法。取样瓶法可用于在微负压或正压气流的管道上取样，雨皮袋（塑料袋）法只能在正压气流的管道上取样。取样瓶内所盛的应是经过过滤的硫酸钠（或氯化钠）饱和液，且被被测气体所饱和。不论使用取样瓶还是橡皮袋，取燃气前都须经样气置换 3～4 次，并须注意取样时不要带入外界空气。取样瓶或橡皮袋存放燃气的时间不宜超过 2h。

（3）进样。先将量气管中的气体排出，使用前将量气管的液面升到零点，关闭进样直通活塞。取样瓶或取样袋的橡皮管与奥氏仪接通，而后打开取样瓶橡皮管夹子，打开奥氏仪进样直通活塞，使样气流进量气管中（20～30）mL，而后旋转中心三通活塞，将水准瓶升高，量气管中的试样放空，直到量气管液面升到零点，如此至少 3 次。取足试样 100mL（值梳形管所占容积）、压力平衡后（使压力与大气压相同）关闭进样直通活塞。

（4）气体组成分析。煤气主要组分全分析的步骤按下列顺序进行：第一为二氧化碳，二为不饱和烃，第三为氧，第四为一氧化碳。此顺序中不饱和烃和氧可前后互换，但二氧化碳必须先吸收，一氧化碳必须最后吸收分析。

① 二氧化碳分析。打开盛有 30% 氢氧化钾溶液的吸收管旋塞，与量气管接通，升高水准瓶，使量气管内的气体压入吸收管，而量气管液面上升至零点时，降低水准瓶，使气体回量气管中，然后重新把气体送入吸收管。如此来回需吸收 7～8 次。在最后一次把气体全部吸回后（即吸收管内液面停在未吸收时的位置），关闭旋塞读取读数。然后重复上述操作，再读取读数，复核吸收读数不变时即可，缩减的体积为二氧化碳的体积。

② 不饱和烃分析。打开盛有发烟硫酸的吸收管的旋塞，使上述剩余下来的气体流入吸收管中，用升降水准瓶的方法，使分析气体至少来回 18 次与吸收管中的发烟硫酸作用，后降低水准瓶使气体全部收回，即吸收管中的液面停留在未吸收的位置，关闭旋塞。打开含有 30% 氢氧化钾吸收管的旋塞（除去三氧化硫），用升降水准瓶的方法，使气体与 30% 氢氧化钾反复接触 4～5 次，如还有酸雾，继续吸收直至读数不变。最后将全部气体吸回后（即吸收管的液面停在未吸收时的位置），关闭旋塞，校正压力，使它与大气压力相同，读取读数。而后重复上述吸收操作，直到与前次吸收读数相同为止。减少的体积即为不饱和体积。

③ 氧的分析。用盛有焦性没食子酸的碱性溶液的吸收管进行分析，来回至少 8 次，操作步骤与上述二氧化碳分析相同。

④ 一氧化碳分析。用氨性氯化亚铜吸收液进行吸收。

用一只旧的氨性氯化亚铜吸收管吸收剩余气体至少 8 次后，使氨性氯化亚铜的液面保持在原来的位置，关闭旋塞。打开一只新的氨性氯化亚铜吸收管旋塞进行吸收操作，至少 15 次，并使氨性氯化亚铜的液面保持在原来的位置上，关闭旋塞。打开 10% 硫酸的吸收管旋塞吸收气体中的氨，来回至少吸收 4 次后，使 10% 硫酸吸收管中液面保持在原来的位置上，关闭旋塞。经过 3 个操作步骤后，读取读数，而后再重复第二、第三步操作直至两次的读数不变，减少的体积即为一氧化碳的体积。

⑤ 甲烷和氢的分析。取一定量的气体于量气管中，多余的气样存放于 10% 硫酸吸收管中。在中心三通活塞处加氧气，旋转中心三通活塞，混合后记下量气管读数（为爆炸前体积 V_5），而后进行爆炸燃烧，爆炸次数根据表 10－2 确定。例如分析城市燃气时，打开中心三通活塞与爆炸管连通，再打开爆炸管旋塞，使约 10mL 的混合气进入爆炸管，关闭爆炸管旋塞，上面中心三通活塞按顺时针转 45°，用高频火花器点火进行爆炸燃烧，第一次爆炸后，打开爆炸管旋塞，再放入量气管余下的气体约 20mL，混入已爆炸的气体中，关闭爆炸

管旋塞，点火使之再爆炸燃烧。在同样操作下，须按规定分4次操作，全部爆炸后将爆炸管内的升温气体压入量气管内来回冷却，上升液面到爆炸管的旋塞处，下降爆炸管内液面高度恰为铂丝下1cm（这样即称冷却一次）。如此从爆炸管至量气管来回冷却应严格规定为5.5次。冷却后使全部气体流入量气管中，关闭爆炸管旋塞，旋转量气管上中心三通活塞，记下量气管读数（即为爆炸后体积 V_6）。再将此爆炸后的气体用30%氢氧化钾吸收液吸收，除去二氧化碳后再读取量气管中剩余气体的体积，即为碱液吸收后的读数（V_7）。

四、结果计算

（1）二氧化碳含量的计算 设煤气试样的取样体积为 V_0，必须取准100mL（含梳形管的容积），则煤气中二氧化碳的体积分数 $\varphi(CO_2)$ 为

$$\varphi(CO_2)=\frac{V_0-V_1}{V_0}\times100\%=\frac{100-V_1}{100}\times100\% \qquad (10-1)$$

式中：$\varphi(CO_2)$ ——煤气中二氧化碳的体积分数，%；

V_1——100mL样气经碱液吸收管吸尽二氧化碳后的体积读数，mL。

（2）不饱和烃含量的计算

$$\varphi(C_nH_m)=\frac{V_1-V_2}{V_0}\times100\%=\frac{V_1-V_2}{100}\times100\% \qquad (10-2)$$

式中：$\varphi(C_nH_m)$ ——煤气中不饱和烃的体积分数，%；

V_2——剩余样气经发烟硫酸吸收管吸尽不饱和烃，再用30%氢氧化钾吸收三氧化硫后的体积读数，mL。

（3）氧含量的计算

$$\varphi(O_2)=\frac{V_2-V_3}{V_0}\times100\%=\frac{V_2-V_3}{100}\times100\% \qquad (10-3)$$

式中：$\varphi(O_2)$ ——煤气中氧的体积分数，%；

V_3——剩余样气经没食子酸碱液吸尽氧后的体积读数，mL。

（4）一氧化碳含量

$$\varphi(CO)=\frac{V_3-V_4}{V_0}\times100\%=\frac{V_3-V_4}{100}\times100\% \qquad (10-4)$$

式中：$\varphi(CO)$ ——煤气中一氧化碳的体积分数，%；

V_4——剩余样气经氨性氯化亚铜吸尽一氧化碳及10%硫酸吸尽氨后的体积读数，mL。

（5）甲烷和氢含量的计算

设参加爆炸的燃气中，甲烷体积为 x(mL)，则 $x=V_6-V_7$（mL），故

$$\varphi(CH_4)=\frac{R(V_6-V_7)}{V_0}\times100\%=\frac{R(V_6-V_7)}{100}\times100\% \qquad (10-5)$$

式中：$\varphi(CH_4)$ ——煤气中甲烷的体积分数，%；

V_7——爆炸冷却后的气体经碱液吸尽二氧化碳后的体积读数，mL。

R——计算倍数。

设爆炸前后的气体缩减为 C，即爆炸前（含加入氧）气体读数 V_5 与爆炸后经冷却的体积读数 V_6 之差数（mL），则 $C = V_5 - V_6$（mL），故

$$\varphi(H_2) = \frac{2R(C-2x)}{3V_0} \times 100\% = \frac{2R(C-2x)}{300} \times 100\% \quad (10-6)$$

式中：$\varphi(H_2)$——煤气中氢的体积分数，%。

（6）惰性气体（以 N_2 计）含量的计算

$$\varphi(N_2) = 100 - \varphi(CO_2) - \varphi(C_nH_m) - \varphi(O_2) - \varphi(CO) - \varphi(CH_4) - \varphi(H_2) \quad (10-7)$$

式中：$\varphi(N_2)$——煤气中惰性气体（以 N_2 计）的体积分数，%。

五、气相色谱分析法

在煤气主要组分的气相色谱分析法中，一般使用分子筛进行分离。常温下，以 H_2 作载气携带气样流经分子筛色谱柱。由于分子筛对 O_2，N_2，CH_4，CO 等气体的吸力不同，这些组分按吸附力由小到大的顺序分别流出色谱柱，然后进入检测器。则各组分的量分别转变为相应的电信号，并在记录纸上绘出 O_2，N_2，CH_4，CO 等四个组分的色谱图，由色谱图中各组分峰的峰高或峰面积计算组分的含量。

煤气主要组分常用的气相色谱分析流程有以下两种。（1）并联流程。载气携带气样通过三通，分成两路，一路进入硅胶色谱柱，完成对 CO_2 的吸附作用；另一路经过碱石灰管进入分子筛色谱柱。被两柱分离后的组分再汇进入检测器，测出峰值。（2）串联流程。载气携带气样通过硅胶色谱柱后，进入检测器，测出混合峰和 CO_2 峰。然后，经过碱石灰管截留 CO_2，其余 O_2，N_2，CH_4，CO 混合气体继续经色谱柱分离后再进入检测器，分别获得 O_2，N_2，CH_4，CO 的色谱峰。

第二节　热值测定

一、概念

煤气热值是指标准状况（0℃、101.3kPa）下 $1m^3$ 干燃气完全燃烧时产生的热量。如果氢气燃烧后生成水，此时放出的热量，称为高位热值；若氢燃烧后生成水蒸气，此时放出的热量，称为低位热值。

二、方法原理

在水流式热量计中，用连续水流吸收燃气完全燃烧时产生的热量。根据达到稳定时的各个参数，计算标准状况干燃气燃烧产生的热量。

三、测试条件

① 热量计应装在光线明亮、空气流速小于 0.5m/s 且不受辐射热影响的地方。测试期环

境温度应为（15～30）℃，温度波动小于±1℃。

② 进热量计的水温应低于室温（1.5～2.5）℃。整个测试分为两组，共4次，每次测试期间的进口水温波动必须小于0.1℃。

③ 热量计的热负荷应保持标定时的热负荷。当热负荷为（3.3～4.2）MJ/h时，燃烧器的喷嘴尺寸可参考表10－2。

表10－2 燃烧器喷嘴尺寸与热负荷对应表

高位热值/(MJ/m^3)	喷嘴直径/mm	高位热值/(MJ/m^3)	喷嘴直径/mm
12.6～16.7	2.5	37.7～46.0	1.5
16.7～37.7	2.0	46.0～62.8	1.0

④ 热量计进、出口水的温度差应为（8～12）℃。

⑤ 热量计的进口空气湿度应为（80±5)%。

⑥ 热量计的排烟温度与进口水的温度差为（0～2）℃。

⑦ 各种测试仪表均需定期标定，并按标定值修正。

四、操作步骤

1. 测试准备工作

① 用标准容量瓶校正湿式气体流量计，得出校正系数f_1。流量计中的水温与室温相差应小于0.5℃。

② 将热量计垂直放好，并装上空气湿润器。

③ 将温度计插入热量计中水流转弯中心处，水银球不应与内壁接触，烟气温度计插入深度应使水银球在排烟管的中心线上。

④ 装好整个系统，按规定在燃气稳压器、燃气及空气湿润器中加水。

⑤ 燃气系统气密性检验。在工作压力下，持续5min压力不应下降。

⑥ 排放燃气系统中的空气。打开阀门，从燃烧器向外放气，使气体流量计转一圈并确认流量计中只有燃气后，点燃燃烧器。

⑦ 调节燃烧器的一次空气调节板，使火焰具有清晰的内焰锥并且稳定燃烧。调节燃烧稳压器上的重块或燃气阀门，使热负荷符合标定时的热负荷。

⑧ 调节空气湿润器的空气调节门，使热量计入口空气湿度达到（80±5)%。

⑨ 打开进水阀并将热量计的进水调节阀放在中间位置，装入已点燃的燃烧器，当出口水温上升后，拨动调节阀，使热量计进、出口水的温度差为（8～12）℃。

⑩ 调节热量计的排烟阀，使排烟温度与进口水的温度差为（0～2）℃。

2. 操作过程和数据记录

① 将热量计出水口切换阀指向排水口。

② 热量计运行30min后，当进、出口水温达到稳定，冷凝水出口处凝结水均匀下落时，方可进行测定。

③ 用放大镜试读进、出口水温，达到稳定，读数应精确到小数点后两位。

④ 测出盛水器净重，读数应精确到1g。

⑤ 当气体流量计指针指零时，记下流量计初读数并把冷凝水量筒放在热量计的冷凝水出口下方，开始测定。

⑥ 当流量计指针指向预定读数时，转动出水口切换阀，使水流至盛水器中。当燃气流过预定体积 V 后，再将切换阀转回原位。在此期间读出并记录 10 次以上进、出口水温（t_1 和 t_2），并记下流过的燃气量 V 与相应的水量 W，读数应精确到 0.5mL。

⑦ 重复上述操作，记下第二次的 W，V 及 t_1 和 t_2。

⑧ 当流量计指针指到某预定终读数时，将冷凝水量筒取出称重，并记录冷凝水量（W），读数应精确到 0.5mL，同时记下流量计的终读数，计算出与 W 相对应的燃气消耗量 V_1。

⑨ 在每次测试期间燃气消耗量应大于表 10－3 的规定。

表 10－3　测试期间燃气消耗量

燃气种类	V/L	V_1/L
焦炉煤气	10	45
天然气	5	17.5

⑩ 记录测试过程中的以下参数：大气压力（读数精确到 134Pa）、气体流量计上的唧压力（读数精确到 10Pa）、气体流量计上的燃气温度（读数精确到 0，5℃）、排烟温度（t 精确到 0.5℃）。

⑪ 根据以上两次测得的 W，V 及 t_1 和 t_2 的值，求得两个高位热值 Q_{GW_1} 与 Q_{GW_2}，当其差值大于 1% 时，结果无效，应重测。

$$\text{高位发热量差值} = \frac{Q_{GW_1} - Q_{GW_2}}{\overline{Q}_{GW}} \times 100\% \tag{10-8}$$

式中：

$$\overline{Q}_{GW} = \frac{Q_{GW_1} + Q_{GW_2}}{2} \tag{10-9}$$

⑫ 重复上述操作步骤，取第二组测试结果。

⑬ 根据第一组与第二组测试结果，求得两个低位热值 Q_{DW_1} 与 Q_{DW_2}，当其差值大于 1% 时，测试结果无效，应重测。

$$\text{低位发热量差值} = \frac{Q_{DW_1} - Q_{DW_2}}{\overline{Q}_{DW}} \times 100\% \tag{10-10}$$

式中：

$$\overline{Q}_{DW} = \frac{Q_{DW_1} + Q_{DW_2}}{2} \tag{10-11}$$

五、结果计算

（1）高位热值。煤气的高位热值按式（10－12）计算：

$$Q_{GW}=\frac{WC(t_1-t_2)}{FVf_2\times10^{-3}} \tag{10-12}$$

$$F=\frac{273.15(p+p_r-p^0)}{(273.15+t_g)p_0}\times f_1 \tag{10-13}$$

式中：Q_{Gw}——煤气的高位热值，MJ/m^3；

W——水量，g；

C——水的比热容，MJ/(g·℃)；

t_1——进口水温，取10次读数的平均值,℃；

t_2——出口水温，取10次读数的平均值,℃；

V——燃气消耗量，L；

F——体积修正系数；

t_g——燃气温度,℃；

p_0——标准大气压力，Pa；

p——试验过程中的大气压力，Pa；

p_r——燃气压力，Pa；

p^0——温度为 t_g 下的饱和蒸气压，Pa；

f_1——气体流量计修正系数；

f_2——经过标定后的热量计修正系数。

（2）低位热值。煤气的低位热值按下式计算：

$$Q_{DW}=\overline{Q}_{GW}-\frac{Wq}{V_1F\times10^{-3}} \tag{10-14}$$

式中：Q_{DW}——煤气的低位热值，MJ/m^3；

$\overline{Q}_{GW}$——煤气的高位热值，MJ/m^3；

W——凝水量，g；

V_1——与 W 对应的燃气消耗量，L；

q——每克凝结水的汽化潜热，MJ/g；

F——体积修正系数。

第三节　氮、硫化氢、焦油、灰尘含量的测定

一、煤气中氨含量的测定

1. 方法原理

采用中和滴定法（仲裁法），把一定量的煤气通入硫酸溶液中，以吸收其中的氨，过剩的硫酸用氢氧化钠标准溶液回滴，根据消耗的硫酸量，计算氨的含量。

反应式如下：

$$2NH_3+H_2SO_4\rightarrow(NH_4)_2SO_4$$

$$2NaOH+H_2SO_4\rightarrow Na_2SO_4+2H_2O$$

2. 操作步骤

（1）取样

将取样管（不锈钢，直径8mm）从水平方向插入主管道，与气流相逆成45°角，插入深度至管径的1/6，取样管到仪器之间用胶皮管连接，连接管应尽量短。

（2）吸收

用移液管向洗气瓶中分别加入0.1mol/L硫酸溶液50mL和1～2滴甲基红－亚甲基蓝混合指示剂，洗气瓶5内加入5%乙酸铅溶液50mL，除去硫化氢。

将仪器连接完毕后，检查气密性，在确认连接系统全部严密后，打开取样阀，排气约2min，将管内残留气体及水分排尽。关闭取样阀，将取样管与第一支洗气瓶入口连接，记下流量计读数。打开取样阀，调节煤气速度为（0.25～0.5）L/min，每隔30min核对一次流速，记录煤气压力、温度及大气压力。当吸收的氨量在（2～30）mg之间时，停止通气，记下流量计读数。

（3）滴定

将洗气瓶中的硫酸吸收液倒入500mL锥形瓶中，用蒸馏水冲洗洗气瓶（取样中如有冷凝液，也应用蒸馏水冲洗干净），洗涤液并入锥形瓶中，以0.1mol/L氢氧化钠准溶液滴定至呈现绿色即为终点。同时做试样吸收液空白试验。

3. 结果计算

煤气中的氨含量（mg/m^3）按式（10－15）计算：

$$NH_3\text{ 含量} = \frac{17.03 \times c(V_1 - V_2) \times 1000}{V_0} \tag{10－15}$$

式中：c——氢氧化钠标准溶液的浓度，mol/L；

V_1——空白试验滴定耗用氢氧化钠标准溶液的体积，mL；

V_2——试样滴定耗用氢氧化钠标准溶液的体积，mL；

17.03——氨的摩尔质量，g/mol；

V_0——取样体积换算为标准状态下的体积。

$$V_0 = \frac{V(p + p_{r-b} - p_0)}{101325} \times \frac{273.15}{273.15 + t} \tag{10－16}$$

式中：V——取样体积，L；

p——取样时的大气压力，Pa；

p_{r-b}——煤气与大气压力差，Pa；

p_0——温度为r时的饱和蒸气压，Pa；

t——煤气平均温度，℃。

二、煤气中硫化氢含量的测定

1. 方法原理

气体中的硫化氢被锌氨络合溶液吸收后，形成硫化锌沉淀，在弱酸性条件下，同碘作用，过量的碘用硫代硫酸钠溶液滴定。

2. 取样装置

取样口是一段带有取样阀并焊接在燃气管道上的不锈钢管，其内径为（4～6）mm。钢管一端插入煤气主管断面中心点半径的1/3处，伸出主管外的部分用软质聚乙烯管连接（取样口的位置应避开阀门、弯头和管径发生急剧变化处）。

3. 测定步骤

（1）吸收

① 取两个洗气瓶，各加入100mL吸收液，用软质聚乙烯管将各部分连接，通气前应检查气密性。

② 转动T形三通活塞通入大气，再缓缓打开取样阀排气约2min，将管内残余气体及水分排尽。

③ 转动T形三通活塞使煤气通入洗气瓶，调节螺旋夹，使煤气以（0.5～1）L/min的流通过洗气瓶，吸收到（0.85～35）mg硫化氢的量时停止通气，同时记录流量计读数、温度（末两次平均值）和压力。

（2）滴定

① 取下洗气瓶，用水仔细冲洗两个洗气瓶的管口及瓶壁，并用中速定性滤纸过滤收液。

② 用移液管吸取25mL、0.1mol/L碘液于500mL碘量瓶中，加200mL盐酸（1+1），即放入带有沉淀的滤纸，盖上瓶塞，摇动碘量瓶至瓶内滤纸被摇碎为止，碘量瓶用水封口，置于暗处10min后，用少量水冲洗瓶壁及塞，然后用0.1mol/L硫代硫酸钠标准溶液滴定，待溶液呈淡黄色时，加1mL淀粉指示剂，继续滴定至溶液蓝色消失即为终点。

③ 取同样量吸收液做空白试验。

4. 结果计算

煤气中硫化氢的含量D（mg/m^3）按式（10－17）计算：

$$D = \frac{17.04 \times c(V_2 - V_1)}{V_0} \times 1000 \tag{10-17}$$

式中：D——分析样气中硫化氢的含量，mg/m^3；

17.04——计算常数；

c——硫代硫酸钠标准溶液的浓度，mol/L；

V_1——样气滴定时硫代硫酸钠标准溶液耗用的体积，mL；

V_2——空白试验耗用硫代硫酸钠标准溶液的体积，mL；

V_0——换算至标准状态下干样气的体积，L。

标准状态下干样气体积的换算公式如下：

$$V_0 = \frac{p + p_g - p_0}{101325} \times \frac{273}{273 + t} \times Vf \tag{10-18}$$

式中：V——取样体积，L；

f——湿式流量计的校正系数；

p——取样时的大气压，Pa；

p_g——取样时的煤气压力，Pa；

p_0——温度为 t 时的饱和蒸气压，Pa；

t——样气平均温度,℃。

三、煤气中焦油和灰尘含量的测定

1. 方法原理

一定体积的城市燃气，通过已知质量的滤膜，以滤膜的增重和取样体积来计算出焦油和灰尘的含量。

2. 操作步骤

① 取样位置选择气流平衡的直管管道，取样点与管道弯曲部分和截面形状急剧变化分的距离，应大于管道直径的 1.5 倍，煤气管外至取样器之间的最长距离不超过 200mm。

② 将玻璃纤维和聚乙烯薄膜垫圈置于干燥器中干燥 2h，称重，继续干燥 30min，称量，直至两次称量之差不超过 0.3mg 为止，记下其质量（m_1），放入取样器内，拧紧。

③ 取样管采用内径为 4mm、壁厚为 1mm 的不锈钢管，将此管插入管道距中心 $r/3$ 处，开口方向对准气流方向。

④ 连接取样装置，检查装置气密性，记下流量计读数。

⑤ 打开煤气开关，将流速调至（3.5～4）L/min，焦油和灰尘捕集量应大于 2mg。取样后，关闭燃气开关，记下流量计读数。

⑥ 打开取样器，用镊子将滤膜连同聚乙烯薄垫圈置于干燥器中干燥 2h，称量，继续干燥 30min，称量，直到两次称量之差不超过 0.3mg 为止，记下其质量（m_2）。

3. 结果计算

煤气中焦油和灰尘的含量（mg/m^3）按式（10－19）计算：

$$\text{焦油和灰尘的含量} = \frac{m_2 - m_1}{V_0} \times 10^6 \qquad (10-19)$$

式中：m_1——取样前滤膜和聚乙烯薄膜垫圈的质量，g；

m_2——取样后滤膜和聚乙烯薄膜垫圈的质量，g；

V_0——换算至标准状态下的取样体积，L。

$$V_0 = \frac{p + p_g - p_0}{101325} \times \frac{273}{273 + t} \times Vf \qquad (10-20)$$

式中：V——取样时从流量计读取的煤气取样体积，L；

f——湿式流量计的校正系数；

p——取样时的大气压，Pa；

p_g——取样时的煤气压力，Pa；

p_0——取样温度下的饱和蒸气压，Pa；

t——取样时煤气的温度,℃。

讨　论

1. 简述煤气的主要组分和测定的基本原理。
2. 简述煤气热值的基本概念和测定的基本原理。
3. 简述煤气中氨含量的测定原理和测定步骤。
4. 简述煤气中焦油和灰含量的测定原理和测定步骤。
5. 简述煤气中硫化氢含量的测定原理和测定步骤。

第十一章　焦化废水的检测

焦化废水是在原煤的高温干馏、煤气净化和化工产品精制过程中产生的。废水成分复杂，其水质随原煤组成和炼焦工艺而变化。核磁共振－色谱图中显示：焦化废水中含有数十种无机和有机化合物，其中无机化合物主要是大量铵盐、硫氰化物、硫化物、氰化物等，有机化合物除酚类外，还有单环及多环的芳香族化合物以及含氮、硫、氧的杂环化合物等。总之，焦化废水污染严重，是工业废水排放中一个突出的环境问题，需要严格对其进行检测。

第一节　采　　样

水样的采集和保存是否得当，关系到水质分析资料是否可靠。

一、水样的代表性

为了说明水质，要在规定的时间、地点或特定的时间间隔内测定水的一些参数。如无机物、溶解的矿物质或化学药品、溶解气体、溶解有机物、悬浮物以及底部沉积物的浓度。某些参数，例如溶解气体的浓度，应尽可能在现场测定，以便取得准确的结果。由于化学和生物样品的采集、处理步骤和设备均不相同，因此样品应分别采集。

(1) 瞬间水样。从水体中不连续地随机（就时间和地点而言）采集的样品称为瞬间水样。

在一般情况下，所采集样品只代表采样当时和采样点的水质，而自动采样是相当于以预定选择时间或流量间隔为基础的一系列这种瞬间样品。

(2) 在固定时间间隔下采集的周期样品（取决于时间）。通过定时装置在规定的时间间隔下自动开始和停止采集样品。通常在固定的期间内抽取样品，将一定体积的样品注入各容器中。手工采集样品时，按上述要求采集周期样品。

(3) 在固定排放量间隔下采集的周期样品（取决于体积）。当水质参数发生变化时，采样方式不受排放流速的影响，此种样品归于流量比例样品。例如，液体流量的单位体积（如10000L），所取样品量是固定的，与时间无关。

(4) 在固定流速下采集的连续样品（取决于时间或时间平均值）。通过在固定流速下采集的连续样品，可测得采样期间存在的全部组分，但不能提供采样期间各参数浓度的变化。

(5) 在可变流速下采集的连续样品（取决于流量或与流量成比例）。采集流量比例样品代表水的整体质量，即便流量和组分都在变化，流量比例样品也同样可以揭示利用瞬间样品所观察不到的这些变化。因此，对于流速和待测污染物浓度都有明显变化的流动水，采集流量比例样品是一种精确的采样方法。

（6）混合水样。在同一采样点上以流量、时间或体积为基础，按照已知比例（间歇地或连续地）混合在一起的水样，称为混合水样。混合水样可自动或手工采集。

（7）综合水样。为了某种目的，把从不同采样点同时采得的瞬间水样混合为一个样（时间应尽可能接近，以便得到所需要的数据），这种混合样品称作综合水样。

二、水样的采样设备

1. 供测定物理或化学性质的采样设备

（1）瞬间非自动采样设备

瞬间样品一般采集表层样品时，用吊桶或广口瓶沉入水中，待注满水后，再提出水面。包括综合深度采样设备和选定深度定点采样设备。

（2）自动采样设备

包括非比例自动采样器和比例自动采样器。

2. 采集微生物的设备

灭菌玻璃瓶或塑料瓶适用于采集大多数微生物样品。所有使用的仪器包括泵及其配套设备，必须完全不受污染，设备本身不可引入新的微生物。采样设备与容器不能用水冲洗。

3. 采集放射性特性样品的设备

一般物理、化学分析用的硬质玻璃和聚乙烯塑料瓶适用于放射性核素分析，但要针对检验核素存在的形态选取合适的取样容器（例如测量总α、总β放射性可用聚乙烯瓶，而测定氚只能使用玻璃容器）。取样之前，应将样品瓶洗净晾干。

三、水样的采样容器和辅助设备

1. 容器的材料

在评价水质时，关于采样容器最常遇到的影响因素是容器清洗不当、容器自身材料对样品的污染和容器壁上的吸附作用。此外，还包括一些其他因素，比如温度变化、抗破裂性、密封性能、重复打开的情形、体积、形状、质量供应状况、价格、清洗和重复使用的可性等。

大多数含无机物的样品，多采用由聚乙烯、氟塑料和聚碳酸酯制成的容器。对光敏质，可使用棕色玻璃瓶。不锈钢容器可用于高温或高压的样品，或用于含微量有机物样品。

一般来说，玻璃瓶适用于有机物和生物样品，塑料容器适用于检测放射性核素和含属玻璃主要成分的元素水样。在采样设备中，经常用氯丁橡胶垫圈和油质润滑的阀门，而这材料均不适合于采集有机物和微生物样品。

因此，除了需满足上述要求的物理特性外，在选择采集和存放样品的容器时（尤其是用于分析微量组分时）应该遵循下述准则。

① 制造容器的材料应对水样的污染降至最小。例如玻璃（尤其是软玻璃）会溶出无组分，塑料和合成橡胶（如增塑的乙烯瓶盖衬垫、氯丁橡胶盖）会溶出有机化合物及金属，使用时应注意。

② 制造容器的材料应具有容器壁可清洗和处理的性能，以便减少微量组分（例如重金属或放射性核素对容器表面的污染）。

③ 制造容器的材料在化学和生物方面应具有惰性，使样品组分与容器之间的反应减到

最低程度。

④ 制造容器的材料应具有尽可能小的吸附作用。因为待测物吸附在样品容器上也会起测量误差，尤其是在测痕量金属时，其他待测物（如洗涤剂、农药、磷酸盐）的吸附都引起误差。

2. 自动采样线

自动采样线是指以自动采样方式从采样点将样品抽吸到贮样容器中所经过的管线。样品在采样线内停留的时间，应视样品在容器内存放的时间而定。

3. 样品容器的种类

（1）测定天然水的采样容器。测定天然水的理化参数时，可使用聚乙烯容器和硼硅玻璃容器进行常规采样，最好使用化学惰性材料所制的容器，但这种容器对于常规使用太昂贵。常用的采样容器包括多种类型的细口、广口和带有螺旋帽的瓶子，也可配软木塞（外裹化学惰性金属箔片）、胶塞（对有机物和微生物的研究不理想）和磨口玻璃塞（碱性溶液易粘住塞子），这些瓶子易得、价廉。如果样品装在箱子中送往实验室分析，则箱盖必须设计成可以防止瓶塞松动、防止样品溢漏或污染。

（2）特殊样品的容器。除了上面提到的需要考虑的事项外，一些光敏物质，包括藻类，为防止光的照射，多采用不透明材料或有色玻璃容器，而且在整个存放期间，容器应放置在避光的地方。在采集和分析的样品中含溶解的气体时，曝气会改变样品的组分，使用有锥形磨口玻璃塞的细口生化需氧量（BOD）瓶，能使空气的吸收减小到最低程度。另外，此类容器在运送过程中还要求特别的密封措施。

（3）含微量有机污染物样品的容器。一般情况下，这类样品使用的样品瓶为玻璃瓶。因为所有塑料容器干扰高灵敏度的分析，所以对这类分析应采用玻璃瓶或聚四氟乙烯瓶。

（4）检验微生物样品的容器。对用于检验微生物样品的容器的基本要求是能够经受高温灭菌；如果是冷冻灭菌，瓶子和衬垫的材料也应该符合本条件。在灭菌和样品存放期间，容器材料不应该产生和释放出抑制微生物生存能力或促进繁殖的化学品。样品在运回实验室到打开前，应保持密封，并包装好，以防污染。

4. 样品的运送

从空样品容器运送到采样地点，到装好样品后运回实验室进行分析，整个运送过程都要非常小心。包装箱可用多种材料（如泡沫塑料、波纹纸板等），以使运送过程中样品的损耗减少到最低限度。包装箱的盖子一般都衬有隔离材料，用以对瓶塞施加轻微的压力。气温较高时，为防止生物样品发生变化，应对样品冷藏防腐或用冰块保存。

5. 质量控制

为防止样品被污染，每个实验室都应该实施一种行之有效的容器质量控制程序。随机选择清洗干净的瓶子，注入高纯水进行分析，都能保证样品瓶不残留杂质。至于采样和存放程序中的质量保证，也应该用采样后加入分析样品和试剂的相同步骤进行分析。

四、标志和记录

样品注入样品瓶后，要做详细资料，此详细资料应从采样点直到分析结束、制表的过程中一直伴随着样品。事实上，现场记录在水质调查方案中也非常有用，但是它们很容易被误放或丢失，因此不能依赖它们来代替详细的资料。所需要的最低限度的资料取决于数据的最终用途。

对于焦化废水，至少应该提供下列资料：测定项目，水体名称，地点的位置，采样点，采样方法，水位或水流量，气象条件，气温、水温，预处理的方法，样品的表观（悬浮物质、沉降物质、颜色等），有无臭气，采样日期（包括年、月、日），采样时间，采样人姓名。补充资料包括是否保存或加入稳定剂等，也应加以记录。

五、采样容器的选择、清洗原则及水样的保存

各种水质的水样，从采集到分析的过程中，由于物理的、化学的、生物的作用，会发生不同程度的变化，这些变化使得进行分析时的样品已不再是采样时的样品。为了使这种变化降低到最小的程度，必须在采样时对样品加以保护。但到目前为止，所有的保护措施还不能完全抑制这些变化，还没有找到适用于一切场合和情况的绝对准则。在各种情况下，贮存方法应与使用的分析技术相匹配，这里主要讲述最通用的适用技术。

对盛装水样的容器进行材质选择及清洗是样品保存的首要问题。

1. 对容器的要求

选择容器的材质时必须注意以下几点：

① 容器不能引起新的污染。例如，一般的玻璃容器在贮存水样时可溶出钠、钙、镁、硅、硼等元素，因此在测定这些项目时应避免使用玻璃容器，以防止新的污染。

② 容器器壁不应吸收或吸附某些待测组分。一般的玻璃容器易吸附金属，聚乙烯等塑料容器易吸附有机物质、磷酸盐和油类，在选择容器材质时应予以考虑。

③ 容器不应与某些待测组分发生反应。如测定氟时，水样不能贮于玻璃瓶中，因为玻璃与氟化物发生反应。

④ 深色玻璃能降低光敏作用。

2. 容器的清洗原则

根据水样测定项目的要求来确定清洗容器的方法。

（1）用于进行一般化学分析的样品。分析地面水或废水中的微量化学组分时，通常要使用彻底清洗过的新容器，以减少再次污染的可能性。清洗的一般程序是：用水和洗涤剂洗，再用铬酸-硫酸洗液洗，然后用自来水、蒸馏水冲洗干净即可。所用的洗涤剂类型和选用的容器材质要随待测组分来确定，如测磷酸盐不能使用含磷洗涤剂；测硫酸盐或铬则不能用铬酸-硫酸洗液；测重金属的玻璃容器及聚乙烯容器通常用盐酸或硝酸（$c=1\text{mol/L}$）洗净并浸泡（1~2）d，然后用蒸馏水或去离子水冲洗。

（2）用于微生物分析的样品。容器及塞子、盖子应经灭菌并且在灭菌温度下不释放或产生出任何能抑制生物活性、灭活或促进生物生长的化学物质。

玻璃容器按一般清洗原则洗涤，用硝酸浸泡，再用蒸馏水冲洗，以除去重金属或铬酸盐残留物。在灭菌前可在容器里加入硫代硫酸钠（$Na_2S_2O_3$）以除去余氯对细菌的抑制作用（以每500mL容器加入0.4mL10%的$Na_2S_2O_3$计量）。

3. 水样的过滤和离心分离

在采样时或采样后不久，用滤纸、滤膜或砂芯漏斗、玻璃纤维等来过滤样品或将样品离心分离，都可以除去其中的悬浮物、沉淀、藻类及其他微生物。

在分析时，过滤的目的主要是区分过滤态和不可过滤态，在滤器的选择上要注意可能的

吸附损失。如测定有机项目时一般选用砂芯漏斗和玻璃纤维过滤，而在测定无机项目时则常用0.45μm的滤膜过滤。

4. 水样的保存措施

（1）将水样充满容器至溢流并密封。为避免样品在运输途中的振荡，以及空气中的氧气、二氧化碳对容器内样品组分和待测项目的干扰（如对酸碱度、BOD、DO等产生影响），应使水样充满容器至溢流并密封保存。但对准备冷冻保存的样品不能充满容器，否则水结冰之后，会因体积膨胀而致使容器破裂。

（2）冷藏。水样冷藏时的温度应低于采样时水样的温度。水样采集后应立即放在冰箱或冰水浴中，置于暗处保存，一般于（2～5）℃冷藏。冷藏并不适用长期保存，对废水的保存时间则更短。

（3）冷冻（-20℃）。冷冻一般能延长贮存期，但需要掌握熔融和冻结的技术，以使样品在融解时能迅速地、均匀地恢复原始状态。水样结冰时体积要膨胀，一般选用塑料容器。

（4）加入保护剂（固定剂或保存剂）。投加一些化学试剂可固定水样中的某些待测组分。保护剂应事先加入空瓶中，有些也可在采样后立即加入水样中。

经常使用的保护剂有各种酸、碱及生物抑制剂，加入量因需要而异。所加入的保护剂不能干扰待测成分的测定，如有疑义应先做必要的实验。

对于测定某些项目所加的固定剂必须要做空白试验，如测微量元素时就必须确定固定剂可引入的待测元素的量（如酸类会引入不可忽视量的砷、铅、汞）。

六、水样的管理

水样是从各种水体及各类型水中取得的实物证据和资料，对水样进行妥善而严格的管理是获得可靠监测数据的必要手段。水样的管理方法和程序如下所述。

（1）水样的标签设计。水样采集后，往往根据不同的分析要求，分装成数份，并分别加入保存剂。对每一份样品都应附一张完整的水样标签。水样标签可以根据实际情况进行设计，一般包括：采样目的，课题代号，监测点数目、位置，监测日期、时间，采样人员等。

标签应用不褪色的墨水填写，并牢固地贴于盛装水样的容器外壁上。对需要现场测试的项目，如pH、电导、温度、流量等进行记录，并妥善保管现场记录。

（2）水样运送过程的管理。对装有水样的容器必须加以妥善的保护和密封，并装在包装箱内固定，以防在运输途中破损，包括材料和运输水样的条件都应严格要求。除了防震、避免日光照射和低温运输外，还要防止新的污染物进入容器和沾污瓶口使水样变质。

在水样转运过程中，每个水样都要附有一张管理程序登记卡。在转交水样时，转交人和接收人都必须清点和检查水样，并在登记卡上签字，注明日期和时间。

管理程序登记卡是水样在运输过程中的文件，必须妥为保管防止差错，以便备查。尤其通过第三者把水样从采样地点转移到实验室时，管理程序登记卡就显得更为重要了。

（3）实验室对水样的接收。水样送至实验室时，首先要核对水样，验明标签，确认无误时签字验收。如果不能立即进行分析，则应尽快采取保存措施，并防止水样被污染。

第二节　pH的测定

一、pH的定义

溶液的酸碱性可用［H^+］或［OH^-］来表示，习惯上常用［H^+］来表示。因此溶液的酸度就是指溶液中［H^+］的大小。对于很稀的溶液，用［H^+］来表示溶液的酸碱性往往既有小数又有负指数，使用不方便，因此常用pH来表示溶液的酸碱性。

pH是指氢离子浓度的负对数，即 $pH = -\lg[H^+]$

例如：$[H^+] = 10^{-7}mol/L$，$pH = 7$；$[H^+] = 10^{-9}mol/L$，$pH = 9$；$[H^+] = 10^{-3}mol/L$，$pH = 3$。

pH的使用范围一般在0～14之间。pH越小，溶液的酸性越强，碱性越弱；pH越大，溶液的酸性越弱，碱性越强。溶液的酸碱性和pH之间的关系为：中性溶液，$pH = 7$；酸性溶液，$pH < 7$；碱性溶液，$pH > 7$。溶液pH相差一个单位，［H^+］相差10倍。更强的酸性溶液，pH可以小于0（$[H^+] > 1mol/L$）；更强的碱溶液，pH可以大于14（$[OH^-] > 1mol/L$）。这种情况下，通常不再用pH来表示其酸碱性，而直接用［H^+］或［OH^-］来表示。

溶液pH的粗略测定，可使用广泛pH试纸或精密pH试纸来获得，准确测定溶液的pH可以使用pH计来完成。

二、方法原理

pH由测量电池的电动势而得，通常以玻璃电极为指示电极、饱和甘汞电极为参比电极组成电池。在25℃时，溶液中每变化1个pH单位，电位差改变59.16mV，在仪器上直接以pH的读数表示。

玻璃电极基本上不受颜色、胶体物质、浊度、氧化剂、还原剂以及高含盐量的影响。但在 $pH < 1$ 的强酸性溶液中，会有所谓的“酸误差”，可按酸度测定；在 $pH > 10$ 的碱溶液中会产生钠误差，使读数偏低，可用“低钠误差”电极消除钠误差，还可以选用与被测溶液pH相近似的标准缓冲溶液对仪器进行校正。温度影响电极的电位和水的电离平衡，仪器上有补偿装置对此加以校正。测定时，应注意调节仪器的补偿装置与溶液的温度一致，并使被测样品与校正仪器用的标准缓冲溶液温度误差在±1℃以内。不可在含油或含脂的溶液中使用玻璃电极，测量之前可用过滤方法除去油或脂。

三、试剂与仪器

1. 标准溶液的配制

pH标准缓冲溶液（简称标准溶液）均需用新煮沸并放冷的纯水（不含CO_2，电导率应小于2μS/cm，pH在6.7～7.3之间为宜）配制。配成的溶液应贮存在聚乙烯瓶或硬质玻璃瓶内。此类溶液可以稳定1～2个月。测量pH时，根据水样呈酸性、中性和碱性三种可能，常配制以下三种标准溶液：

（1）pH标准缓冲溶液甲　称取预先在（110～130）℃干燥（2～3）h的邻苯二甲酸氢钾（$KHC_8H_4O_4$）10.12g，溶于水并在容量瓶中稀释至1L。此溶液的pH在25℃时为4.008。

（2）pH标准缓冲溶液乙 分别称取预先在（110～130）℃干燥（2～3）h的磷酸二氢钾（KH_2PO_4）3.388g和磷酸氢二钠（Na_2HPO_4）3.533g，溶于水并在容量瓶中稀释至1L。此溶液的pH在25℃时为6.865。

（3）pH标准缓冲溶液丙 为了使晶体具有一定的组成，应称取与饱和溴化钠（或氯化钠加蔗糖）溶液（室温）共同放置在干燥器中平衡两昼夜的硼砂（$Na_2B_4O_7 \cdot 10H_2O$）3.80g，溶于水并在容量瓶中稀释至1L。此溶液的pH在25℃时为9.180。当被测样品的pH过高或过低时，应配制与其pH相近似的标准溶液校正仪器。

2. 标准溶液的保存

① 配好的标准溶液应在聚乙烯瓶或硬质玻璃瓶中密闭保存。

② 标准溶液的pH随温度变化而稍有差异。在室温条件下，标准溶液一般以保存1～2个月为宜，当发现有浑浊、发霉或沉淀现象时，则不能继续使用。

③ 标准溶液可在4℃冰箱内存放，且用过的标准溶液不允许再倒回去，这样可延长使用期限。

3. 仪器

① 酸度计或离子浓度计。常规检验使用的仪器，至少应当精确到0.1pH单位，pH范围从0～14。如有特殊需要，应使用精度更高的仪器。

② 玻璃电极与甘汞电极。

4. 样品的保存

最好现场测定。否则，应在采样后把样品保持在（0～4）℃，并在采样后6h之内进行测定。

四、试验步骤

（1）仪器校准。操作程序按仪器使用说明书进行。

（2）样品测定。测定样品时，先用蒸馏水认真冲洗电极，再用水样冲洗，然后将电极浸入样品中，小心摇动或进行搅拌使其均匀，静置，待读数稳定时记下pH。

五、试验报告

试验报告应包括下列内容：取样日期、时间和地点，样品的保存方法，测定样品的日期和时间，测定时样品的温度，测定的结果（pH应取最接近于0.1pH单位，如有特殊要求时，可根据需要及仪器的精确结果的有效数字位数而定），其他需说明的情况。

第三节　浊度的测定

天然水体中由于含有泥沙、纤维、有机物、无机物、浮游生物和其他微生物等悬浮物和胶体物而会产生浑浊现象：水的浑浊程度可用浊度的大小来表示。浊度是水中悬浮物对光线透过时所发生的阻碍程度。浑浊现象是水的一种光学性质，是由于水中不溶解物质的存在，使光线通过水样时被部分吸收或散射。

一般来说，水中的不溶解物质越多，浊度也越高，但二者之间并没有固定的定量关系。水的浊度大小不仅和水中存在的颗粒物质的含量有关，而且和其粒径大小、形状、颗粒表面对光散射的特性有密切关系：例如一杯清水中扔一颗小石头并不会产生浑浊，但如果把它粉碎，就会使水浑浊。

浊度是天然水和饮用水的重要质量指标之一。对焦化废水中浊度的测定采用分光光度法，该法适用于饮用水、天然水及高浊度水，最低检测浊度为3度。

一、方法原理

在适当温度下，硫酸肼与六亚甲基四胺聚合，形成白色高分子聚合物，以此作为浊度标准液，在一定条件下与水样浊度相比较。

二、分析步骤

1. 标准曲线的绘制

吸取浊度标准液0 mL，0. 50mL，1. 25mL，2. 50mL，5. 00mL，10. 00mL及12. 50mL，置于50mL的比色管中，加水至标线。摇匀后，即得浊度为0. 4度，10度，20度，40度，80度及100度的标准系列。在680nm波长处，用30mm比色皿测定吸光度，绘制标准曲线。

注：在680nm波长下测定，天然水存在的淡黄色、淡绿色无干扰。

2. 测定

吸取50. 0mL摇匀水样（无气泡，如浊度超过100度可酌情少取，用无浊度水稀释至50. 0mL）于50mL比色管中，按绘制标准曲线的步骤测定吸光度，由标准曲线上查得水样浊度。

三、结果计算

$$浊度=\frac{A(B+C)}{C} \tag{11-1}$$

式中：A——稀释后水样的浊度，度；

B——用于稀释的水的体积，mL；

C——原水样的体积，mL。

不同浊度范围测试结果的精度要求见表11－1。

表11－1　不同浊度范围测试结果的精度要求

浊度范围/度	精度/度	浊度范围/度	精度/度
1～10	1	400～1000	50
10～100	5	>1000	100
100～400	10		

第四节　氨氮的测定

氨氮常以游离的氨（NH_3）或铵离子（NH_4^+）等形式存在于水体中。它来源于进入水体的含氨化合物或复杂的有机氮化合物经微生物分解后的最终产物，在有氧存在的条件下，可进一步转变为亚硝酸盐和硝酸盐。天然水体中氨氮的存在，表示有机物正处在分解的过程中。

氨氮是水体中的营养素，可导致水富营养化，是水体中的主要耗氧污染物。如果含量多，可作为判断水体在近期遇到污染的标志。对天然水体中各类含氮化合物进行监测，了解其变化规律，有利于掌握水体被污染的程度和自净的能力。

焦化废水中氨氮的测定采用气相分子吸收光谱法，此方法的最低检出限为0.020mg/L，测定下限为0.080mg/L，测定上限为100mg/L。

一、气相分子吸收光谱法的概念

吸收光谱法是根据物质对不同波长的光具有选择性吸收而建立起来的一种分析方法。该法既可以对物质进行定性分析，也可以定量测定物质的含量。

气相分子吸收光谱法是在规定的分析条件下，将待测成分转变成气体分子载入测量系统，测定其对特征光谱吸收的方法。

二、方法原理

水样在2%～3%酸性介质中，加入无水乙醇，煮沸，除去亚硝酸盐等的干扰，用次酸盐氧化剂将氨及铵盐［(0～50)μg］氧化成等量亚硝酸盐，以亚硝酸盐氮的形式采用气相子吸收光谱法测定氨氮的含量。

三、仪器与装置

（1）气相分子吸收光谱仪

（2）气液分离装置。清洗瓶及样品反应瓶为容积50mL的标准磨口玻瓶，干燥管装入试剂无水高氯酸镁。用PVC软管将各部分连接于气相分子吸收光谱仪。

（3）50mL具塞钢铁量瓶

四、试验步骤

1. 水样的采集与保存

水样的采集与保存水样采集在聚乙烯瓶或玻璃瓶中，并应充满样品瓶。采集好的水样应立即测定，否则应加硫酸至pH<2（酸化时，防止吸收空气中的氨而沾污），在（2～5)℃保存，于24h内测定。

2. 干扰成分的消除

在水样中加入1mL、6mol/L的盐酸及0.2mL无水乙醇，稀释至（15～20)mL，加热煮沸（2～3)min，以消除NO_2^-、SO_3^{2-}、硫化物等干扰成分。个别水样含I^-，$S_2O_3^{2-}$，SCN^-或存在可被次溴酸盐氧化成亚硝酸盐的有机胺时，此法不适用。

3. 水样的预处理

取适量水样［含氨氮（5～50)μg］于50mL钢铁量瓶中，加入1mL、6mol/L的盐酸及0.2mL无水乙醇，充分摇动后加水至（15～20)mL，加热煮沸（2～3)min，冷却，洗涤瓶口及瓶壁至体积约30mL，加入15mL次溴酸盐氧化剂，加水稀释至标线，密塞摇匀，在18℃以上室温下氧化20min，待测。同时制各空白试样。

4. 测量系统的净化

每次测定之前，将反应瓶盖插入装有约 5mL 水的清洗瓶中，通入载气，净化测量系统，调整仪器零点。测定后，水洗反应瓶盖和砂芯。

5. 标准曲线的绘制

使用亚硝酸盐氮标准使用液直接绘制氨氮的标准曲线。

用微量移液器逐个移取 0，50μL，100μL，150μL，200μL，250μL 亚硝酸盐氮标准使用液置于样品反应瓶中，加水至 2mL，用定量加液器加入 3mL，4. 5mol/L 的盐酸，再加入 0. 5mL 无水乙醇，将反应瓶盖与样品反应瓶密闭，通入载气，依次测定各标准溶液的吸光度，以吸光度与相对应的氨氮的量（μg）绘制标准曲线。

6. 水样的测定

取 2. 00mL 待测试样于样品反应瓶中，接下来的操作同上述标准曲线的绘制。测定试样前，测定空白试样，进行空白校正。

五、结果计算

氨氮的含量（mg/L）按式（11 -2）计算：

$$\text{氨氮的含量} = \frac{m - m_0}{V \times \dfrac{2}{50}} \qquad (11-2)$$

式中：m——根据标准曲线计算出的氨氮量，μg；

m_0——根据标准曲线计算出的空白量，μg；

V——取样体积，mL。

第五节　化学需氧量（COD）的测定

化学需氧量表示在强酸性氧化条件下 1L 水中还原性物质进行化学氧化时所需的氧量，是表示水中还原性物质多少的一个指标。水中的还原性物质有各种有机物、亚硝酸盐、硫化物、亚铁盐等，但主要是有机物。因此，化学需氧量（COD）又往往作为衡量水中有机物质含量多少的指标。COD 是表示水体有机污染的一项重要指标，能够反映出水体的污染程度。化学需氧量越大，说明水体受有机物的污染越严重。

焦化废水中化学需氧量的测定用重铬酸盐法，该方法适用于测定各种类型的 COD 值大于 30mg/L 的水样，对未经稀释的水样的测定上限为 700mg/L，不适用于含氯化物浓度大于 1000mg/L（稀释后）的含盐水。

一、方法原理

采用重铬酸盐法，在水样中加入过量的重铬酸钾溶液，并在强酸介质下以银盐作催化剂，经沸腾回流后，以试亚铁灵（或称邻菲啰啉、邻二氮菲）为指示剂，用硫酸亚铁铵滴定水样中未被还原的重铬酸钾，根据水样中的溶解性物质和悬浮物所消耗重铬酸钾标准溶液的量计算相对应的化学需氧量。

在酸性重铬酸钾条件下，芳烃及吡啶难以被氧化，其氧化率较低。在硫酸银催化作用下，直链脂肪族化合物可有效地被氧化。

二、仪器与装置

（1）500mL 全玻璃回流装置

（2）加热装置（电炉）

（3）酸式滴定管（25mL 或 50mL）、锥形瓶、移液管、容量瓶等

三、试验步骤

1. 样品的采集与制备

水样要采集于玻璃瓶中，并应尽快分析。如不能立即分析时，应加入硫酸（$\rho=1.84$g/mL）至 pH<2，于 4℃下保存，但保存时间不多于 5 天。采集水样的体积不得少于 100mL。将试样充分摇匀，取出 20.0mL 作为试料。

2. 测定步骤

① 取试料于锥形瓶中，或取适量试料加水至 20.0mL。

② 空白试验。按与水样测定相同的步骤以 20.0mL 水代替试料进行空白试验，记录下空白滴定时消耗硫酸亚铁铵标准溶液的体积 V_1。

③ 水样的测定。于试料中加入 10.0mL 重铬酸钾标准溶液（0.250mol/L）和几颗防暴沸玻璃珠摇匀。将锥形瓶接到回流装置冷凝管下端，接通冷凝水。从冷凝管上端缓慢加入 30mL 硫酸银－硫酸试剂，以防止低沸点有机物的逸出，不断旋动锥形瓶使之混合均匀。自溶液开始沸腾起回流 2h。冷却后，用（20～30）mL 水自冷凝管上端冲洗冷凝管后，取下锥形瓶，再用水稀释至 140mL 左右。溶液冷却至室温后，加入 3 滴邻菲罗啉指示剂溶液，用硫酸亚铁铵标准滴定溶液滴定，溶液的颜色由黄色经蓝绿色变为红褐色即为终点。记下硫酸亚铁铵标准滴定溶液消耗的体积 V_2。

3. 注意事项

① 对于 COD 值小于 50mg/L 的水样，应采用低浓度的重铬酸钾标准溶液（0.250mol/L）氧化，加热回流以后，采用低浓度的硫酸亚铁铵标准溶液（0.010mol/L）回滴。

② 该方法对未经稀释的水样的测定上限为 700mg/L，超过此限时必须经稀释后测定。

③ 对于污染严重的水样，可选取所需体积 1/10 的试料和 1/10 的试剂，放入 10mm×150mm 硬质玻璃管中，摇匀后，用酒精灯加热至沸数分钟，观察溶液是否变成蓝绿色。如呈蓝绿色，应再适当少取试料，重复以上试验，直至溶液不变蓝绿色为止。从而确定待测水样适当的稀释倍数。

④ 校核试验。按测定试料提供的方法分析 220.0mL、0.824mmol/L 邻苯二甲酸氢钾标准溶液的 COD 值，用以检验操作技术及试剂纯度。

该溶液的理论 COD 值为 500mg/L，如果校核试验的结果大于该值的 96%，即可认为试验步骤基本上是适宜的，否则，必须查找失败原因，重复试验，使之达到要求。

⑤ 去干扰试验。无机还原性物质如亚硝酸盐、硫化物及二价铁盐将使结果增加，将其需氧量作为水样 COD 值的一部分是可以接受的。

该实验的主要干扰物为氯化物，可加入硫酸汞部分地除去，经回流后，氯离子可与硫酸

汞结合成可溶性的氯汞络合物。

当氯离子含量超过 1000mg/L 时，COD 的最低允许值为 250mg/L，低于此值，结果的准确度就不可靠了。

四、结果计算

以 mg//L 计的水样化学需氧量按式（11－3）计算：

$$COD = \frac{c(V_1 - V_2) \times 8000}{V_0} \qquad (11-3)$$

式中：c——硫酸亚铁铵标准滴定溶液的浓度，mol/L；

V_1——空白试验所消耗的硫酸亚铁铵标准滴定溶液的体积，mL；

V_2——试料测定所消耗的硫酸亚铁铵标准滴定溶液的体积，mL；

V_0——试料的体积，mL；

8000——1/4 O_2 的摩尔质量以 mg/mol 为单位的换算值。

测定结果一般保留三位有效数字。对 COD 值小的水样，当计算出 COD 值小于 10mg/L 时，应表示为“COD < 10mg/L”。

1. 采集水样时应注意哪些指标？
2. 采集的水样应采取哪些保存措施？
3. 简述焦化废水 pH 的测定方法及误差消除方法。
4. 为什么要用已知 pH 的标准缓冲溶液校正？校正时要注意什么问题？
5. 安装电极时，应注意哪些事项？
6. 简述焦化废水浊度的测定方法及方法原理。
7. 简述焦化废水浊度的分析步骤。
8. 简述焦化废水中氨氮的测定方法及方法原理。
9. 简述焦化废水中氨氮测定的干扰，如何消除这些干扰？
10. 简述焦化废水中氨氮测定的精密度和准确度。
11. 简述焦化废水中化学需氧量的测定方法及方法原理。
12. 简述焦化废水中化学需氧量的测定步骤。

参考文献

[1] 武汉大学主编. 分析化学. 第 4 版. 北京：高等教育出版社，2000.

[2] 华中师范大学，东北师范大学和陕西师范大学编，分析化学. 第 2 版，北京：高等教育出版社，1990.

[3] 高职高专化学教材编写组编. 分析化学，第 2 版，北京：高等教育出版社，2000.

[4] 国家质检总局检验监管司编. 进出口煤炭检测技术和法规. 北京：中国标准出版

社，2006.

［5］杨全和，煤炭化验手册. 北京：煤炭工业出版社，2001.

［6］陈文敏，煤质及化验知识问答. 北京：化学工业出版社，2008.

［7］陈文敏，煤炭加工利用知识问答. 北京：化学工业出版社，2008.

［8］水恒福，煤焦油分离与精制，北京：化学工业出版社，2007.

［9］冯元琦，甲醇生产操作问答，北京：化学工业出版社，2008.

［10］李峰. 甲醇及下游产品. 北京：化学工业出版社，2008.

［11］王翠萍，赵发宝主编. 煤质分析及煤化工产品检测. 北京：化学工业出版社，2009.

［12］贺永德主编. 现代煤化工技术手册. 北京：化学工业出版社，2004.